VORTRÄGE ÜBER DETERMINANTEN UND MATRIZEN MIT ANWENDUNGEN IN PHYSIK UND TECHNIK

VON

DR. PHIL. HABIL. DR. ING. E. H.
WERNER SCHMEIDLER
VORM. O. PROFESSOR
AN DER TECHNISCHEN HOCHSCHULE
BERLIN

AKADEMIE-VERLAG BERLIN

VORTRÄGE ÜBER DETERMINANTEN UND MATRIZEN MIT ANWENDUNGEN IN PHYSIK UND TECHNIK

VON

DR. PHIL. HABIL. DR. ING. E. H.
WERNER SCHMEIDLER
VORM. O. PROFESSOR
AN DER TECHNISCHEN HOCHSCHULE
BERLIN

1949

AKADEMIE-VERLAG BERLIN

Erschienen im Akademie-Verlag GmbH., Berlin NW 7, Schiffbauerdamm 19
Lizenz-Nr. 156 • 2568/48 - 2013/48
Satz und Druck: (12) VVB. Leichtindustrie Sachsen-Anhalt,
Werkdruck Gräfenhainichen - 43
Bestell- und Verlags-Nr. 5017

MEINER FRAU

ELSE SCHMEIDLER

ZUGEEIGNET

INHALTSVERZEICHNIS

VORWORT

Die vorliegende Schrift ist aus Vorträgen entstanden, die ich im Auftrage des gemeinsamen Fachausschusses des VDE, Bezirksverband Berlin und des Außeninstituts der Technischen Hochschule Berlin im Herbst 1942 vor Berliner Ingenieuren gehalten habe. Es bestand der Wunsch nach Veröffentlichung, dem ich hiermit nachkomme.

Der Zweck der Vorträge war, *für theoretisch interessierte Ingenieure aller Fachrichtungen* einige Kapitel aus der Algebra mit ihren Auswirkungen auf die praktische Analysis zusammenzustellen und an Beispielen aus den Anwendungen die Wichtigkeit dieser Dinge zu erläutern. Insbesondere die Matrizentheorie begegnet heute in diesen Kreisen mit Recht allgemeinem Interesse, so daß es nützlich erscheint, sie in dem erforderlichen Umfange unter Berücksichtigung ihrer praktischen Anwendungen allgemein zugänglich zu machen. Auch in der vorliegenden, gegenüber den Vorträgen selbst erweiterten Fassung ist daher die Zweckbestimmung erhalten geblieben. Ich beginne ganz elementar, setze aber dann im weiteren Verlauf die übliche Vorbildung bis zum Vorexamen voraus, insbesondere also die Kenntnis der Differential- und Integralrechnung und der Differentialgleichungen. Da nicht alle Anwendungen hier zur Sprache kommen können, ist die mathematische Formulierung vielfach allgemeiner, als es für die vorliegenden Beispiele erforderlich wäre. Hierin kommt zugleich zum Ausdruck, daß bei der gegenwärtigen Entwicklung von Physik und Technik eine zu große Beschränkung nicht am Platze wäre, sondern das mathematisch Wesentliche zur Sprache kommen muß. In dem Maße, als das hier geschieht, hoffe ich auch dem Mathematiker und Physiker, insbesondere in der Industrie, einiges bieten zu können. Selbstverständlich wendet sich das Buch zugleich auch an die Studierenden der Mathematik, Physik und Technik.

Zur Stoffauswahl sei ferner im einzelnen noch bemerkt: Nach einigen einführenden Vorträgen über Determinanten, Matrizen und lineare Gleichungen handelt es sich im vierten Vortrag um die Hauptachsentransformation der quadratischen und Hermiteschen Formen bzw. Matrizen und um deren Verallgemeinerung auf normale und „normalisierbare" Matrizen (letzterer Begriff ist in dieser Fassung neu), sowie um das Kriterium der Abschnittsdeterminanten. Die Stabilitätsprobleme der Mechanik und Elektrotechnik verlangen darüber hinaus die Kriterien für die Koeffizienten einer beliebigen algebraischen Gleichung (auch mit komplexen Koeffizienten), wenn die Wurzeln sämtlich negative Realteile haben sollen. Es ist wenig bekannt, daß *Hermite* bereits im Jahre 1850 ein völlig gleichwertiges Problem behandelt und gelöst hat, nämlich den Fall, wo die Wurzeln sämtlich positive Imaginärteile haben. *Hurwitz*, dessen Name bei den Stabilitätsproblemen in erster Linie genannt zu werden pflegt, hat Hermites Arbeit gekannt und zitiert, aber den engen Zusammenhang zwischen beiden Problemen nicht benutzt; das ist erst viel später geschehen. So verdienstvoll daher die Hurwitzsche Formulierung der Lösung für den Fall reeller Koeffizienten, auf den er sich beschränkt, auch ist, und so wertvoll die späteren Entwicklungen von *Routh*, *I. Schur* und *Bilharz* gerade für den Praktiker sind, so notwendig scheint es doch im Interesse der historischen Gerechtigkeit, die Hermitesche Methode, die rein algebraisch ist, gebührend zur Geltung zu bringen, zumal sie, wie *Fujiwara* und andere gezeigt haben, auch auf den Fall anwendbar ist, wo die Wurzeln sämtlich im Einheitskreise liegen.

Es folgt die Behandlung des Ähnlichkeitsproblems der Matrizen. Hier verwende ich den Begriff des Biorthogonalsystems von n-dimensionalen Vektoren und mit einer kleinen Vereinfachung eine zuerst von *D. Enskog* bei Integralgleichungen angegebene Methode zur Bestimmung der Elementarbestandteile der Normalform; für den Eindeutigkeitsbeweis dient die Beziehung zu den Rangzahlen der Potenzen nach dem Vorgange von *G. Frobenius*. Dem praktischen Zweck des Buches entsprechend kommt dabei der Begriff des Rationalitätsbereiches überhaupt nicht vor.

Zwei weitere Vorträge sind der praktischen Behandlung von linearen Gleichungen sowie der praktischen Ermittlung der Eigenwerte und Eigenvektoren einer Matrix gewidmet. Den Schluß bilden unendliche Reihen von Matrizen und ihre Anwendung auf lineare Differentialgleichungssysteme mit konstanten und mit variablen (insbesondere periodischen) Koeffizienten, die für verschiedene Anwendungsgebiete von Interesse sind.

Zu danken habe ich für allgemeine Unterstützung und Mitarbeit meinem früheren Assistenten, jetzigen Professor an der Technischen Universität Berlin, Herrn Dr.-Ing. *Istvan Szabo,* sowie in bezug auf Einzelheiten Herrn Dr. *E. Fehlberg*. Besonders herzlicher Dank gilt dem Akademie-Verlag für die Übernahme und ausgezeichnete Durchführung der in den heutigen Zeiten besonders erschwerten Verlagsaufgaben.

Berlin-Frohnau, 20. 2. 1949 ***W. Schmeidler***

ZUR EINFÜHRUNG

Die *Determinanten* sind eine Schöpfung von *Leibniz*, der sie in einem Manuskript aus dem Jahre 1678 zum ersten Male erwähnt und zur Behandlung von linearen Gleichungssystemen benutzt. Das bei solchen Gleichungssystemen auftretende quadratische Schema der Koeffizienten wird als eine *Matrix* bezeichnet; die selbständige Bedeutung und grundlegende Wichtigkeit dieses Begriffes ist erst im Laufe des 19. Jahrhunderts erkannt und vor allem durch *Frobenius* entscheidend gefördert worden.

Beide Begriffe gehören der *Algebra* an, insofern als dabei vor allem die elementaren Grundoperationen der Addition, Subtraktion, Multiplikation und Division Verwendung finden. Während eine Determinante eine mit Hilfe dieser Grundoperationen aus n^2 Variablen gebildete spezielle Funktion ist, die zahlreiche besondere und interessante Eigenschaften hat, bedeutet eine Matrix einen Inbegriff von n^2 Zahlen, der selbst als eine *höhere komplexe Zahl* aufgefaßt werden kann, so wie wir ja auch eine gewöhnliche komplexe Zahl einfach als den Inbegriff ihres Real- und Imaginärteils auffassen können. Um mit solchen Matrizen rechnen zu können, muß man die Addition, Subtraktion, Multiplikation und (mit einiger Vorsicht, wie wir noch sehen werden) Division dieser höheren komplexen Zahlen in geeigneter Weise definieren; man kann dann verhältnismäßig komplizierte Zusammenhänge durch einfache Matrizengleichungen darstellen. Grundsätzlich ist dies ein ähnliches Verfahren, wie es auch von den *Vektoren* her bekannt ist; eine Vektorgleichung im dreidimensionalen Raume ersetzt bekanntlich drei gewöhnliche Gleichungen. Es zeigt sich, daß nicht nur die dreidimensionalen, sondern allgemein die n-dimensionalen Vektoren als Spezialfälle von Matrizen aufgefaßt werden können.

Man weiß, wie grundlegend der Fortschritt ist, den die Mathematik durch die systematische Benutzung von (gewöhnlichen) komplexen Zahlen gemacht hat. Wir verdanken diesen Fortschritt in erster Linie *C. F. Gauß*, der in seiner Dissertation unter Benutzung dieses Begriffes die ersten klassisch gewordenen Beweise des Fundamentalsatzes der Algebra gegeben hat. Auf diesen Grundlagen ist dann im Laufe des 19. Jahrhunderts das großartige Gebäude der Funktionentheorie errichtet worden, das zu den schönsten und wichtigsten Errungenschaften der gesamten Mathematik gehört. Es liegt in der Natur der Sache, daß auch die *Anwendungen der Mathematik in Physik und Technik* davon den weitgehendsten Nutzen gezogen haben und immer wieder ziehen werden; denn je wichtiger sich eine Begriffsbildung rein mathematisch betrachtet erweist, um so folgenreicher und vielseitiger sind auch ihre Anwendungsmöglichkeiten. Es liegt hier geradezu eine „prästabilierte Harmonie" vor (ein Begriff, der bekanntlich auch von Leibniz stammt); sie gibt uns das Recht und die Pflicht der freien Forschung gerade auch im Interesse der Anwendungen.

Wenn die gewöhnlichen komplexen Zahlen zu so bedeutenden Ergebnissen geführt haben, so liegt es nahe, von der durch die Matrizentheorie angedeuteten Erweiterung ähnlich weittragende Resultate zu erwarten. Hierzu muß allerdings gesagt werden, daß gewisse Grenzen in der Natur der Sache liegen; während nämlich die gewöhnlichen komplexen Zahlen *alle* Eigenschaften der reellen Zahlen abgesehen von ihrer Größenanordnung ins Komplexe zu übertragen gestatten, gilt dies bei den höheren komplexen Zahlen nicht mehr, — dies läßt sich *beweisen*. Demgemäß kann von einer „Funktionentheorie der Matrizen" sicherlich nicht in dem gleichen Sinne gesprochen werden wie von der Funktionentheorie der komplexen Zahlen. Trotz dieser Einschränkung ist die Entwicklung der Matrizentheorie mathematisch wie praktisch von großer Bedeutung; hiervon hoffe ich in den folgenden Vorträgen eine Vorstellung geben zu können. Obgleich die Operation des Grenzüberganges dabei keineswegs ausgeschlossen wird, gehört ihr Stoff in erster Linie der Algebra an, die sich namentlich in den letzten Jahrzehnten zu einer mathematischen Disziplin von eigenem Gepräge entwickelt hat. Ihr Charakteristikum besteht weniger in der Beschränkung auf die elementaren Grundoperationen, als in einer ausgeprägt abstrakten und begrifflichen Denk- und Schlußweise. Aus einfachen Begriffen und deren Verknüpfungen ohne allzu viel Rechnung Schlüsse zu ziehen, denen manchmal erstaunlich umfassende Bedeutung zukommt, — das ist algebraisches Denken. Hierzu anzuleiten, soll mit ein Zweck dieser Vorträge sein.

1. VORTRAG

Begriff und Haupteigenschaften der Determinanten. n lineare Gleichungen mit n Unbekannten. Die Cramersche Regel. Systeme linearer Differentialgleichungen mit konstanten Koeffizienten. Die charakteristische Determinante. Übungen

Eine Determinante zweiter Ordnung wird definiert durch den Ausdruck

$$\begin{vmatrix} a_1 & b_1 \\ a_2 & b_2 \end{vmatrix} = a_1 b_2 - a_2 b_1 ,$$

eine Determinante dritter Ordnung durch

$$\begin{vmatrix} a_1 & b_1 & c_1 \\ a_2 & b_2 & c_2 \\ a_3 & b_3 & c_3 \end{vmatrix} = a_1(b_2 c_3 - b_3 c_2) - b_1(a_2 c_3 - a_3 c_2) + c_1(a_2 b_3 - a_3 b_2) .$$

Als einfaches Beispiel für das Auftreten solcher Ausdrücke erinnern wir uns an das *Spatprodukt dreier Vektoren im Raume.* Sind $a_x, a_y, a_z; b_x, b_y, b_z; c_x, c_y, c_z$ die skalaren Komponenten der drei Vektoren in bezug auf ein rechtwinkliges Koordinatensystem, so lautet das Spatprodukt

$$\begin{vmatrix} a_x & a_y & a_z \\ b_x & b_y & b_z \\ c_x & c_y & c_z \end{vmatrix}$$

und bedeutet geometrisch den Rauminhalt des Spates, der von den von einem Punkte aus gezeichneten Vektoren gebildet wird, und dessen sechster Teil gleich dem Rauminhalt des zugehörigen Tetraeders ist.

Es soll nun unsere nächste Aufgabe sein, diesen *Begriff der Determinante* aus vier bzw. neun Größen *allgemein zu fassen,* wenn n^2 Größen gegeben sind. Zu diesem Zwecke bleiben wir zunächst noch bei dem Fall $n = 3$ stehen, schreiben aber (wie das schon Leibniz getan hat) die gegebenen Größen mit Doppelindizes, derart, daß allgemein $a_{\alpha\beta}$ das Element in der α-ten Zeile (Horizontalreihe) und β-ten Spalte (Verticalreihe) bedeutet, also:

$$\begin{vmatrix} a_{11} & a_{12} & a_{13} \\ a_{21} & a_{22} & a_{23} \\ a_{31} & a_{32} & a_{33} \end{vmatrix} = a_{11}(a_{22} a_{33} - a_{23} a_{32})$$

$$- a_{12}(a_{21} a_{33} - a_{23} a_{31}) + a_{13}(a_{21} a_{32} - a_{22} a_{31}) .$$

Man erkennt ohne Schwierigkeiten, daß hierbei jedes Glied der Determinante aus dem ersten Gliede $a_{11} a_{22} a_{33}$ dadurch hervorgeht, daß die hinteren Indizes in gewisser Weise vertauscht werden; außerdem treten auch noch gewisse Vorzeichenänderungen auf. Um die hierbei vorhandenen Gesetzmäßigkeiten zu erfassen, stellen wir zunächst fest, welche Vertauschungen oder Permutationen bei drei Indizes 1, 2, 3 überhaupt möglich sind. Es sind im ganzen sechs, nämlich

$$\begin{matrix} 1 & 2 & 3 \\ 1 & 3 & 2 \\ 2 & 3 & 1 \\ 2 & 1 & 3 \\ 3 & 1 & 2 \\ 3 & 2 & 1\,. \end{matrix}$$

Alle diese Permutationen treten nun in unserm Ausdruck tatsächlich auf, und zwar in der Weise, daß die vorderen Indizes der Elemente bei jedem der sechs aufgeschriebenen Produkte stets die natürliche Reihenfolge beibehalten haben, während die hinteren Indizes der Reihe nach die sechs Permutationen erfahren haben. Jeder der sechs Permutationen entspricht somit genau ein Glied der Determinante. Was die Vorzeichen anbelangt, so sind sie in der zuletzt angegebenen Reihenfolge der Glieder abwechselnd + und —.

Jetzt seien n^2 Größen $a_{\alpha\beta}$ gegeben, die in einem quadratischen Schema angeordnet seien, derart, daß wieder das Glied in der α-ten Zeile und β-ten Spalte mit $a_{\alpha\beta}$ bezeichnet ist:

$$\begin{pmatrix} a_{11} & a_{12} \cdots a_{1n} \\ a_{21} & a_{22} \cdots a_{2n} \\ \vdots & \cdots\cdots \\ a_{n1} & a_{n2} \cdots a_{nn} \end{pmatrix}$$

Bezeichnet nun $\beta_1, \beta_2, \ldots, \beta_n$ eine beliebige Permutation der n Indizes $1, 2, \ldots, n$, (d. h. also diese n Zahlen in irgend einer anderen Reihenfolge), so können wir entsprechend definieren:

$$D = \begin{vmatrix} a_{11} & a_{12} \cdots a_{1n} \\ a_{21} & a_{22} \cdots a_{2n} \\ \cdots & \cdots\cdots \\ a_{n1} & a_{n1} \cdots a_{nn} \end{vmatrix} = \Sigma \pm a_{1\beta_1} a_{2\beta_2} \cdots a_{n\beta_n}\,, \tag{1·1}$$

wobei die Summe jetzt alle $n!$ Permutationen der hinteren Indizes durchlaufen soll. Diesen Ausdruck nennen wir eine *Determinante n-ter Ordnung*, wobei wir die Vorzeichenbestimmung sogleich noch festsetzen werden, während das quadratische Schema selbst als eine (quadratische) *Matrix* bezeichnet wird.

Um die Vorzeichenfestsetzung treffen zu können, wollen wir die Permutationen selbst in zwei Klassen einteilen, die wir als *gerade* und *ungerade* Permutationen unterscheiden wollen.

Wir betrachten zu diesem Zweck n Variable $x_1, x_2, \ldots, x_n$ und bilden das Differenzenprodukt:

$$\Delta = \prod_{\alpha<\beta} (x_\alpha - x_\beta) = \left\{ \begin{array}{r} (x_1 - x_2)(x_1 - x_3) \cdots (x_1 - x_n) \\ (x_2 - x_3) \cdots (x_2 - x_n) \\ \cdots\cdots\cdots\cdots\cdots\cdots \\ (x_{n-1} - x_n)\,, \end{array} \right.$$

in dem jede Differenz $x_\alpha - x_\beta$ mit $\alpha < \beta$ genau einmal als Faktor auftritt. Werden jetzt die Variablen $x_1, x_2, \ldots, x_n$ irgendwie untereinander vertauscht, was einer bestimmten Permutation der Indizes $1, 2, \ldots, n$ entspricht, so sind nur zwei Fälle möglich: Entweder bleibt Δ ungeändert oder es geht in $-\Delta$ über. Denn auch nach Ausführung der Permutation treten wieder genau alle Differenzen je zweier verschiedener Variablen als Faktoren auf, nur kann bei einigen Differenzen die vordere Variable jetzt den größeren Index haben, so daß sich in dem ganzen Produkt höchstens das Vorzeichen geändert haben kann. Wir nennen nun eine Permutation *gerade, wenn Δ ungeändert bleibt, ungerade, wenn Δ in $-\Delta$ übergegangen ist.* Ist g die Anzahl der geraden, u die der ungeraden Permutationen, so ist offenbar

$$g + u = n!\,.$$

Wir behaupten genauer:

$$g = u = \frac{n!}{2},$$

in Worten: *Es gibt ebensoviel gerade wie ungerade Permutationen.*

Zum Beweise vertauschen wir in einer geraden Permutation zwei Indizes, etwa λ und μ, ohne die andern zu verändern, und behaupten, daß dann eine ungerade Permutation entsteht. Das sieht man an der urspünglichel Schreibweise von Δ, das ja bei der geraden Permutation seinen Wert beibehalten hat, folgendermaßen: Ohne Beschränkung der Allgemeinheit sei $\lambda < \mu$ angenommen. Dann bleiben bei der Vertauschung von λ und μ *ungeändert* alle Produkte solcher Differenzen, bei denen der vordere Index kleiner als λ ist, da sich in ihnen nur die Reihenfolge der Faktoren geändert hat. In dem Produkt

$$(x_\lambda - x_{\lambda+1}) \cdots (x_\lambda - x_\mu) \cdots (x_\lambda - x_n)$$

das jetzt

$$(x_\mu - x_{\lambda+1}) \cdots (x_\mu - x_\lambda) \cdots (x_\mu - x_n)$$

lautet, haben die Faktoren $(x_\mu - x_{\lambda+1}), \ldots, (x_\mu - x_{\mu-1})$ und $(x_\mu - x_\lambda)$ das Zeichen -1 erhalten gegenüber ihrem Auftreten in Δ, also das Produkt das Zeichen $(-1)^{\mu-\lambda}$, da es $\mu - \lambda$ Faktoren sind. In der nächsten Zeile erhält nur der Faktor $x_{\lambda+1} - x_\lambda$ das Vorzeichen -1, ebenso erhält auch in jeder folgenden bis zur $(\mu - 1)$-ten Zeile nur je ein Faktor das Vorzeichen -1. Im ganzen tritt demnach $\mu - \lambda + \mu - \lambda - 1 = [2(\mu - \lambda) - 1]$ mal das Vorzeichen -1 auf, so daß insgesamt das Minuszeichen herauskommt.

Hiernach sind also aus den g geraden Permutationen jetzt g ungerade Permutationen geworden, die natürlich ebenfalls voneinander verschieden sind; daher ist $u \geqq g$. Genau dieselben Überlegungen führen nun aber auch zu der Erkenntnis, daß aus jeder ungeraden Permutation bei Vertauschung zweier Indizes eine gerade werden muß. Demnach schließt man mit demselben Rechte $g \geqq u$. Somit ist in Wirklichkeit $g = u$, und die Behauptung ist bewiesen.

Wir können jetzt die Vorzeichenbestimmung in der Definition der Determinante festlegen, und zwar folgendermaßen:

In der Definition (1 · 1) *der Determinante n-ter Ordnung soll bei jeder geraden Permutation $\beta_1, \beta_2, \ldots, \beta_n$ das Pluszeichen, bei jeder ungeraden Permutation das Minuszeichen stehen.*

Die hiermit für beliebiges n vollständige Definition der Determinante geht für $n = 2$ und $n = 3$ in die alten Definitionen über. Dies ist klar für $n = 2$; für $n = 3$ bilden wir

$$\Delta = (x_1 - x_2)(x_1 - x_3)(x_2 - x_3)$$

und finden, daß die Permutationen 123, 231, 312 gerade, 132, 213, 321 ungerade sind. Hiernach ist die Übereinstimmung ersichtlich.

Es gibt nun eine Reihe von Regeln, die zur Berechnung von Determinanten von Nutzen sind.

I. *Vertauscht man in einer Determinante zwei Spalten, so ändert sich nur ihr Vorzeichen.*

Denn die Spaltenvertauschung bedeutet ja nichts anderes, als daß in allen Permutationen genau zwei Elemente miteinander vertauscht werden, wodurch jede gerade in eine ungerade und jede ungerade in eine gerade Permutation übergeht. Demnach ändert jedes Glied, also auch die gesamte Determinante das Vorzeichen.

II. *Stimmen in einer Determinante zwei Spalten miteinander überein, so hat sie den Wert Null.*

Denn da sie bei Vertauschung dieser beiden Spalten ungeändert bleibt, andererseits aber nach I. ihr Vorzeichen ändert, so ist $D = -D$, also $D = 0$.

III. *Eine Determinante bleibt ungeändert, wenn die Zeilen mit den Spalten vertauscht werden.*

Nach der Definition haben wir zu bilden:

$$D' = \begin{vmatrix} a_{11} & a_{21} \cdots a_{n1} \\ a_{12} & a_{22} \cdots a_{n2} \\ \cdots & \cdots \\ a_{1n} & a_{2n} \cdots a_{nn} \end{vmatrix} = \Sigma \pm a_{\beta_1 1} a_{\beta_2 2} \cdots a_{\beta_n n},$$

denn die Vertauschung der Zeilen mit den Spalten bedeutet ja nichts anderes, als daß die vorderen mit den hinteren Indizes vertauscht werden. Hierin können wir jetzt in jedem Gliede ohne Abänderung seines Wertes die Reihenfolge der Faktoren ändern, und zwar so, daß die vorderen Indizes wieder $1, 2, \ldots, n$ lauten. Steht dann an Stelle von $a_{\beta_1 1} a_{\beta_2 2} \cdots a_{\beta_n n}$ etwa $a_{1\gamma_1} a_{2\gamma_2} \cdots a_{n\gamma_n}$, so bedeutet $\gamma_1 \gamma_2 \cdots \gamma_n$ diejenige Permutation, welche die Permutation $\beta_1 \beta_2 \cdots \beta_n$ wieder rückgängig macht; wir nennen sie die inverse Permutation von $\beta_1 \beta_2 \cdots \beta_n$. Nun gehört aber die inverse Permutation zu derselben Klasse wie die ursprüngliche, ist also mit dieser zusammen gerade bzw. ungerade. Denn wenn z. B. die Ausgangspermutation Δ ungeändert läßt, so muß die Rückgängigmachung dieser Permutation Δ ebenfalls ungeändert lassen, hat aber die Permutation das Vorzeichen von Δ geändert, so muß dies auch geschehen, wenn die Permutation wieder rückgängig gemacht wird. Also treten in D' genau dieselben Glieder auf wie in D, und zwar jedes auch mit demselben Vorzeichen wie vorher. Daher ist $D' = D$.

IV. *Vertauscht man in einer Determinante zwei Zeilen, so ändert sich nur ihr Vorzeichen.*

V. *Stimmen in einer Determinante zwei Zeilen überein, so ist ihr Wert gleich Null.*

Diese beiden Sätze ergeben sich unmittelbar mit Hilfe von III. aus I. und II. Zur Übung berechnen wir die folgende Determinante:

$$\begin{vmatrix} 1 & 1 & \cdots 1 \\ x_1 & x_2 & \cdots x_n \\ x_1^2 & x_2^2 & \cdots x_n^2 \\ \cdots & \cdots & \cdots \\ x_1^{n-1} & x_2^{n-1} & \cdots x_n^{n-1} \end{vmatrix},$$

worin $x_1, x_2, \ldots, x_n$ wieder unabhängige Variable sein sollen. Nach II. wird die Determinante Null, wenn man irgend zwei der Variablen einander gleich setzt. Nach den Grundgesetzen der Algebra muß die Determinante daher durch jedes Produkt $x_\alpha - x_\beta$ teilbar sein, also auch durch das Differenzenprodukt Δ. Ferner sieht man unmittelbar, daß sowohl die Determinante als auch Δ in bezug auf jede Variable genau vom Grade $n-1$ ist; beide Funktionen können sich daher nur um einen konstanten Faktor unterscheiden. Nun hat das „Diagonalglied" $a_{11} a_{22} \cdots a_{nn} = 1 \cdot x_2 \cdot x_3^2 \cdots x_n^{n-1}$ der Determinante das Vorzeichen Plus, während dasselbe Glied in Δ das Vorzeichen $(-1)^{1+2+\cdots+n-1} = (-1)^{\frac{n(n-1)}{2}}$ besitzt. Somit ist der Wert der Determinante gleich

$$(-1)^{\frac{n(n-1)}{2}} \Delta .$$

VI. *Eine Determinante ist eine homogene lineare Funktion der Elemente jeder Zeile und jeder Spalte.*

Für die Zeilen ergibt sich diese Behauptung unmittelbar aus der Definition, für die Spalten entsprechend unter Vertauschung der vorderen und hinteren Indizes.

VII. *Multipliziert man alle Elemente einer Zeile (Spalte) mit demselben Faktor, so multipliziert sich die Determinante mit diesem Faktor.*

Dies folgt unmittelbar aus VI.

VIII. *Addiert man zu den Elementen einer Zeile (Spalte) die mit einem beliebigen Faktor multiplizierten Elemente einer andern Zeile (Spalte), so ändert sich der Wert der Determinante nicht.*

Nach VI. ist nämlich die neue Determinante eine Summe von zwei Summanden, deren erster gleich der ursprünglichen Determinante ist, während in dem zweiten nach VII. der gemeinsame Faktor vor die Determinante gezogen werden kann, so daß dann eine Determinante stehenbleibt, in der zwei Zeilen (Spalten) übereinstimmen. Diese hat aber dann nach II. bzw. V. den Wert Null.

Schreibt man die Determinante D als lineare homogene Funktion der Elemente der ersten Zeile, also in der Form

$$D = a_{11} A_{11} + a_{12} A_{12} + \cdots + a_{1n} A_{1n},$$

so sind die Faktoren $A_{11}, A_{12}, \ldots, A_{1n}$ bis auf das Vorzeichen wieder Determinanten $(n-1)$-ter Ordnung aus Elementen der gegebenen Matrix, und zwar gilt:

$$A_{1s} = (-1)^{s+1} \begin{vmatrix} a_{21} & a_{22} \cdots a_{2,s-1} & a_{2,s+1} \cdots a_{nn} \\ \cdots & \cdots & \cdots \\ a_{n1} & a_{n2} \cdots a_{n,s-1} & a_{n,s+1} \cdots a_{nn} \end{vmatrix} \qquad (s = 1, 2, \ldots, n).$$

$(-1)^{s+1} A_{1s}$ ist also die „Unterdeterminante" $(n-1)$-ter Ordnung der gegebenen Matrix, die man durch Streichung der ersten Zeile und s-ten Spalte erhält. Dies ergibt sich unmittelbar aus der Definition der Determinante, wenn man die Glieder sammelt, die mit a_{1s} multipliziert sind. Auf dieselbe Weise erhält man allgemein:

$$D = a_{r1}\, A_{r1} + a_{r2}\, A_{r2} + \cdots + a_{rn}\, A_{rn},$$

$$A_{rs} = (-1)^{r+s} \begin{vmatrix} a_{n} & \cdots a_{1,s-1} & a_{1,s+1} & \cdots a_{1n} \\ \cdots & \cdots & \cdots & \cdots \\ a_{r-1,1} & \cdots a_{r-1,s-1} & a_{r-1,s+1} & \cdots a_{r-1,n} \\ a_{r+1,1} & \cdots a_{r+1,s-1} & a_{r+1,s+1} & \cdots a_{r+1,n} \\ \cdots & \cdots & \cdots & \cdots \\ a_{n1} & \cdots a_{n,s-1} & a_{n,s+1} & \cdots a_{nn} \end{vmatrix} \qquad (\nu, s = 1, 2, \ldots, n).$$

Man bekommt demnach $(-1)^{r+s}\, A_{rs}$ als Unterdeterminante $(n-1)$-ter Ordnung der gegebenen Matrix durch Streichung der r-ten Zeile und s-ten Spalte. Wir nennen A_{rs} das *algebraische Komplement* des Elementes a_{rs}.

Der hiermit gegebenen *Entwicklung der Determinante nach den Elementen der r-ten Zeile* kann man nun wieder entsprechend eine *Entwicklung nach den Elementen der s-ten Spalte* an die Seite stellen; sie lautet:

$$D = a_{1s} A_{1s} + a_{2s} A_{2s} + \cdots + a_{ns} A_{ns} \qquad (s = 1, 2, \ldots, n);$$

die hier auftretenden Faktoren A_{rs} sind wieder die algebraischen Komplemente der Elemente a_{rs}.

Allgemeiner kann man in der Definition der Determinante alle Glieder sammeln, in denen irgendwelche Produkte $a_{1\beta_1} \cdots a_{m\beta_m}$ vorkommen, wobei $\beta_1 \cdots \beta_m$ eine Permutation der Zahlen $1, 2, \ldots, m < n$ bedeutet. Diese Glieder liefern insgesamt die *Unterdeterminante m-ter Ordnung*

$$D_1 = \begin{vmatrix} a_{11} & a_{12} & \cdots a_{1m} \\ a_{21} & a_{22} & \cdots a_{2m} \\ \cdots & \cdots & \cdots \\ a_{m1} & a_{m2} & \cdots a_{mm} \end{vmatrix},$$

und der zugehörige Faktor wird die *zugehörige komplementäre Unterdeterminante $(n-m)$-ter Ordnung:*

$$\Delta_1 = \begin{vmatrix} a_{m+1,m+1} & \cdots a_{m+1,n} \\ \cdots & \cdots \\ a_{n,m+1} & \cdots a_{nn} \end{vmatrix}.$$

Im ganzen gibt es $\binom{n}{m} = k$ Unterdeterminanten m-ter Ordnung in den ersten m Zeilen der gegebenen Matrix. Jede tritt in der Entwicklung der Determinante mit ihrer zugehörigen komplementären Unterdeterminante als Faktor auf, noch mit einem geeigneten Vorzeichen multipliziert[1]). Man erhält also eine Entwicklung der Form

$$D = D_1 \Delta_1 \pm D_2 \Delta_2 \pm \cdots \pm D_k \Delta_k.$$

Diese Formel bezeichnet man als den *Laplace'schen Entwicklungssatz.* Er kann entsprechend für die Unterdeterminanten m-ter Ordnung von *m beliebigen* Zeilen und ebenso auch für die Spalten formuliert werden. *Man sieht, daß eine Determinante, für die sämtliche Unterdeterminanten m-ter Ordnung aus m beliebigen Zeilen oder Spalten verschwinden, selbst Null sein muß.*

[1]) Der Leser beweise, daß das Vorzeichen $(-1)^{\alpha_1+\alpha_2+\cdots+\alpha_m+\beta_1+\cdots+\beta_m}$ ist, wenn die Unterdeterminante in den Zeilen $\alpha_1, \cdots, \alpha_m$ und in den Spalten $\beta_1, \cdots, \beta_m$ steht.

Das wichtigste Anwendungsgebiet der Determinanten sind die *Systeme linearer Gleichungen in n Unbekannten*. Ein solches System von n Gleichungen lautet allgemein:

$$\begin{aligned} a_{11}x_1 + a_{12}x_2 + \cdots + a_{1n}x_n &= y_1 \\ a_{21}x_1 + a_{22}x_2 + \cdots + a_{2n}x_n &= y_2 \\ \cdots\cdots\cdots\cdots\cdots & \\ a_{n1}x_1 + a_{n2}x_2 + \cdots + a_{nn}x_n &= y_n\,. \end{aligned} \tag{1·2}$$

Die Aufgabe ist, bei gegebenen Werten der Koeffizienten $a_{\alpha\beta}$ und gegebenen rechten Seiten $y_1, \ldots, y_n$ die Unbekannten $x_1, \ldots, x_n$ zu berechnen. Mit Hilfe der Determinantentheorie ergeben sich die Werte der Unbekannten folgendermaßen:

Wir gehen aus von der Entwicklung der Determinante der gegebenen Koeffizienten nach den Elementen der s-ten Spalte:

$$D = a_{1s}A_{1s} + a_{2s}A_{2s} + \cdots + a_{ns}A_{ns} \tag{1·3}$$

und stellen daneben die Gleichungen, die sich ergeben, wenn man *die* Determinante entwickelt, in der die Elemente der s-ten Spalte durch die Elemente der r-ten Spalte ersetzt worden sind $(r \neq s)$. Diese Determinante verschwindet nach II. Also ist

$$0 = a_{1r}A_{1s} + a_{2r}A_{2s} + \cdots + a_{nr}A_{ns} \qquad (r \neq s) \tag{1·4}$$

Multipliziert man jetzt (1·3) mit x_s, (1·4) mit x_r und addiert alle n Gleichungen, so ergibt sich auf Grund des gegebenen Gleichungssystems (1·2):

$$D\,x_s = y_1A_{1s} + y_2A_{2s} + \cdots + y_nA_{ns}\,.$$

Ist jetzt $D \neq 0$, so ist damit x_s bestimmt. Die hiermit berechneten Werte x_s genügen auch wirklich dem Gleichungssystem. Denn wir erhalten mit diesen Werten:

$$D \cdot \sum_{s=1}^{n} a_{rs}x_s = y_1 \cdot \sum_{s=1}^{n} a_{rs}A_{1s} + y_2 \cdot \sum_{s=1}^{n} a_{rs}A_{2s} + \cdots + y_n \cdot \sum_{s-1}^{n} a_{rs}A_{ns}\,.$$

Die rechts stehenden Summen sind uns aber ebenfalls bekannt. Denn aus der Entwicklung der Determinante nach den Elementen der r-ten Zeile folgt zunächst für den Faktor von y_r:

$$a_{r1}A_{r1} + \cdots + a_{rn}A_{rn} = D\,. \tag{1·5}$$

Ersetzt man ferner in der Determinante die Elemente der r-ten Zeile durch die Elemente einer anderen, etwa der ϱ-ten Zeile, so ergibt sich für den Faktor von y_ϱ nach V.:

$$a_{r1}A_{\varrho 1} + \cdots + a_{rn}A_{\varrho n} = 0\,. \tag{1·6}$$

Demnach findet man in der Tat

$$D\sum_{s=1}^{n} a_{rs}x_s = D\,y_r$$

also wegen $D \neq 0$ die Gültigkeit des Gleichungssystems (1·2).

Wir haben demnach den folgenden Satz bewiesen:

IX. *Cramersche Regel: Ist in dem Gleichungssystem* (1·2) *die Determinante D der Koeffizienten $a_{\alpha\beta}$ ungleich Null, so sind die Werte $x_1, x_2, \ldots, x_n$ ein-*

deutig bestimmt durch die Formeln:

$$x_s = \frac{\begin{vmatrix} a_{11} \cdots a_{1,s-1} \, y_1 \, a_{1,s+1} \cdots a_{1n} \\ a_{21} \cdots a_{2,s-1} \, y_2 \, a_{2,s+1} \cdots a_{2n} \\ \cdots\cdots\cdots\cdots\cdots\cdots \\ a_{n1} \cdots a_{n,s-1} \, y_n \, a_{n,s+1} \cdots a_{nn} \end{vmatrix}}{D} \qquad (s = 1, 2, \ldots, n).$$

Die bei der Ableitung dieses Satzes benutzten grundlegenden Relationen (1·3) bis (1·6) fassen wir nochmals zusammen in den Formeln:

$$(1\cdot 7) \qquad \begin{aligned} \sum_{s=1}^{n} a_{\alpha s} A_{rs} &= D \cdot \delta_{\alpha r} \\ \sum_{r=1}^{n} a_{r\beta} A_{rs} &= D \, \delta_{\beta s} \end{aligned} \qquad \left(\begin{aligned} &\delta_{\alpha r} = \begin{cases} 0 & \text{für } \alpha \neq r \\ 1 & \text{für } a = r \end{cases} \\ &\alpha, \beta, r, s = 1, 2, \ldots, n \end{aligned} \right)$$

auf die wir später noch zurückkommen werden.

Für den Fall eines *homogenen Gleichungssystems,* d. h. eines solchen, bei dem die rechten Seiten sämtlich Null sind, liefert die Cramersche Regel die Folgerung:

X. *Hat ein homogenes System von n linearen Gleichungen mit n Unbekannten ein Lösungssystem, das nicht aus lauter Nullen besteht, so ist seine Determinante gleich Null.*

Denn für $D \neq 0$ liefert die Cramersche Regel eindeutig die Lösung, deren sämtliche Werte Null sind.

Als Anwendung hiervor betrachten wir ein *System von linearen Differentialgleichungen mit konstanten Koeffizienten* der Form:

$$\begin{aligned} \frac{dy_1}{dt} &= a_{11} y_1 + \cdots + a_{1n} y_n \\ &\cdots\cdots\cdots\cdots \\ \frac{dy_n}{dt} &= a_{n1} y_1 + \cdots + a_{nn} y_n . \end{aligned}$$

Mit Hilfe des Ansatzes

$$y_\alpha(t) = x_\alpha e^{\lambda t} \qquad (\alpha = 1, 2, \ldots, n)$$

erhalten wir für die unbekannten Konstanten $x_1, x_2, \ldots, x_n$ die Gleichungen

$$\begin{aligned} (a_{11} - \lambda) x_1 + a_{12} x_2 + \cdots + a_{1n} x_n &= 0 \\ a_{21} x_1 + (a_{22} - \lambda) x_2 + \cdots + a_{2n} x_n &= 0 \\ \cdots\cdots\cdots\cdots\cdots\cdots \\ a_{n1} x_1 + a_{n2} x_2 + \cdots + (a_{nn} - \lambda) x_n &= 0 . \end{aligned}$$

Damit nun nicht alle x_n verschwinden, muß nach unserm Satz X. die Determinante

$$\begin{vmatrix} a_{11} - \lambda & a_{12} & \cdots & a_{1n} \\ a_{21} & a_{22} - \lambda & \cdots & a_{2n} \\ \vdots & & & \\ a_{n1} & a_{n2} & \cdots & a_{nn} - \lambda \end{vmatrix} = 0$$

sein. Hieraus findet man die in Frage kommenden Werte für λ.

Die hier auftretende Determinante, die aus der Ausgangsdeterminante dadurch hervorgeht, daß man in den Diagonalelementen $-\lambda$ hinzufügt, ist ein Polynom n-ten Grades in λ und heißt die *charakteristische Determinante* der gegebenen

Matrix. Ihre Nullstellen heißen die *charakteristischen Wurzeln* oder *Eigenwerte* der Matrix. Die Ausrechnung des Polynoms kann nach den allgemeinen Regeln über die Auswertung einer Determinante erfolgen. Das höchste Glied ist offenbar $(-\lambda)^n$; allgemein erhält man den Koeffizienten von $(-\lambda)^k$, indem man irgendwelche k Zeilen und die gleichnamigen Spalten der gegebenen Matrix streicht und durch die entsprechenden k Zeilen und Spalten der Einheitsmatrix

$$\begin{pmatrix} 1 & 0 & \cdots & 0 \\ 0 & 1 & \cdots & 0 \\ \cdot & \cdot & \cdot & \cdot \\ 0 & 0 & \cdots & 1 \end{pmatrix}$$

ersetzt, sowie alle so entstehenden „Hauptunterdeterminanten" der Ordnung $n-k$ addiert. Eine *Hauptunterdeterminante* ist also hiernach eine Unterdeterminante, die durch Streichung von k gleichnamigen Zeilen und Spalten entsteht. Wir finden also

$$\begin{vmatrix} a_{11}-\lambda & a_{12} & \cdots & a_{1n} \\ a_{21} & a_{22}-\lambda & \cdots & a_{2n} \\ \cdot & \cdot & \cdot & \cdot \\ a_{n1} & a_{n2} & \cdots & a_{nn}-\lambda \end{vmatrix} = (-\lambda)^n$$

$$+ (a_{11}+a_{22}+\cdots+a_{nn})(-\lambda)^{n-1}+\cdots+\begin{vmatrix} a_{11} & a_{12} & \cdots & a_{1n} \\ a_{21} & a_{22} & \cdots & a_{2n} \\ \cdot & \cdot & \cdot & \cdot \\ a_{n1} & a_{n2} & \cdots & a_{nn} \end{vmatrix} = \varphi(\lambda).$$

Bezeichnen wir die Eigenwerte mit $\lambda_1, \ldots, \lambda_n$, so gilt nach dem Fundamentalsatz der Algebra die in λ identische Gleichung

$$\varphi(\lambda) = (-1)^n (\lambda-\lambda_1)(\lambda-\lambda_2)\cdots(\lambda-\lambda_n),$$

aus der wir durch Vergleich der Koeffizienten finden:

$$\lambda_1+\cdots+\lambda_n = a_{11}+\cdots+a_{nn}, \quad \lambda_1\cdots\lambda_n = \begin{vmatrix} a_{11} & a_{12} & \cdots & a_{1n} \\ a_{21} & a_{22} & \cdots & a_{2n} \\ \cdot & \cdot & \cdot & \cdot \\ a_{n1} & a_{n2} & \cdots & a_{nn} \end{vmatrix}.$$

Die Summe der Eigenwerte ist also gleich der Summe der Diagonalglieder $a_{11}+\cdots+a_{nn}$ der gegebenen Matrix, die wir als die *Spur der Matrix* bezeichnen. Das Produkt der Eigenwerte ist gleich der Determinante der Matrix.

Die formale Eleganz der Cramerschen Regel darf uns nicht darüber täuschen, daß die Auflösung des Gleichungssystems (1·2) damit zwar theoretisch geleistet, praktisch aber, d. h. für die wirkliche numerische Rechnung, noch eine schwere Aufgabe ist, mit der wir uns noch ausführlich befassen werden. In der Tat ist die wirkliche Berechnung einer Determinante einigermaßen hoher Ordnung so mühsam und zeitraubend, daß man nur in Ausnahmefällen von der Cramerschen Regel numerischen Gebrauch machen wird. Ähnliches gilt bezüglich der Berechnung der charakteristischen Determinante, deren Nullstellen für zahlreiche praktische Probleme der mechanischen oder elektrischen Schwingungen von größter Wichtigkeit sind. Auch hier ist mit den bisherigen Ausführungen das Problem in numerischer Hinsicht eigentlich erst gestellt, nicht aber gelöst. Wir kommen auch hierauf später noch zurück.

Übungen zum ersten Vortrag

1. Man bestimme den Wert der Determinante

$$D=\begin{vmatrix} 1 & 2 & -1 & 2 \\ 3 & 0 & 1 & 5 \\ 1 & -2 & 0 & 3 \\ -2 & -4 & 1 & 6 \end{vmatrix}$$

Wir wollen erreichen, daß in der ersten Zeile möglichst viele Nullen stehen und addieren deshalb zunächst die zweite Zeile zur ersten. Dann ergibt sich

$$D=\begin{vmatrix} 4 & 2 & 0 & 7 \\ 3 & 0 & 1 & 5 \\ 1 & -2 & 0 & 3 \\ -2 & -4 & 1 & 6 \end{vmatrix}$$

Jetzt addieren wir die dritte Zeile zur ersten:

$$D=\begin{vmatrix} 5 & 0 & 0 & 10 \\ 3 & 0 & 1 & 5 \\ 1 & -2 & 0 & 3 \\ -2 & -4 & 1 & 6 \end{vmatrix}$$

Wir subtrahieren das Doppelte der ersten Spalte von der vierten:

$$D=\begin{vmatrix} 5 & 0 & 0 & 0 \\ 3 & 0 & 1 & -1 \\ 1 & -2 & 0 & 1 \\ -2 & -4 & 1 & 10 \end{vmatrix}=5\cdot\begin{vmatrix} 0 & 1 & -1 \\ -2 & 0 & 1 \\ -4 & 1 & 10 \end{vmatrix}$$

In der Unterdeterminante dritter Ordnung addieren wir die dritte Spalte zur zweiten:

$$D=5\cdot\begin{vmatrix} 0 & 0 & -1 \\ -2 & 1 & 1 \\ -4 & 11 & 10 \end{vmatrix}=-5\cdot\begin{vmatrix} -2 & 1 \\ -4 & 11 \end{vmatrix}=5\,(22-4)=90\,.$$

2. Auflösung des folgenden Gleichungssystems mit Hilfe der Cramerschen Regel:

$$\begin{aligned} 3\,x_1 - x_2 + 4\,x_3 &= y_1 \\ 2\,x_1 + 2\,x_2 - x_3 &= y_2 \\ -8\,x_1 - 3\,x_2 - 3\,x_3 &= y_3\,. \end{aligned}$$

Wir erhalten der Reihe nach:

$$D=\begin{vmatrix} 3 & -1 & 4 \\ 2 & 2 & -1 \\ -8 & -3 & -3 \end{vmatrix}=3\,(-6-3)+1\,(-6-8)+4\,(-6+16)=-1\,.$$

$$x_1 = \frac{\begin{vmatrix} y_1 & -1 & 4 \\ y_2 & 2 & -1 \\ y_3 & -3 & -3 \end{vmatrix}}{-1} = 9y_1 + 15y_2 + 7y_3$$

$$x_2 = \frac{\begin{vmatrix} 3 & y_1 & 4 \\ 2 & y_2 & -1 \\ -8 & y_3 & -3 \end{vmatrix}}{-1} = -14y_1 - 23y_2 - 11y_3$$

$$x_3 = \frac{\begin{vmatrix} 3 & -1 & y_1 \\ 2 & 2 & y_2 \\ -8 & -3 & y_3 \end{vmatrix}}{-1} = -10y_1 - 17y_2 - 8y_3 .$$

3. Die Gleichung des Kreises durch drei gegebene Punkte ist aufzustellen.

Sind (x_1, y_1), (x_2, y_2), (x_3, y_3) die Koordinaten der gegebenen, (x, y) die eines andern Punktes des Kreises, so gelten vier Gleichungen der Form:

$$\begin{aligned} a(x^2 + y^2) + b\,x + c\,y + d &= 0 \\ a(x_1^2 + y_1^2) + b\,x_1 + c\,y_1 + d &= 0 \\ a(x_2^2 + y_2^2) + b\,x_2 + c\,y_2 + d &= 0 \\ a(x_3^2 + y_3^2) + b\,x_3 + c\,y_3 + d &= 0 . \end{aligned}$$

Da nicht alle Koeffizienten a, b, c, d gleich Null sein können, muß die Determinante verschwinden. Also ist die Kreisgleichung gegeben durch

$$\begin{vmatrix} x^2 + y^2 & x & y & 1 \\ x_1^2 + y_1^2 & x_1 & y_1 & 1 \\ x_2^2 + y_2^2 & x_2 & y_2 & 1 \\ x_3^2 + y_3^2 & x_3 & y_3 & 1 \end{vmatrix} = 0 .$$

In ähnlicher Weise kann man die Gleichung eines Kegelschnitts durch fünf gegebene Punkte aufstellen und so fort.

4. Man löse das folgende System von linearen Differentialgleichungen:

$$\begin{aligned} \frac{dy_1}{dt} &= 2y_1 + y_2 - 3y_3 \\ \frac{dy_2}{dt} &= y_1 + 3y_2 + \frac{1}{2}y_3 \\ \frac{dy_3}{dt} &= -8y_1 - 2y_2 + 4y_3 . \end{aligned}$$

Der Ansatz $y_\alpha(t) = x_\alpha e^{\lambda t}$ liefert:

$$\begin{aligned} (2-\lambda)x_1 + x_2 - 3x_3 &= 0 \\ x_1 + (3-\lambda)x_2 + \frac{1}{2}x_3 &= 0 \\ -8x_1 - 2x_2 + (4-\lambda)x_3 &= 0 . \end{aligned}$$

Daher muß die Determinante

$$D = \begin{vmatrix} 2-\lambda & 1 & -3 \\ 1 & 3-\lambda & \frac{1}{2} \\ -8 & -2 & 4-\lambda \end{vmatrix} = 0$$

$$D = \varphi(\lambda) = -\lambda^3 + 9\lambda^2 - 2\lambda - 48 = 0$$

sein.

Man findet die Wurzeln $\lambda_1 = -2$, $\lambda_2 = 8$, $\lambda_3 = 3$. Für $\lambda = -2$ lauten die Gleichungen

$$\begin{aligned} 4x_1 + x_2 - 3x_3 &= 0 \\ x_1 + 5x_2 + \frac{1}{2}x_3 &= 0 \\ -8x_1 - 2x_2 + 6x_3 &= 0, \end{aligned}$$

deren letzte mit der ersten von selbst erfüllt ist. Die beiden ersten ergeben:

$$x_1 = \frac{31}{38}x_3, \quad x_2 = -\frac{5}{19}x_3$$

bei beliebiger Wahl von $x_3 = C_1$. Also ist ein erstes Lösungssystem:

$$y_1 = \frac{31}{38}C_1 e^{-2t}, \quad y_2 = -\frac{5}{19}C_1 e^{-2t}, \quad y_3 = C_1 e^{-2t}.$$

Für $\lambda = 8$ lauten die Gleichungen:

$$\begin{aligned} -6x_1 + x_2 - 3x_3 &= 0 \\ x_1 - 5x_2 + \frac{1}{2}x_3 &= 0 \\ -8x_1 - 2x_2 - 4x_3 &= 0. \end{aligned}$$

Wegen $8x_1 + 2x_2 + 4x_3 = -\frac{42}{29}(-6x_1 + x_2 - 3x_3) - \frac{20}{29}\left(x_1 - 5x_2 + \frac{1}{2}x_3\right)$ ist wieder die dritte Gleichung von selbst erfüllt. Wir erhalten aus den beiden ersten:

$$x_1 = -\frac{1}{2}x_3, \quad x_2 = 0.$$

Also ist für $x_3 = C_2$ ein zweites Lösungssystem:

$$y_1 = -\frac{1}{2}C_2 e^{8t}, \quad y_2 = 0, \quad y_3 = C_2 e^{8t}.$$

Endlich ergibt $\lambda = 3$ das Gleichungssystem:

$$\begin{aligned} -x_1 + x_2 - 3x_3 &= 0 \\ x_1 \qquad + \frac{1}{2}x_3 &= 0 \\ -8x_1 - 2x_2 + x_3 &= 0 \end{aligned}$$

mit der I g $x_1 = -\frac{1}{2}x_3$, $x_2 = \frac{5}{2}x_3$, also für $x_3 = C_3$ das dritte Lösungssystem:

$$y_1 = -\frac{1}{2}C_3 e^{3t}, \quad y_2 = \frac{5}{2}C_3 e^{3t}, \quad y_3 = C_3 e^{3t}.$$

Die allgemeine Lösung lautet demnach:

$$\begin{aligned} y_1 &= \frac{31}{38}C_1 e^{-2t} - \frac{1}{2}C_2 e^{8t} - \frac{1}{2}C_3 e^{3t} \\ y_2 &= -\frac{5}{19}C_1 e^{-2t} + \frac{5}{2}C_3 e^{3t} \\ y_3 &= C_1 e^{-2t} + C_2 e^{8t} + C_3 e^{3t} \end{aligned}$$

mit beliebigen Werten C_1, C_2, C_3.

5. Haben zwei Polynome $f(x) = a_0 x^n + a_1 x^{n-1} + \cdots + a_n$ und $g(x) = b_0 x^m + b_1 x^{m-1} + \cdots + b_m$ eine gemeinsame Nullstelle x, so gelten die Gleichungen:

$$\begin{array}{rl}
a_0 x^{n+m-1} + a_1 x^{n+m-2} + \cdots + a_n x^{m-1} &= 0 \\
a_0 x^{n+m-2} + \cdots + a_n x^{m-2} &= 0 \\
\cdots\cdots\cdots\cdots\cdots\cdots\cdots & \\
a_0 x^n + \cdots + a_n &= 0 \\
b_0 x^{n+m-1} + b_1 x^{n+m-2} + \cdots + b_m x^{n-1} &= 0 \\
b_0 x^{n+m-2} + \cdots + b_m x^{n-2} &= 0 \\
\cdots\cdots\cdots\cdots\cdots\cdots\cdots & \\
b_0 x^m + \cdots + b_m &= 0 .
\end{array}$$

Da dies $m + n$ lineare homogene Gleichungen für die $n + m$ Größen

$$x_1 = x^{n+m-1}, \quad x_2 = x^{n+m-2}, \ldots, \quad x_{n+m-1} = x, \quad x_{n+m} = 1,$$

die nicht sämtlich verschwinden, sind, so muß die Determinante

$$R(f_1 g) = \begin{vmatrix}
a_0 & a_1 & \cdots & a_n & 0 & \cdots & 0 \\
0 & a_0 & \cdots & & a_n & \cdots & 0 \\
\cdots & & & & & & \cdots \\
0 & 0 & \cdots & a_0 & & \cdots & a_n \\
b_0 & b_1 & \cdots & & b_m & 0 \cdots & 0 \\
0 & b_0 & \cdots & & & b_m \cdots & 0 \\
\cdots & & & & & & \cdots \\
0 & 0 & \cdots & b_0 & & \cdots & b_m
\end{vmatrix} = 0$$

sein. Diese Funktion der Koeffizienten $a_0, \ldots, a_n, b_0, \ldots, b_m$ heißt die *Resultante* der beiden Polynome. In der Algebra wird gezeigt, daß umgekehrt stets $R(f, g) \neq 0$ ist, wenn keine gemeinsame Nullstelle für f und g existiert[1]). Ist $g(x) = f'(x)$, so setzt man $D = (-1)^{\frac{n(n-1)}{2}} R(f, f')$ und bezeichnet D als die *Discriminante* von f. Das Verschwinden von D bedeutet das Vorhandensein einer mehrfachen Nullstelle von f. Man berechne die Discriminante von

$$f(x) = 4x^3 - g_2 x - g_3$$

und zeige, daß $f(x) = 4x^3 - 3x - 1$ eine mehrfache Nullstelle besitzt, dagegen $f(x) = 4x^3 - 2x + 1$ nicht.

---

[1]) Vgl. die Übung 4 zum 3. Vortrag.

2. VORTRAG

Der Fall symmetrischer und Hermitescher Matrizen und Determinanten. Anwendung auf die Differentialgleichungen eines elektrischen Netzes. Schreibweise eines Gleichungssystems in Matrizen und Vektoren. Formale Rechengesetze über Matrizen und Vektoren. Das Produkt zweier Determinanten. Anwendung auf zyklische und p-fach zyklische Gleichungssysteme in der Statik

Ein wichtiger Sonderfall, dem wir uns jetzt zuwenden wollen, ist der einer *symmetrischen Matrix;* hierbei genügen die Koeffizienten den Bedingungen

$$a_{\alpha\beta} = a_{\beta\alpha} \qquad (\alpha, \beta, = 1, 2, \ldots, n).$$

Besonders bei reellen Koeffizienten ist dieser Sonderfall häufig und daher wichtig. Sind die Koeffizienten komplex, so tritt an die Stelle der Symmetrie häufig die Bedingung

$$a_{\alpha\beta} = \bar{a}_{\beta\alpha} \qquad (\alpha, \beta = 1, 2, \ldots, n).$$

Man bezeichnet eine solche Matrix, in der also zwei symmetrisch zur Hauptdiagonale gelegene Elemente konjugiert komplex sind, als eine *Hermitesche Matrix.* Setzt man

$$a_{\alpha\beta} = b_{\alpha\beta} + i\, c_{\alpha\beta},$$

so ist dann also

$$b_{\alpha\beta} = b_{\beta\alpha}, \quad c_{\alpha\beta} = -\, c_{\beta\alpha} \qquad (\alpha, \beta = 1, 2, \ldots, n),$$

d. h. der Realteil einer Hermiteschen Matrix ist symmetrisch, der Imaginärteil, wie man sagt, *schiefsymmetrisch.* — Die zugehörigen Determinanten bezeichnet man entsprechend als Hermitesche, symmetrische und schiefsymmetrische Determinanten.

Jede Hermitesche Determinante ist reell.

Vertauscht man nämlich Zeilen und Spalten, so geht die Determinante wegen $a_{\beta\alpha} = \bar{a}_{\alpha\beta}$ in ihren konjugiert komplexen Wert über; andererseits bleibt sie wegen III. ungeändert. Also ist der Imaginärteil ihres Wertes gleich Null.

Aus der Definition der algebraischen Komplemente im ersten Vortrag erkennt man unschwer, daß, falls die gegebene Matrix $(a_{\alpha\beta})$ eine Hermitesche Matrix ist, auch

$$A_{\alpha\beta} = \bar{A}_{\beta\alpha} \qquad (\alpha, \beta = 1, 2, \ldots, n)$$

gilt. In der Tat ist

$$\bar{A}_{\beta\alpha} = (-1)^{\alpha+\beta} \begin{vmatrix} \bar{a}_{11} & \cdots \bar{a}_{1,\alpha-1} & \bar{a}_{1,\alpha+1} & \cdots \bar{a}_{1n} \\ \cdots & \cdots & \cdots & \cdots \\ \bar{a}_{\beta-1,1} & \cdots \bar{a}_{\beta-1,\alpha-1} & \bar{a}_{\beta-1,\alpha+1} & \cdots \bar{a}_{\beta-1,n} \\ \bar{a}_{\beta+1,1} & \cdots \bar{a}_{\beta+1,\alpha-1} & \bar{a}_{\beta+1,\alpha+1} & \cdots \bar{a}_{\beta+1,n} \\ \cdots & \cdots & \cdots & \cdots \\ \bar{a}_{n1} & \cdots \bar{a}_{n,\alpha-1} & \bar{a}_{n,\alpha+1} & \cdots \bar{a}_{nn} \end{vmatrix},$$

und wegen $\bar{a}_{\beta\alpha} = a_{\alpha\beta}$:

$$\bar{A}_{\beta\alpha} = (-1)^{\alpha+\beta} \begin{vmatrix} a_{11} & \cdots a_{\alpha-1,1} & a_{\alpha+1,1} & \cdots a_{n1} \\ \cdots & \cdots & \cdots & \cdots \\ a_{1,\beta-1} & \cdots a_{\alpha-1,\beta-1} & a_{\alpha+1,\beta-1} & \cdots a_{n,\beta-1} \\ a_{1,\beta+1} & \cdots a_{\alpha-1,\beta+1} & a_{\alpha+1,\beta+1} & \cdots a_{n,\beta+1} \\ \cdots & \cdots & \cdots & \cdots \\ a_{1n} & \cdots a_{\alpha-1,n} & a_{\alpha+1,n} & \cdots a_{nn} \end{vmatrix};$$

nach Vertauschung von Zeilen und Spalten wird also

$$\bar{A}_{\beta\alpha} = (-1)^{\alpha+\beta} \begin{vmatrix} a_{11} & \cdots a_{1,\beta-1} & a_{1,\beta+1} & \cdots a_{1n} \\ \cdots & \cdots & \cdots & \cdots \\ a_{\alpha-1,1} & \cdots a_{\alpha-1,\beta-1} & a_{\alpha-1,\beta+1} & \cdots a_{\alpha-1,n} \\ a_{\alpha+1,1} & \cdots a_{\alpha+1,\beta-1} & a_{\alpha+1,\beta+1} & \cdots a_{\alpha+1,n} \\ \cdots & \cdots & \cdots & \cdots \\ a_{n1} & \cdots a_{n,\beta-1} & a_{n,\beta+1} & \cdots a_{nn} \end{vmatrix} = A_{\alpha\beta}.$$

Insbesondere gilt also für eine reelle Hermitesche, d. h. symmetrische Matrix

$$A_{\alpha\beta} = A_{\beta\alpha}.$$

Wir machen hiervon eine Anwendung auf die *Theorie der elektrischen Netzwerke.*

Gegeben sei ein Netz von elektrischen Stromkreisen, das aus n Maschen zusammengesetzt sei. Wir bezeichnen die in der α-ten Masche auftretenden Ströme, elektromotorischen Kräfte und Ladungen mit I_α, E_α und $Q_\alpha = \int I_\alpha\, dt$. Ferner sei mit $L_{\alpha\alpha}$, $R_{\alpha\alpha}$ und $C_{\alpha\alpha}$ die Induktivität, der Ohmsche Widerstand und die Kapazität der α-ten Masche bezeichnet, und $L_{\alpha\beta}$, $R_{\alpha\beta}$ und $C_{\alpha\beta}$ seien die zueinander gehörigen Kopplungselemente der Maschen α und β. Dann gilt folgendes System von n Gleichungen:

$$\left(L_{11}\frac{d}{dt} + R_{11} + \frac{1}{C_n}\int dt\right) I_1 + \cdots + \left(L_{1n}\frac{d}{dt} + R_{1n} + \frac{1}{C_{1n}}\int dt\right) I_n = E_1$$

$$\cdots\cdots\cdots\cdots\cdots\cdots\cdots\cdots$$

$$\left(L_{n1}\frac{d}{dt} + R_{n1} + \frac{1}{C_{n1}}\int dt\right) I_1 + \cdots + \left(L_{nn}\frac{d}{dt} + R_{nn} + \frac{1}{C_{nn}}\int dt\right) I_n = E_n.$$

Aus der Definition der Kopplungselemente folgt nun die Symmetriebedingung:

$$L_{\alpha\beta} = L_{\beta\alpha}, \quad R_{\alpha\beta} = R_{\beta\alpha}, \quad C_{\alpha\beta} = C_{\beta\alpha} \qquad (\alpha, \beta = 1, 2, \ldots, n),$$

so daß unser Gleichungssystem in der α-ten Zeile und β-ten Spalte dasselbe Element enthält wie in der β-ten Zeile und α-ten Spalte.

Nehmen wir nun an, daß alle eingeprägten Spannungen Null seien bis auf eine, die der α-ten Masche aufgeprägt sei und die mit $\mathfrak{E}$ bezeichnet werde, so kommen wir vermöge des Ansatzes

$$\mathfrak{E} = E e^{\lambda t}, \quad I_\alpha = I_\alpha e^{\lambda t} \qquad (\lambda \neq 0)$$

zu folgendem linearen Gleichungssystem:

$$\begin{aligned}
&\left(\lambda L_{11} + R_{11} + \frac{1}{\lambda C_{n}}\right) I_1 + \cdots + \left(\lambda L_{1n} + R_{1n} + \frac{1}{\lambda C_{1n}}\right) I_n = 0 \\
&\cdots\cdots\cdots\cdots\cdots\cdots\cdots\cdots\cdots\cdots \\
&\left(\lambda L_{\alpha 1} + R_{\alpha 1} + \frac{1}{\lambda C_{\alpha 1}}\right) I_1 + \cdots + \left(\lambda L_{\alpha n} + R_{\alpha n} + \frac{1}{\lambda C_{\alpha n}}\right) I_n = E \\
&\cdots\cdots\cdots\cdots\cdots\cdots\cdots\cdots\cdots\cdots \\
&\left(\lambda L_{n1} + R_{n1} + \frac{1}{\lambda C_{n1}}\right) I_1 + \cdots + \left(\lambda L_{nn} + R_{nn} + \frac{1}{\lambda C_{nn}}\right) I_n = 0 .
\end{aligned}$$

Die Auflösungsformeln der Cramerschen Regel ergeben dann auf der rechten Seite in der Zählerdeterminante nur je ein einziges Glied. Setzen wir nämlich zur Abkürzung

$$\lambda L_{\alpha\beta} + R_{\alpha\beta} + \frac{1}{\lambda C_{\alpha\beta}} = a_{\alpha\beta}(\lambda)$$

und bezeichnen entsprechend die algebraischen Komplemente mit $A_{\alpha\beta}(\lambda)$, so ergibt sich

$$I_\beta = \frac{A_{\alpha\beta}(\lambda)}{D(\lambda)} E . \qquad (\beta = 1, 2, \ldots, n)$$

Hierbei bedeutet $D(\lambda)$ die Determinante

$$D(\lambda) = \begin{vmatrix} a_{n}(\lambda) & \cdots & a_{1n}(\lambda) \\ \cdots & \cdots & \cdots \\ a_{n1}(\lambda) & \cdots & a_{nn}(\lambda) \end{vmatrix},$$

die wir ungleich Null voraussetzen wollen.

Infolge der Symmetriebedingung $a_{\alpha\beta}(\lambda) = a_{\beta\alpha}(\lambda)$ wird auch $A_{\alpha\beta}(\lambda) = A_{\beta\alpha}(\lambda)$; hieraus erhalten wir folgenden *Reziprozitätssatz:*

Der Strom in der β-ten Masche, hervorgerufen durch eine Spannung in der α-ten Masche ist gleich dem Strom, der in der α-ten Masche entsteht, wenn die gleiche Spannung in der β-ten Masche eingeprägt wird.

Selbstverständlich ist dieser Satz hiermit nur bewiesen für den Fall, daß die Spannungen und Ströme dem hier angenommenen einfachen Exponentialgesetz genügen bzw. sich aus solchen Bestandteilen zusammensetzen lassen. —

Die weiteren Entwicklungen lassen es als zweckmäßig erscheinen, noch mehr als bisher den *Begriff der Matrix* selbst in den Vordergrund zu rücken. Wir führen für eine Matrix eine eigene Bezeichnung ein und wählen dazu einen fettgedruckten Buchstaben[1]):

$$\mathbf{a} = \begin{pmatrix} a_{11} & a_{12} & \cdots & a_{1n} \\ a_{21} & a_{22} & \cdots & a_{2n} \\ \cdots & \cdots & \cdots & \cdots \\ a_{n1} & a_{n2} & \cdots & a_{nn} \end{pmatrix} = (a_{\alpha\beta}) .$$

Es genügt für unsere Zwecke im allgemeinen, lediglich quadratische Matrizen von n Zeilen und n Spalten zu betrachten, wie hier geschieht. Eine Matrix von $m < n$ Zeilen (Spalten) kann stets durch Hinzufügung geeigneter Null-Zeilen

[1]) Manchmal werden Matrizen auch durch große deutsche Buchstaben bezeichnet. Da aber in manchen Anwendungsgebieten die großen deutschen Buchstaben, z. B. $\mathfrak{E}$ und $\mathfrak{H}$ in der Elektrotechnik, feste anderweitige Bedeutung haben, wird hier davon abgesehen.

(-Spalten) zu einer quadratischen Matrix ergänzt werden. Von besonderer Bedeutung sind solche Matrizen, die nur in einer *Spalte* von Null verschiedene Elemente enthalten. Wir nennen sie *Vektoren des n-dimensionalen Raumes*, kurz *Vektoren* und bezeichnen sie durch deutsche Buchstaben. Die n Elemente eines Vektors bezeichnen wir auch als seine *Komponenten*. So ist z. B. das System der Variablen $x_1, \ldots, x_n$ in der Schreibweise

$$\mathfrak{x} = \begin{pmatrix} x_1 \\ x_2 \\ \vdots \\ x_n \end{pmatrix}$$

ein Vektor mit den Komponenten $x_1, x_2, \ldots, x_n$.

Um für unser Gleichungssystem (1·2) eine kurze Schreibweise durch Matrizen und Vektoren zu gewinnen, definieren wir das *Produkt einer Matrix mit einem Vektor* in der Form:

$$\boldsymbol{a}\,\mathfrak{x} = \begin{pmatrix} a_{11} & a_{12} & \cdots & a_{1n} \\ a_{21} & a_{22} & \cdots & a_{2n} \\ \cdot & \cdot & \cdot & \cdot \\ a_{n1} & a_{n2} & \cdots & a_{nn} \end{pmatrix} \begin{pmatrix} x_1 \\ x_2 \\ \vdots \\ x_n \end{pmatrix} = \begin{pmatrix} a_{11} x_1 + a_{12} x_2 + \cdots + a_{1n} x_n \\ a_{21} x_1 + a_{22} x_2 + \cdots + a_{2n} x_n \\ \cdots\cdots\cdots\cdots \\ a_{n1} x_1 + a_{n2} x_2 + \cdots + a_{nn} x_n \end{pmatrix}.$$

Das Produkt ist also wieder ein Vektor, dessen Komponenten man gewinnt, wenn man die erste, zweite bis n-te Zeile der Matrix elementweise mit den Komponenten des Vektors $\mathfrak{x}$ multipliziert und die einzelnen Produkte addiert. Als einfaches Beispiel sei angegeben:

$$\boldsymbol{a} = \begin{pmatrix} 1 & -2 & 3 & 5 \\ 0 & 2 & 7 & -1 \\ 3 & 4 & -1 & 5 \\ -1 & 2 & 0 & 7 \end{pmatrix}, \quad \mathfrak{x} = \begin{pmatrix} 0 \\ 1 \\ 2 \\ 3 \end{pmatrix}, \quad \boldsymbol{a}\,\mathfrak{x} = \begin{pmatrix} 19 \\ 13 \\ 17 \\ 23 \end{pmatrix}.$$

Mit dieser Schreibweise lautet jetzt unser Gleichungssystem (1·2) einfach

$$\boldsymbol{a}\,\mathfrak{x} = \mathfrak{y},$$

wobei $\mathfrak{y}$ den Vektor

$$\mathfrak{y} = \begin{pmatrix} y_1 \\ y_2 \\ \vdots \\ y_n \end{pmatrix}$$

bedeutet.

Da eine Matrix aus n Spalten, also aus n Vektoren zusammengesetzt ist, liegt es hiernach nahe, das *Produkt zweier Matrizen* in folgender Weise zu definieren:

$$\boldsymbol{a}\boldsymbol{b} = \begin{pmatrix} a_{11} & a_{12} \cdots a_{1n} \\ a_{21} & a_{22} \cdots a_{2n} \\ \cdot\cdot\cdot & \cdot\cdot\cdot \\ a_{n1} & a_{n2} \cdots a_{nn} \end{pmatrix} \begin{pmatrix} b_{11} & b_{12} \cdots b_{1n} \\ b_{21} & b_{22} \cdots b_{1n} \\ \cdot\cdot\cdot & \cdot\cdot\cdot \\ b_{n1} & b_{n2} \cdots b_{nn} \end{pmatrix} = \begin{pmatrix} \sum_{\gamma=1}^{n} a_{1\gamma} b_{\gamma 1} & \sum_{\gamma=1}^{n} a_{1\gamma} b_{\gamma 2} \cdots & \sum_{\gamma=1}^{n} a_{1\gamma} b_{\gamma n} \\ \sum_{\gamma=1}^{n} a_{2\gamma} b_{\gamma 1} & \sum_{\gamma=1}^{n} a_{2\gamma} b_{\gamma 2} \cdots & \sum_{\gamma=1}^{n} a_{2\gamma} b_{\gamma n} \\ \cdots & \cdots & \cdots \\ \sum_{\gamma=1}^{n} a_{n\gamma} b_{\gamma 1} & \sum_{\gamma=1}^{n} a_{n\gamma} b_{\gamma 2} \cdots & \sum_{\gamma=1}^{n} a_{n\gamma} b_{\gamma n} \end{pmatrix}$$

Das Produkt zweier n-reihiger Matrizen ist also wieder eine n-reihige Matrix; das Element der α-ten Zeile und β-ten Spalte des Produktes $\boldsymbol{a}\,\boldsymbol{b}$ ist gleich $\sum_{\gamma=1}^{n} a_{\alpha\gamma}\, b_{\gamma\beta}$. Beispiel:

$$\boldsymbol{a} = \begin{pmatrix} 1 & -2 & 3 & 5 \\ 0 & 2 & 7 & -1 \\ 3 & 4 & -1 & 5 \\ -1 & 2 & 0 & 7 \end{pmatrix}, \quad \boldsymbol{b} = \begin{pmatrix} 2 & -3 & 1 & 0 \\ 3 & 2 & 0 & 4 \\ 5 & 1 & 7 & 2 \\ -2 & 6 & -3 & 1 \end{pmatrix},$$

$$\boldsymbol{a}\,\boldsymbol{b} = \begin{pmatrix} 1 & 26 & 7 & 3 \\ 43 & 5 & 52 & 21 \\ 3 & 28 & -19 & 19 \\ -10 & 49 & -22 & 15 \end{pmatrix}.$$

Selbstverständlich liegt in diesen Definitionen eine gewisse Willkür; ihre Rechtfertigung erfahren sie erst nachträglich durch die Zweckmäßigkeit, die sich bei der weiteren Verwendung erweisen wird.

Zunächst müssen wir feststellen, daß bei unserer Produktdefinition ein bei Produkten von Zahlen gültiges Gesetz nicht mehr erfüllt ist, nämlich das *kommutative Gesetz;* es gilt *nicht* mehr allgemein

$$\boldsymbol{a}\,\boldsymbol{b} = \boldsymbol{b}\,\boldsymbol{a}.$$

So ist z. B.

$$\begin{pmatrix} 0 & 1 \\ 0 & 0 \end{pmatrix} \begin{pmatrix} 0 & 0 \\ 1 & 0 \end{pmatrix} = \begin{pmatrix} 1 & 0 \\ 0 & 0 \end{pmatrix},$$

$$\begin{pmatrix} 0 & 0 \\ 1 & 0 \end{pmatrix} \begin{pmatrix} 0 & 1 \\ 0 & 0 \end{pmatrix} = \begin{pmatrix} 0 & 0 \\ 0 & 1 \end{pmatrix};$$

beide Matrizen sind also verschieden. — Hierzu ist nachzutragen, daß wir zwei Matrizen nur dann als gleich ansehen wollen, wenn die einzelnen Elemente an den entsprechenden Stellen beiderseits übereinstimmen. — In Sonderfällen kann natürlich trotzdem

$$\boldsymbol{a}\,\boldsymbol{b} = \boldsymbol{b}\,\boldsymbol{a}$$

sein; wir nennen dann die beiden Matrizen *vertauschbar.* So ist z. B. die sog. *Einheitsmatrix*

$$\boldsymbol{e} = \begin{pmatrix} 1 & 0 & \cdots & 0 \\ 0 & 1 & \cdots & 0 \\ \cdot & \cdot & \cdot & \cdot \\ 0 & 0 & \cdots & 1 \end{pmatrix}$$

mit jeder andern Matrix vertauschbar; es gilt stets

$$\boldsymbol{a}\,\boldsymbol{e} = \boldsymbol{e}\,\boldsymbol{a} = \boldsymbol{a}.$$

Im Gegensatz zum kommutativen Gesetz gilt dagegen bei unserer Produktdefinition allgemein das *associative Gesetz:*

$$\boldsymbol{a}\,(\boldsymbol{b}\,\boldsymbol{c}) = (\boldsymbol{a}\,\boldsymbol{b})\,\boldsymbol{c},$$

wie man durch einfaches Nachrechnen bestätigt. Dies ist aber das bei weitem wichtigere Gesetz von beiden. Es hat nämlich zur Folge, daß man in Produkten von drei und mehr Matrizen von der Zusammenfassung von je zwei Faktoren in eine Klammer absehen kann, da es gleichgültig ist, in welcher Weise man *unter Innehaltung der Reihenfolge* die Faktoren zusammenfaßt. Insbesondere gilt dies auch, falls der letzte Faktor ein Vektor ist, der ja als eine spezielle Matrix aufgefaßt werden kann.

Von einer Matrix $\boldsymbol{a}$ kann man durch Multiplikation mit sich selbst Potenzen bilden. Man setzt nacheinander

$$\boldsymbol{a}\,\boldsymbol{a} = \boldsymbol{a}^2, \quad \boldsymbol{a}^2\,\boldsymbol{a} = \boldsymbol{a}^3, \ldots$$

allgemein

$$\boldsymbol{a}^{\nu}\,\boldsymbol{a} = \boldsymbol{a}^{\nu+1} \qquad (\nu = 1, 2, \ldots).$$

Alle Potenzen ein und derselben Matrix $\boldsymbol{a}$ sind untereinander vertauschbar; es gilt

$$(2{\cdot}1) \qquad \boldsymbol{a}^{\mu}\,\boldsymbol{a}^{\nu} = \boldsymbol{a}^{\nu}\,\boldsymbol{a}^{\mu} = \boldsymbol{a}^{\mu+\nu} \qquad (\mu, \nu = 1, 2, \ldots).$$

Zur Vervollständigung setzen wir

$$\boldsymbol{a}^0 = \boldsymbol{e},$$

dann kann man in der letzten Formel μ und ν die Werte $0, 1, 2, \ldots$ durchlaufen lassen.

Wenn die Determinante D von $\boldsymbol{a}$ von Null verschieden ist, so können wir die folgende Matrix bilden:

$$(2{\cdot}2) \qquad \boldsymbol{a}^{-1} = \begin{pmatrix} \frac{A_{11}}{D} & \frac{A_{21}}{D} & \cdots & \frac{A_{n1}}{D} \\ \frac{A_{12}}{D} & \frac{A_{22}}{D} & \cdots & \frac{A_{n2}}{D} \\ \cdot & \cdot & \cdots & \cdot \\ \frac{A_{1n}}{D} & \frac{A_{2n}}{D} & \cdots & \frac{A_{nn}}{D} \end{pmatrix}.$$

Wir können dann die Formel (1·7), deren grundlegende Bedeutung wir schon früher hervorgehoben haben, in Matrizenschreibweise folgendermaßen ausdrücken:

$$(2{\cdot}3) \qquad \boldsymbol{a}\,\boldsymbol{a}^{-1} = \boldsymbol{a}^{-1}\,\boldsymbol{a} = \boldsymbol{e}.$$

Die Matrix $\boldsymbol{a}^{-1}$ heißt die zu $\boldsymbol{a}$ *reziproke Matrix*, kurz die *Reziproke* von $\boldsymbol{a}$. Sie ist stets vorhanden und eindeutig festgelegt, wenn $D \neq 0$ ist; sie ist mit $\boldsymbol{a}$ vertauschbar, also gleichzeitig *vordere und hintere Reziproke*. Wenn $D = 0$ ist, ist die Reziproke nicht vorhanden.

Die Auflösung des Gleichungssystems (1·2) kann man unter Benutzung der Reziproken jetzt sehr einfach schreiben. Multipliziert man nämlich vorn mit $\boldsymbol{a}^{-1}$, so erhält man unter Benutzung des assoziativen Gesetzes

$$\boldsymbol{a}^{-1}\mathfrak{y} = \boldsymbol{a}^{-1}(\boldsymbol{a}\,\mathfrak{x}) = (\boldsymbol{a}^{-1}\boldsymbol{a})\,\mathfrak{x} = \boldsymbol{e}\,\mathfrak{x},$$

also wegen

$$\boldsymbol{e}\,\mathfrak{x} = \mathfrak{x}$$

die Auflösung

$$\mathfrak{x} = \boldsymbol{a}^{-1}\mathfrak{y}.$$

Setzt man die Potenzen von $\boldsymbol{a}^{-1}$:

$$(\boldsymbol{a}^{-1})^{\nu} = \boldsymbol{a}^{-\nu},$$

so findet man die Gültigkeit von (2·1) für alle positiven und negativen Werte von μ und ν.

Eine weitere Stütze für die Zweckmäßigkeit unserer Produktdefinition zweier Matrizen liegt in dem folgenden Satze:

XI. *Die Determinante des Produktes zweier Matrizen ist gleich dem Produkte der Determinanten der beiden Matrizen.*

Wir haben zu zeigen, daß

$$\begin{vmatrix} a_{11} \cdots a_{1n} \\ \cdots\cdots\cdots \\ a_{n1} \cdots a_{nn} \end{vmatrix} \cdot \begin{vmatrix} b_{11} \cdots b_{1n} \\ \cdots\cdots\cdots \\ b_{n1} \cdots b_{nn} \end{vmatrix} = \begin{vmatrix} c_{11} \cdots c_{1n} \\ \cdots\cdots\cdots \\ c_{n1} \cdots c_{nn} \end{vmatrix}$$

ist, wenn

$$c_{\alpha\beta} = \sum_{\gamma=1}^{n} a_{\alpha\gamma} b_{\gamma\beta}$$

gesetzt wird. Dazu gehen wir aus von der rechten Seite, die wir kurz mit C bezeichnen und auf Grund der Sätze des ersten Vortrages über das Rechnen mit Determinanten folgendermaßen schreiben können:

$$C = \begin{vmatrix} a_{11} b_{11} + \cdots + a_{1n} b_{n1} & c_{12} \cdots c_{1n} \\ a_{21} b_{11} + \cdots + a_{2n} b_{n1} & c_{22} \cdots c_{2n} \\ \cdots\cdots\cdots & \cdots\cdots \\ a_{n1} b_{11} + \cdots + a_{nn} b_{n1} & c_{n2} \cdots c_{nn} \end{vmatrix} = b_{11} \begin{vmatrix} a_{11} c_{12} \cdots c_{1n} \\ a_{21} c_{22} \cdots c_{1n} \\ \cdots\cdots\cdots \\ a_{n1} c_{n2} \cdots c_{nn} \end{vmatrix}$$

$$+ \cdots + b_{n1} \begin{vmatrix} a_{1n} c_{12} \cdots c_{1n} \\ a_{2n} c_{22} \cdots c_{2n} \\ \cdots\cdots\cdots \\ a_{nn} c_{n2} \cdots c_{nn} \end{vmatrix}, \qquad C = \sum_{\alpha=1}^{n} b_{\alpha 1} \begin{vmatrix} a_{1\alpha} c_{12} \cdots c_{1n} \\ a_{2\alpha} c_{22} \cdots c_{2n} \\ \cdots\cdots\cdots \\ a_{n\alpha} c_{n2} \cdots c_{nn} \end{vmatrix}.$$

Nach dieser auf die *erste* Spalte bezüglichen Umformung können wir weiterhin in jeder rechts auftretenden Determinante eine entsprechende Umformung bezüglich der *zweiten* Spalte vornehmen und erhalten:

$$C = \sum_{\alpha=1}^{n} \sum_{\beta=1}^{n} b_{\alpha 1} b_{\beta 2} \begin{vmatrix} a_{1\alpha} a_{1\beta} c_{13} \cdots c_{1n} \\ a_{2\alpha} a_{2\beta} c_{23} \cdots c_{2n} \\ \cdots\cdots\cdots \\ a_{n\alpha} a_{n\beta} c_{n3} \cdots c_{nn} \end{vmatrix}$$

In derselben Weise fahren wir fort und erhalten schließlich nach n Schritten den Ausdruck:

$$C = \sum_{\alpha=1}^{n} \sum_{\beta=1}^{n} \cdots \sum_{\nu=1}^{n} b_{\alpha 1} b_{\beta 2} \cdots b_{\nu n} \begin{vmatrix} a_{1\alpha} a_{1\beta} \cdots a_{1\nu} \\ a_{2\alpha} a_{2\beta} \cdots a_{2\nu} \\ \cdots\cdots\cdots \\ a_{n\alpha} a_{n\beta} \cdots a_{n\nu} \end{vmatrix}.$$

In der Summe rechts fallen nun offenbar alle die Glieder fort, bei denen in der Determinante zwei oder mehrere der Indizes $\alpha, \beta, \ldots, \nu$ miteinander übereinstimmen, weil dann mindestens zwei Spalten übereinstimmen, die Determinante also den Wert Null hat. Es kommen also nur solche Glieder rechts wirklich vor, in denen die Indizes $\alpha, \beta, \ldots, \nu$ eine Permutation der n Elemente $1, 2, \ldots, n$ darstellen;

$$C = \sum b_{\alpha 1} b_{\beta 2} \cdots b_{\nu n} \begin{vmatrix} a_{1\alpha} a_{1\beta} \cdots a_{1\nu} \\ a_{2\alpha} a_{2\beta} \cdots a_{2\nu} \\ \cdots\cdots\cdots \\ a_{n\alpha} a_{n\beta} \cdots a_{n\nu} \end{vmatrix};$$

hierin ist die Summe über alle Permutationen $\alpha\beta\cdots\nu$ der Indizes $1, 2, \ldots, n$ zu erstrecken.

Wir haben nun zu untersuchen, welchen Wert die Determinante

$$\begin{vmatrix} a_{1\alpha} & a_{1\beta} & \cdots & a_{1\nu} \\ a_{2\alpha} & a_{2\beta} & \cdots & a_{2\nu} \\ \cdot & \cdot & \cdots & \cdot \\ a_{n\alpha} & a_{n\beta} & \cdots & a_{n\nu} \end{vmatrix}$$

besitzt, wenn $\alpha\beta\cdots\nu$ eine Permutation von $1, 2, \ldots, n$ bedeutet. Diese Determinante geht aus der Ausgangsdeterminante

$$\begin{vmatrix} a_{11} & a_{12} & \cdots & a_{1n} \\ a_{21} & a_{22} & \cdots & a_{2n} \\ \cdot & \cdot & \cdots & \cdot \\ a_{n1} & a_{n2} & \cdots & a_{nn} \end{vmatrix}$$

dadurch hervor, daß die Spalten in gewisser Weise miteinander permutiert worden sind. Wir wissen nun aus dem ersten Vortrag, daß die einfache Vertauschung zweier Spalten nur das Vorzeichen der Determinante ändert, nicht ihren absoluten Wert. Andererseits überlegt man sich leicht, daß jede beliebige Permutation von n Elementen dadurch verwirklicht werden kann, daß man nacheinander je zwei Elemente vertauscht. Demnach kann im ganzen nur herauskommen:

$$\begin{vmatrix} a_{1\alpha} & a_{1\beta} & \cdots & a_{1\nu} \\ a_{2\alpha} & a_{2\beta} & \cdots & a_{2\nu} \\ \cdot & \cdot & \cdots & \cdot \\ a_{n\alpha} & a_{n\beta} & \cdots & a_{n\nu} \end{vmatrix} = \pm \begin{vmatrix} a_{11} & a_{12} & \cdots & a_{1n} \\ a_{21} & a_{22} & \cdots & a_{2n} \\ \cdot & \cdot & \cdots & \cdot \\ a_{n1} & a_{n2} & \cdots & a_{nn} \end{vmatrix}.$$

Wann steht hierin nun das Pluszeichen, wann das Minuszeichen? Die Antwort auf diese Frage lautet naheliegenderweise: Wenn die Permutation eine gerade ist, steht das Pluszeichen, im andern Falle das Minuszeichen. Das geht aus folgender Überlegung hervor: Eine einfache Vertauschung zweier Elemente ist eine ungerade Permutation, da sie das Vorzeichen des Differenzenproduktes Δ des ersten Vortrages ändert, wie wir damals festgestellt haben. Wenn also eine beliebige Permutation aus einer bestimmten Anzahl von einfachen Vertauschungen hervorgeht, so muß diese Anzahl eine gerade Zahl sein, wenn die Permutation gerade sein soll, eine ungerade Zahl, wenn die Permutation ungerade sein soll. Dann sieht man aber sofort, daß in unserm Falle bei geraden Permutationen das Pluszeichen steht, bei ungeraden das Minuszeichen.

Nunmehr lautet also unsere Gleichung:

$$C = \Sigma \pm b_{\alpha 1} b_{\beta 2} \cdots b_{\nu n} \begin{vmatrix} a_{11} & a_{12} & \cdots & a_{1n} \\ a_{21} & a_{22} & \cdots & a_{2n} \\ \cdot & \cdot & \cdots & \cdot \\ a_{n1} & a_{n2} & \cdots & a_{nn} \end{vmatrix},$$

und man erkennt, daß die Summe rechts, die als Faktor der Determinante der $a_{\alpha\beta}$ auftritt, nichts anderes ist, als die Determinante der $b_{\alpha\beta}$, so daß die Behauptung bewiesen ist.

Beispiel:

$$\begin{vmatrix} 1 & 0 & 7 \\ 3 & -1 & 4 \\ 2 & 1 & 5 \end{vmatrix} = -9 + 35 = 26; \qquad \begin{vmatrix} 2 & 1 & -1 \\ 3 & 0 & 1 \\ 4 & 1 & -5 \end{vmatrix} = -2 + 19 - 3 = 14;$$

$$\begin{pmatrix} 1 & 0 & 7 \\ 3 & -1 & 4 \\ 2 & 1 & 5 \end{pmatrix} \begin{pmatrix} 2 & 1 & -1 \\ 3 & 0 & 1 \\ 4 & 1 & -5 \end{pmatrix} = \begin{pmatrix} 30 & 8 & -36 \\ 19 & 7 & -24 \\ 27 & 7 & -26 \end{pmatrix};$$

$$\begin{vmatrix} 30 & 8 & -36 \\ 19 & 7 & -24 \\ 27 & 7 & -26 \end{vmatrix} = \begin{vmatrix} 30 & 8 & -36 \\ 19 & 7 & -24 \\ 8 & 0 & -2 \end{vmatrix} = \begin{vmatrix} -114 & 8 & -36 \\ -77 & 7 & -24 \\ 0 & 0 & -2 \end{vmatrix} = 364 = 14 \cdot 26 .$$

Insbesondere ergibt sich aus der Definition (2·2) der Reziproken auf Grund von Gleichung (2·3), daß die Determinante der Reziproken gleich $1/D$ ist. Hieraus folgt weiterhin, daß, wenn irgend eine Matrix $\boldsymbol{x}$ existiert, für die $\boldsymbol{a}\,\boldsymbol{x} = \boldsymbol{e}$ oder $\boldsymbol{x}\,\boldsymbol{a} = \boldsymbol{e}$ ist, stets die Determinante von $\boldsymbol{a}$ ungleich Null sein muß, so daß alsdann $\boldsymbol{a}^{-1}$ stets existiert. Subtrahiert man nun die beiden Gleichungen

$$\boldsymbol{a}\,\boldsymbol{x} = \boldsymbol{e}$$
$$\boldsymbol{a}\,\boldsymbol{a}^{-1} = \boldsymbol{e}$$

elementweise, so erhält man:

$$\boldsymbol{a}(\boldsymbol{x} - \boldsymbol{a}^{-1}) = 0 .$$

Nach der Cramerschen Regel muß alsdann jede Spalte der Matrix $\boldsymbol{x} - \boldsymbol{a}^{-1}$ Null sein, d. h. es gilt

$$\boldsymbol{x} - \boldsymbol{a}^{-1} = 0, \quad \boldsymbol{x} = \boldsymbol{a}^{-1} .$$

Dasselbe findet man aus $\boldsymbol{x}\,\boldsymbol{a} = \boldsymbol{e}$.

XII. *Aus der Existenz einer Matrix $\boldsymbol{x}$, für die $\boldsymbol{a}\,\boldsymbol{x} = \boldsymbol{e}$ oder $\boldsymbol{x}\,\boldsymbol{a} = \boldsymbol{e}$ gilt, folgt stets, daß die Determinante D von $\boldsymbol{a}$ ungleich Null und $\boldsymbol{x} = \boldsymbol{a}^{-1}$ ist. Jede wie auch immer definierte vordere oder hintere „Reziproke" von $\boldsymbol{a}$ ist also gleichzeitig vordere und hintere Reziproke und gleich der früher definierten reziproken Matrix $\boldsymbol{a}^{-1}$.*

Wir haben beim Beweise dieses Eindeutigkeitssatzes bereits Gebrauch gemacht von der *Subtraktion* zweier n-reihiger Matrizen, die wir elementweise vorgenommen haben. Entsprechend definieren wir auch die *Addition*; wir setzen allgemein

$$\boldsymbol{a} + \boldsymbol{b} = \begin{pmatrix} a_{11} \cdots a_{1n} \\ \cdots\cdots\cdots \\ a_{n1} \cdots a_{nn} \end{pmatrix} + \begin{pmatrix} b_{11} \cdots b_{1n} \\ \cdots\cdots\cdots \\ b_{n1} \cdots b_{nn} \end{pmatrix} = \begin{pmatrix} a_{11} + b_{11} \cdots a_{1n} + b_{1n} \\ \cdots\cdots\cdots\cdots\cdots \\ a_{n1} + b_{n1} \cdots a_{nn} + b_{nn} \end{pmatrix}$$

und

$$\boldsymbol{a} - \boldsymbol{b} = \begin{pmatrix} a_{11} - b_{11} \cdots a_{1n} - b_{1n} \\ \cdots\cdots\cdots\cdots\cdots \\ a_{n1} - b_{n1} \cdots a_{nn} - b_{nn} \end{pmatrix}.$$

Es gilt dann das distributive Gesetz

$$\boldsymbol{a}(\boldsymbol{b} \pm \boldsymbol{c}) = \boldsymbol{a}\,\boldsymbol{b} \pm \boldsymbol{a}\,\boldsymbol{c}; \qquad (\boldsymbol{b} \pm \boldsymbol{c})\,\boldsymbol{a} = \boldsymbol{b}\,\boldsymbol{a} \pm \boldsymbol{c}\,\boldsymbol{a} .$$

Endlich ist noch die *Multiplikation einer Matrix mit einem skalaren Faktor* einzuführen; wir setzen

$$\lambda\, \boldsymbol{a} = \boldsymbol{a}\, \lambda = \begin{pmatrix} \lambda\, a_{11}\, \lambda\, a_{12} \cdots \lambda\, a_{1n} \\ \lambda\, a_{21}\, \lambda\, a_{22} \cdots \lambda\, a_{2n} \\ \cdots\cdots\cdots\cdots \\ \lambda\, a_{n1}\, \lambda\, a_{n2} \cdots \lambda\, a_{nn} \end{pmatrix}.$$

Offenbar ist die Determinante von $\lambda\, \boldsymbol{a}$ gleich λ^n mal der Determinante von $\boldsymbol{a}$. Hieraus folgt z. B.

$$\begin{vmatrix} A_{11}\, A_{12} \cdots A_{1n} \\ A_{21}\, A_{22} \cdots A_{2n} \\ \cdots\cdots\cdots\cdots \\ A_{n1}\, A_{n2} \cdots A_{nn} \end{vmatrix} = D^{n-1}.$$

Um unsere formalen Rechengesetze über Matrizen und Vektoren zum Abschluß zu bringen, haben wir noch einige Worte über die Vektoren hinzuzufügen.

Wir hatten die Vektoren als *Spalten* eingeführt. Daneben ist es manchmal auch notwendig, einen Vektor als eine *Zeile* aufzufassen. In diesem Falle versehen wir den deutschen Buchstaben mit einem Strich, setzen also z. B.

$$\mathfrak{x}' = (x_1\, x_2 \cdots x_n).$$

Unter dem Produkt $\mathfrak{x}'\, \boldsymbol{a}$ verstehen wir den Zeilenvektor

$$(x_1\, x_2 \cdots x_n) \begin{pmatrix} a_{11}\, a_{12} \cdots a_{1n} \\ a_{21}\, a_{21} \cdots a_{2n} \\ \cdots\cdots\cdots \\ a_{n1}\, a_{n2} \cdots a_{nn} \end{pmatrix} = (a_{11}\, x_1 + \cdots + a_{n1}\, x_n \cdots a_{1n}\, x_1 + \cdots + a_{nn}\, x_n).$$

Sinngemäß ist dann das Produkt eines Zeilen- mit einem Spaltenvektor

$$\mathfrak{x}'\, \mathfrak{y} = (x_1\, x_2 \cdots x_n) \begin{pmatrix} y_1 \\ y_2 \\ \vdots \\ y_n \end{pmatrix} = x_1\, y_1 + x_2\, y_2 + \cdots + x_n\, y_n.$$

Da diese Größe ein Skalar ist, bezeichnen wir dieses Produkt auch als das *skalare Produkt der beiden Vektoren.* Versteht man unter $\bar{\mathfrak{x}}$ den Vektor der konjugiert komplexen Elemente von $\mathfrak{x}$, so heißt $\bar{\mathfrak{x}}'\, \mathfrak{x} = \sum_{\alpha=1}^{n} |x_\alpha|^2$ die *Norm von* $\mathfrak{x}$, die Quadratwurzel daraus der *absolute Betrag* $|\mathfrak{x}|$ von $\mathfrak{x}$. Aus $\mathfrak{x} = 0$ folgt $|\mathfrak{x}| = 0$ *und umgekehrt.*

Auch bei Matrizen wollen wir den Strich in entsprechender Weise verwenden; wir setzen

$$\boldsymbol{a}' = \begin{pmatrix} a_{11}\, a_{21} \cdots a_{n1} \\ a_{12}\, a_{22} \cdots a_{n2} \\ \cdots\cdots\cdots \\ a_{1n}\, a_{2n} \cdots a_{nn} \end{pmatrix}$$

und nennen diese Matrix die zu $\boldsymbol{a}$ *transponierte Matrix*. Es gilt dann z. B.

$$(\boldsymbol{a}\,\mathfrak{x})' = \mathfrak{x}'\,\boldsymbol{a}'$$

und allgemeiner

$$(\boldsymbol{a}\,\boldsymbol{b})' = \boldsymbol{b}'\,\boldsymbol{a}' .$$

Für eine symmetrische Matrix gilt

$$\boldsymbol{a} = \boldsymbol{a}' .$$

Wenn $\bar{\boldsymbol{a}}$ die Matrix aus den konjugiert komplexen Elementen $\bar{a}_{\alpha\beta}$ bedeutet, so gilt für eine Hermitesche Matrix

$$\boldsymbol{a} = \bar{\boldsymbol{a}}' .$$

Für jede Matrix $\boldsymbol{a}$ ist $\boldsymbol{a}\,\boldsymbol{a}'$ und $\boldsymbol{a}'\,\boldsymbol{a}$ eine symmetrische, und $\boldsymbol{a}\,\bar{\boldsymbol{a}}'$ sowie $\bar{\boldsymbol{a}}'\,\boldsymbol{a}$ eine Hermitesche Matrix. Diese beiden letzteren Matrizen bezeichnen wir als die *vordere bzw. hintere Norm* von $\boldsymbol{a}$.

Als *Anwendung der vorangehenden Erörterungen* untersuchen wir eine Matrix der Form

$$\boldsymbol{a} = \begin{pmatrix} a_1\, a_2 \cdots a_n \\ a_n\, a_1 \cdots a_{n-1} \\ \cdots\cdots\cdots \\ a_2\, a_3 \cdots a_n\, a_1 \end{pmatrix},$$

die wir als *zyklische Matrix* bezeichnen, da darin jede Zeile aus der vorangehenden durch eine zyklische Vertauschung der Größen $a_1, a_2, \ldots, a_n$ hervorgeht. Das Produkt zweier zyklischer Matrizen $\boldsymbol{a}$ und

$$\boldsymbol{b} = \begin{pmatrix} b_1\, b_2 \cdots b_n \\ b_n\, b_1 \cdots b_{n-1} \\ \cdots\cdots\cdots \\ b_2\, b_3 \cdots b_n\, b_1 \end{pmatrix}$$

ist wieder eine zyklische Matrix

$$\boldsymbol{c} = \begin{pmatrix} c_1\, c_2 \cdots c_n \\ c_n\, c_1 \cdots c_{n-1} \\ \cdots\cdots\cdots \\ c_2\, c_3 \cdots c_n\, c_1 \end{pmatrix},$$

worin

$$\begin{aligned} c_1 &= a_1\, b_1 + a_2\, b_n \quad + \cdots + a_n\, b_2 \\ c_2 &= a_1\, b_2 + a_2\, b_1 \quad + \cdots + a_n\, b_3 \\ &\cdots\cdots\cdots\cdots\cdots\cdots \\ c_n &= a_1\, b_n + a_2\, b_{n-1} + \cdots + a_n\, b_1 \end{aligned}$$

zu setzen ist. Das allgemeine Gesetz dieser Beziehungen ergibt sich am deutlichsten, wenn man zusätzliche Größen b_m für $m \gtreqless 0$ einführt und festsetzt, daß $b_m = b_k$ $(k = 1, \ldots, n)$ sein soll, falls m und k sich nur um ein Vielfaches von n unterscheiden. Dann wird nämlich

$$c_1 = \sum_{\alpha=1}^{n} a_\alpha b_{2-\alpha}$$

$$c_2 = \sum_{\alpha=1}^{n} a_\alpha b_{3-\alpha}$$

$$\dots\dots\dots\dots$$

$$c_\beta = \sum_{\alpha=1}^{n} a_\alpha b_{\beta-\alpha+1}$$

$$\dots\dots\dots\dots$$

$$c_n = \sum_{\alpha=1}^{n} a_\alpha b_{n-\alpha+1}\,.$$

Führen wir eine Größe ε ein, deren n-te Potenz gleich 1 ist, so können wir der Matrix $\boldsymbol{a}$ das Polynom

$$f(\varepsilon) = a_1 + a_2 \varepsilon + \cdots + a_n \varepsilon^{n-1}$$

der Matrix $\boldsymbol{b}$ das Polynom

$$g(\varepsilon) = b_1 + b_2 \varepsilon + \cdots + b_n \varepsilon^{n-1}$$

eindeutig zuordnen, und finden dann, daß dem Produkt $\boldsymbol{c} = \boldsymbol{a}\,\boldsymbol{b}$ das Produkt der beiden zugeordneten Polynome $f(\varepsilon) \cdot g(\varepsilon)$ zugeordnet ist. Die Einheitsmatrix $\boldsymbol{e}$ ist eine zyklische Matrix, deren erster Koeffizient 1 ist, während alle übrigen Koeffizienten verschwinden. Damit also insbesondere $\boldsymbol{a}\,\boldsymbol{b} = \boldsymbol{e}$ sein kann, muß vermöge $\varepsilon^n = 1$

$$f(\varepsilon)\, g(\varepsilon) = 1\,,$$

also $f(\varepsilon)$ für jedes $\varepsilon_k = e^{\frac{2\pi i k}{n}}$ $(k = 1, \dots, n)$ von Null verschieden sein. Dann ist somit

$$g(\varepsilon_k) = b_1 + b_2 \varepsilon_k + \cdots + b_n \varepsilon_k^{n-1} = \frac{1}{f(\varepsilon_k)} \qquad (k = 1, \dots, n)\,. \tag{2·4}$$

Da $\varepsilon_n = 1$ ist, genügen alle übrigen ε_k der Bedingung

$$\frac{t^n - 1}{t - 1} = 1 + t + \cdots + t^{n-1} = 0\,,$$

und außerdem gilt

$$\varepsilon_k^\mu = \varepsilon_\mu^k = e^{\frac{2\pi i k \mu}{n}} \qquad (k, \mu = 1, \dots, n)\,.$$

Addieren wir also sämtliche Gleichungen (2·4) und vertauschen in jedem ε_k^μ Index und Exponent, so ergibt sich

$$n\, b_1 = \sum_{k=1}^{n} \frac{1}{f(\varepsilon_k)}\,.$$

Multiplizieren wir ferner (2·4) mit $\varepsilon_k, \varepsilon_k^2, \dots, \varepsilon_k^{n-1}$, so erhalten wir der Reihe nach

$$\begin{aligned}
b_n + b_1 \varepsilon_k + b_2 \varepsilon_k^2 + \cdots + b_{n-1} \varepsilon_k^{n-1} &= \frac{\varepsilon_k}{f(\varepsilon_k)} \\
b_{n-1} + b_n \varepsilon_k + b_1 \varepsilon_k^2 + \cdots + b_{n-2} \varepsilon_k^{n-1} &= \frac{\varepsilon_k^2}{f(\varepsilon_k)} \quad (k = 1, \dots, n)\,. \\
\dots\dots\dots\dots\dots\dots\dots\dots \\
b_2 + b_3 \varepsilon_k + b_4 \varepsilon_k^2 + \cdots + b_1 \varepsilon_k^{n-1} &= \frac{\varepsilon_k^{n-1}}{f(\varepsilon_k)}
\end{aligned}$$

Hieraus findet sich, wieder durch Addition über $k = 1, \cdots, n$:

$$n\, b_n = \sum_{k=1}^{n} \frac{\varepsilon_k}{f(\varepsilon_k)},$$

$$n\, b_{n-1} = \sum_{k=1}^{n} \frac{\varepsilon_k^2}{f(\varepsilon_k)},$$

und allgemein

$$n\, b_\alpha = \sum_{k=1}^{n} \frac{\varepsilon_k^{n-\alpha+1}}{f(\varepsilon_k)} = \sum_{k=1}^{n} \frac{1}{\varepsilon_k^{\alpha-1} f(\varepsilon_k)} \qquad (\alpha = 1, \ldots, n).$$

Hiermit sind die Elemente der nach unserm Satz XII eindeutig bestimmten reziproken Matrix $\boldsymbol{b} = \boldsymbol{a}^{-1}$ festgelegt.

Ist daher ein Gleichungssystem mit einer zyklischen Matrix $\boldsymbol{a}$ vorgelegt:

$$\begin{array}{l} a_1 x_1 + a_2 x_2 + \cdots + a_n x_n = y_1 \\ a_n x_1 + a_1 x_2 + \cdots + a_{n-1} x_n = y_2 \\ \dots\dots\dots\dots\dots\dots\dots \\ a_2 x_1 + a_3 x_2 + \cdots + a_1 x_n = y_n \end{array}, \qquad \boldsymbol{a}\, \mathfrak{x} = \mathfrak{y},$$

so finden wir den Lösungsvektor in der Form:

$$\mathfrak{x} = \boldsymbol{a}^{-1} \mathfrak{y} = \begin{pmatrix} b_1 & b_2 & \cdots & b_n \\ b_n & b_1 & \cdots & b_{n-1} \\ \cdot & \cdot & \cdots & \cdot \\ b_2 & b_3 & \cdots & b_1 \end{pmatrix} \begin{pmatrix} y_1 \\ y_2 \\ \vdots \\ y_n \end{pmatrix}$$

und erhalten daher:

$$\begin{array}{l} x_1 = b_1 y_1 + b_2 y_2 + \cdots + b_n y_n \\ x_2 = b_n y_1 + b_1 y_2 + \cdots + b_{n-1} y_n \\ \dots\dots\dots\dots\dots\dots\dots \\ x_n = b_2 y_1 + b_3 y_2 + \cdots + b_1 y_n \end{array}$$

mit

$$b_\alpha = \frac{1}{n} \sum_{k=1}^{n} \frac{1}{\varepsilon_k^{\alpha-1} f(\varepsilon_k)} \qquad (\alpha = 1, \ldots, n).$$

Um auch die charakteristische Determinante einer zyklischen Matrix zu bestimmen, beachten wir, daß nach den oben angestellten Überlegungen die Reziproke der zyklischen Matrix $\boldsymbol{a} - \lambda \boldsymbol{e}$ stets vorhanden ist, wenn

$$a_1 - \lambda + a_2 \varepsilon_k + a_3 \varepsilon_k^2 + \cdots + a_n \varepsilon_k^{n-1} \neq 0$$

ist für $k = 1, \ldots, n$, aber nicht mehr existiert, wenn einer dieser Faktoren Null ist. Also ist die charakteristische Determinante gleich Null, wenn einer dieser Ausdrücke verschwindet, das entsprechende Polynom in λ also durch jeden dieser linearen Faktoren teilbar. Betrachtet man die Größen $a_1, a_2, \ldots, a_n$ als unabhängige Variable, so sind diese Linearfaktoren alle verschieden; dann muß also die charakteristische Determinante durch ihr Produkt teilbar sein, das ebenfalls ein Polynom n-ten Grades in λ ist und denselben ersten Koeffizienten hat, nämlich $(-1)^n$. Also stimmen beide Polynome miteinander überein und man erhält

$$\begin{vmatrix} a_1-\lambda & a_2 & \cdots & a_n \\ a_n & a_1-\lambda & \cdots & a_{n-1} \\ \cdot & \cdot & \cdot & \cdot \\ a_2 & a_3 & \cdots & a_1-\lambda \end{vmatrix} = \prod_{k=1}^{n} (a_1-\lambda+a_2\,\varepsilon_k+\cdots+a_n\,\varepsilon_k^{n-1}).$$

Insbesondere ergibt sich hieraus für $\lambda = 0$:

$$\begin{vmatrix} a_1 & a_2 & \cdots & a_n \\ a_n & a_1 & \cdots & a_{n-1} \\ \cdot & \cdot & \cdot & \cdot \\ a_2 & a_3 & \cdots & a_1 \end{vmatrix} = \prod_{k=1}^{n} f(\varepsilon_k).$$

Praktische Anwendung findet die geschilderte Theorie insbesondere in der Statik: man vergleiche darüber die Arbeit von *L. Mann* im Schrifttumsverzeichnis. Dort wird auch der allgemeinere Fall behandelt, wo das Gleichungssystem nicht einfach zyklisch ist, sondern die Koeffizientenmatrix sich aus p^2 zyklischen Einzelmatrizen $\boldsymbol{a}_{\varkappa\lambda}$ der Ordnung n in der Form

$$\boldsymbol{a} = \begin{pmatrix} \boldsymbol{a}_{11} & \boldsymbol{a}_{12} & \cdots & \boldsymbol{a}_{1p} \\ \boldsymbol{a}_{21} & \boldsymbol{a}_{22} & \cdots & \boldsymbol{a}_{2p} \\ \cdot & \cdot & \cdot & \cdot \\ \boldsymbol{a}_{p1} & \boldsymbol{a}_{p2} & \cdots & \boldsymbol{a}_{pp} \end{pmatrix}$$

zusammensetzt. Wir können die dort für $p = 2$ geschilderte Theorie unserer obigen Darstellung entsprechend in folgender Weise allgemein entwickeln:

Das Produkt zweier „p-fach zyklischer" Matrizen erweist sich zunächst wieder als eine p-fach zyklische Matrix, und zwar wird sinngemäß

$$\boldsymbol{a}\,\boldsymbol{b} = \begin{pmatrix} \sum_{\gamma=1}^{p} \boldsymbol{a}_{1\gamma}\,\boldsymbol{b}_{\gamma 1} & \cdots & \sum_{\gamma=1}^{p} \boldsymbol{a}_{1\gamma}\,\boldsymbol{b}_{\gamma p} \\ \cdot & \cdot & \cdot \\ \sum_{\gamma=1}^{p} \boldsymbol{a}_{p\gamma}\,\boldsymbol{b}_{\gamma 1} & \cdots & \sum_{\gamma=1}^{p} \boldsymbol{a}_{p\gamma}\,\boldsymbol{b}_{\gamma p} \end{pmatrix},$$

worin die Produkte innerhalb der Summen im Sinne der Matrizenmultiplikation zu bilden sind. Nach dem vorher Gesagten ist daher jedes dieser Produkte, also auch jede der Summen eine zyklische Matrix, das Ganze daher eine p-fach zyklische Matrix. Wir ordnen nun jeder zyklischen Einzelmatrix $\boldsymbol{a}_{\varkappa\lambda}$ wie vorher das ihr entsprechende Polynom $f_{\varkappa\lambda}(\varepsilon)$ mit $\varepsilon^n = 1$ zu, der ganzen Matrix $\boldsymbol{a}$ von der Ordnung $p\,n$ also die p-reihige Matrix der Polynome:

$$\boldsymbol{f}(\varepsilon) = \begin{pmatrix} f_{11}(\varepsilon) & \cdots & f_{1p}(\varepsilon) \\ \cdot & \cdot & \cdot \\ f_{p1}(\varepsilon) & \cdots & f_{pp}(\varepsilon) \end{pmatrix}.$$

Entsprechend verfahren wir mit den $\boldsymbol{b}_{\varkappa\lambda}$, deren zugeordnete Polynome $g_{\varkappa\lambda}(\varepsilon)$ seien, und setzen:

$$\boldsymbol{g}(\varepsilon) = \begin{pmatrix} g_{11}(\varepsilon) & \cdots & g_{1p}(\varepsilon) \\ \cdot & \cdot & \cdot \\ g_{p1}(\varepsilon) & \cdots & g_{pp}(\varepsilon) \end{pmatrix}.$$

Dann wird die zugeordnete p-reihige Matrix des Produktes $\boldsymbol{a}\,\boldsymbol{b}$ das Produkt der beiden Matrizen

$$\boldsymbol{f}(\varepsilon)\,\boldsymbol{g}(\varepsilon)\,.$$

Soll also insbesondere $\boldsymbol{a}\,\boldsymbol{b} = \boldsymbol{e}$ werden, so muß notwendig auch für die zugeordneten p-reihigen Matrizen gelten:

$$\boldsymbol{f}(\varepsilon)\,\boldsymbol{g}(\varepsilon) = \boldsymbol{e}\,,$$

es muß also die p-reihige Determinante der Matrix $\boldsymbol{f}(\varepsilon_k)$ für jedes ε_k von Null verschieden sein. Bezeichnet man diese Determinante mit $\Delta(\varepsilon_k)$ und die algebraischen Komplemente ihrer Elemente mit $F_{\varkappa\lambda}(\varepsilon_k)$, so findet man

$$\boldsymbol{g}(\varepsilon_k) = \begin{pmatrix} \frac{F_{11}(\varepsilon_k)}{\Delta(\varepsilon_k)} \cdots \frac{F_{p1}(\varepsilon_k)}{\Delta(\varepsilon_k)} \\ \cdots\cdots\cdots\cdots \\ \frac{F_{1p}(\varepsilon_k)}{\Delta(\varepsilon_k)} \cdots \frac{F_{pp}(\varepsilon_k)}{\Delta(\varepsilon_k)} \end{pmatrix}; \qquad g_{\varkappa\lambda}(\varepsilon_k) \doteq \frac{F_{\lambda\varkappa}(\varepsilon_k)}{\Delta(\varepsilon_k)}\,.$$

Damit sind die zugeordneten Polynome $g_{\varkappa\lambda}$ für die reziproke Matrix für alle Werte ε_k zahlenmäßig bestimmt; ihre einzelnen Elemente $b_\alpha^{(\varkappa\lambda)}$ ergeben sich daher wie früher aus den jetzt folgendermaßen lautenden Formeln:

$$b_\alpha^{(\varkappa\lambda)} = \frac{1}{n} \sum_{k=1}^{n} \frac{F_{\lambda\varkappa}(\varepsilon_k)}{\varepsilon_k^{\alpha-1}\,\Delta(\varepsilon_k)} \qquad \begin{pmatrix} \alpha = 1, 2, \ldots, n \\ \varkappa, \lambda = 1, 2, \ldots, p \end{pmatrix}.$$

Das aufzulösende Gleichungssystem

$$\boldsymbol{a}\,\mathfrak{x} = \mathfrak{y}$$

können wir jetzt sinngemäß ausführlicher so schreiben:

$$\begin{pmatrix} \boldsymbol{a}_{11} \cdots \boldsymbol{a}_{1p} \\ \cdots\cdots\cdots \\ \boldsymbol{a}_{p1} \cdots \boldsymbol{a}_{pp} \end{pmatrix} \begin{pmatrix} \mathfrak{x}_1 \\ \vdots \\ \mathfrak{y}_p \end{pmatrix} = \begin{pmatrix} \mathfrak{y}_1 \\ \vdots \\ \mathfrak{y}_p \end{pmatrix};$$

hierin ist der gegebene wie der gesuchte Vektor in p Einzelvektoren aufgelöst. Wir finden dann die Lösung in der Form:

$$\begin{pmatrix} \mathfrak{x}_1 \\ \vdots \\ \mathfrak{x}_p \end{pmatrix} = \begin{pmatrix} \boldsymbol{b}_{11} \cdots \boldsymbol{b}_{1p} \\ \cdots\cdots\cdots \\ \boldsymbol{b}_{p1} \cdots \boldsymbol{b}_{pp} \end{pmatrix} \begin{pmatrix} \mathfrak{y}_1 \\ \vdots \\ \mathfrak{y}_p \end{pmatrix},$$

also

$$\mathfrak{x}_\varkappa = \sum_{\lambda=1}^{p} \boldsymbol{b}_{\varkappa\lambda}\,\mathfrak{y}_\lambda \qquad (\varkappa = 1, \ldots, p)\,.$$

Ausführlich geschrieben bedeutet dies, wenn

$$\mathfrak{x}_\varkappa = \begin{pmatrix} x_1^{(\varkappa)} \\ \vdots \\ x_n^{(\varkappa)} \end{pmatrix}, \quad \mathfrak{y}_\lambda = \begin{pmatrix} y_1^{(\lambda)} \\ \vdots \\ y_n^{(\lambda)} \end{pmatrix} \qquad (\varkappa, \lambda = 1, \ldots, p)$$

gesetzt ist, die Lösung:

$$\begin{aligned}
x_1^{(\varkappa)} &= \sum_{\lambda=1}^{p} (b_1^{(\varkappa\lambda)} y_1^{(\lambda)} + b_2^{(\varkappa\lambda)} y_2^{(\lambda)} + \cdots + b_n^{(\varkappa\lambda)} y_n^{(\lambda)}) \\
x_2^{(\varkappa)} &= \sum_{\lambda=1}^{p} (b_n^{(\varkappa\lambda)} y_1^{(\lambda)} + b_1^{(\varkappa\lambda)} y_2^{(\lambda)} + \cdots + b_{n-1}^{(\varkappa\lambda)} y_n^{(\lambda)}) \qquad (\varkappa = 1, \ldots, p)\,. \\
&\cdots\cdots\cdots\cdots\cdots\cdots\cdots\cdots \\
x_n^{(\varkappa)} &= \sum_{\lambda=1}^{p} (b_2^{(\varkappa\lambda)} y_1^{(\lambda)} + b_3^{(\varkappa\lambda)} y_2^{(\lambda)} + \cdots + b_1^{(\varkappa\lambda)} y_n^{(\lambda)}
\end{aligned}$$

Hierin sind für $b_\alpha^{(\varkappa\lambda)}$ die oben berechneten Werte einzutragen.

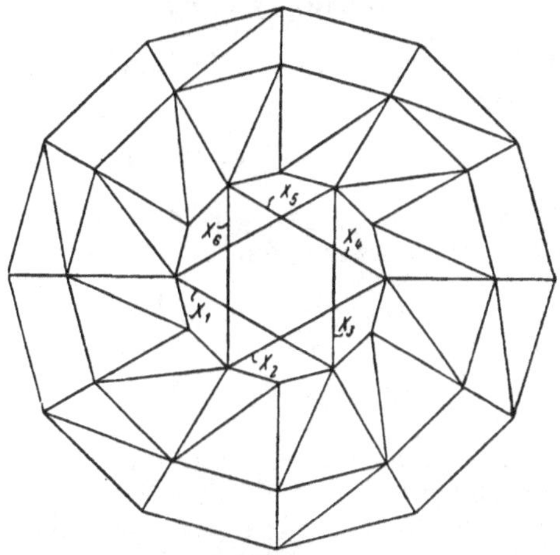

Abb. 1

Das in der nebenstehenden Abb. 1 wiedergegebene, im Grundriß dargestellte räumliche Fachwerk besitzt sechsfach zyklische Symmetrie, unsere Zahl n ist also hier gleich 6, während die Zahl p von dem Aufbau der einzelnen Maschen abhängt. Man ersieht aus diesem Beispiel, dessen Durchführung uns hier zu weit führen würde, jedenfalls die praktische Bedeutung der dargestellten Theorie der p-fach zyklischen Matrizen und Gleichungssysteme.

3. VORTRAG

Linear unabhängige Vektoren und ihre Orthogonalisierung. Homogene lineare Gleichungen in beliebiger Anzahl bei n Unbekannten. Unhomogene lineare Gleichungen in beliebiger Anzahl bei n Unbekannten. Rang und Defekt einer Matrix. Übungen

Eine Anzahl von Vektoren $\mathfrak{x}_1, \ldots, \mathfrak{x}_m$ heißt *linear unabhängig*, wenn aus jeder Beziehung von der Form

$$c_1 \mathfrak{x}_1 + \cdots + c_m \mathfrak{x}_m = 0$$

mit skalaren Koeffizienten $c_1, \ldots, c_m$ notwendig $c_1 = \cdots = c_m = 0$ folgt. Sind $x_1^{(\mu)}, \ldots, x_n^{(\mu)}$ die Komponenten von $\mathfrak{x}_\mu$, so bedeutet die Beziehung, daß

$$\begin{aligned} c_1 x_1^{(1)} + \cdots + c_m x_1^{(m)} &= 0 \\ \cdots\cdots\cdots\cdots\cdots & \\ c_1 x_n^{(1)} + \cdots + c_m x_n^{(m)} &= 0 \end{aligned}$$

sein soll. Die lineare Unabhängigkeit verlangt, daß dieses Gleichungssystem nur die trivialen Lösungen Null besitzen soll.

Im dreidimensionalen Raum sind drei Vektoren, die nicht in einer Ebene liegen, bekanntlich linear unabhängig. Sie bilden ein schiefwinkliges Koordinatensystem, aus dem man durch geeignete Drehung der einzelnen Vektoren um den gemeinsamen Anfangspunkt ein rechtwinkliges Koordinatenkreuz machen kann. Dieser „*Orthogonalisierungsprozeß*" soll uns jetzt im allgemeinen Falle beschäftigen. Er ist zuerst von E. Schmidt für unendliche Vektoren entwickelt worden.

Zunächst brauchen wir dazu den Begriff der *Orthogonalität* zweier n-dimensionaler Vektoren. Wir nennen $\mathfrak{x}$ und $\mathfrak{y}$ orthogonal, wenn

$$\bar{\mathfrak{x}}' \mathfrak{y} = \mathfrak{y}' \bar{\mathfrak{x}} = \sum_{\alpha=1}^{n} \bar{x}_\alpha y_\alpha = 0$$

ist. Dann ist auch $\bar{\mathfrak{y}}' \mathfrak{x} = \mathfrak{x}' \bar{\mathfrak{y}} = 0$, also auch $\mathfrak{y}$ und $\mathfrak{r}$ orthogonal. Im Falle reeller Komponenten und $n = 3$ erhalten wir den gewöhnlichen Orthogonalitätsbegriff zurück.

Es seien nun $\mathfrak{x}_1, \ldots, \mathfrak{x}_m$ linear unabhängige Vektoren. Keiner von ihnen ist der Nullvektor, denn dies würde dem Begriff der linearen Unabhängigkeit widersprechen. Also ist speziell $|\mathfrak{x}_1| \neq 0$ und $\frac{\mathfrak{x}_1}{|\mathfrak{x}_1|}$ ein Vektor vom absoluten Betrage 1, kurz ein *Einheitsvektor* oder auch ein normierter Vektor. Wir setzen

$$\mathfrak{y}_1 = \frac{\mathfrak{x}_1}{|\mathfrak{x}_1|}.$$

Den Vektor $\mathfrak{x}_2$ ersetzen wir jetzt durch eine lineare Verbindung

$$\mathfrak{y}_2 = a_1 \mathfrak{y}_1 + a_2 \mathfrak{x}_2,$$

die wir so bestimmen, daß $\mathfrak{y}_2$ zu $\mathfrak{y}_1$ orthogonal und außerdem normiert sei. Dazu muß einerseits

$$\bar{\mathfrak{y}}_1'\mathfrak{y}_2 = a_1(\bar{\mathfrak{y}}_1'\mathfrak{y}_1) + a_2(\bar{\mathfrak{y}}_1'\mathfrak{x}_2) = a_1 + a_2(\bar{\mathfrak{y}}_1'\mathfrak{x}_2) = 0\,,$$

also

$$\mathfrak{y}_2 = a_2(\mathfrak{x}_2 - (\bar{\mathfrak{y}}_1'\mathfrak{x}_2)\,\mathfrak{y}_1)$$

und andererseits

$$|\mathfrak{y}_2|^2 = |a_2|^2\,|\mathfrak{x}_2 - (\bar{\mathfrak{y}}_1'\mathfrak{x}_2)\,\mathfrak{y}_1|^2 = 1$$

sein. Da der Vektor $\mathfrak{x}_2 - (\bar{\mathfrak{y}}_1'\mathfrak{x}_2)\,\mathfrak{y}_1$ nicht Null sein kann, weil sonst $\mathfrak{x}_2$ und $\mathfrak{x}_1$ nicht linear unabhängig wären, so ist seine Norm positiv und daher

$$a_2 = \frac{\pm 1}{|\mathfrak{x}_2 - (\bar{\mathfrak{y}}_1'\mathfrak{x}_1)\,\mathfrak{y}_1|}$$

eine reelle Zahl, deren Vorzeichen übrigens noch beliebig gewählt werden kann. Sind die gegebenen Vektoren reell, so hat somit nicht nur $\mathfrak{y}_1$, sondern auch $\mathfrak{y}_2$ reelle Komponenten.

Jetzt ersetzen wir $\mathfrak{x}_3$ durch die lineare Verbindung

$$\mathfrak{y}_3 = b_1\mathfrak{y}_1 + b_2\mathfrak{y}_2 + b_3\mathfrak{x}_3$$

und verlangen weiterhin, daß $\mathfrak{y}_3$ zu $\mathfrak{y}_1$ und $\mathfrak{y}_2$ orthogonal und außerdem normiert sei. Dazu muß

$$\bar{\mathfrak{y}}_1'\mathfrak{y}_3 = b_1 + b_3(\bar{\mathfrak{y}}_1'\mathfrak{x}_3) = 0$$
$$\bar{\mathfrak{y}}_2'\mathfrak{y}_3 = b_2 + b_3(\bar{\mathfrak{y}}_2'\mathfrak{x}_3) = 0\,,$$

also

$$\mathfrak{y}_3 = b_3\big(\mathfrak{x}_3 - (\bar{\mathfrak{y}}_1'\mathfrak{x}_3)\,\mathfrak{y}_1 - (\bar{\mathfrak{y}}_2'\mathfrak{x}_2)\,\mathfrak{y}_2\big)$$

ein Einheitsvektor sein. Da der in der Klammer stehende Vektor nicht verschwinden kann, weil sonst $\mathfrak{x}_1$, $\mathfrak{x}_2$ und $\mathfrak{x}_3$ nicht linear unabhängig wären, so ist seine Norm positiv und somit

$$b_3 = \frac{\pm 1}{|\mathfrak{x}_3 - (\bar{\mathfrak{y}}_1'\mathfrak{x}_3)\,\mathfrak{y}_1 - (\bar{\mathfrak{y}}_2'\mathfrak{x}_3)\,\mathfrak{y}_2|}$$

eine reelle Zahl. Sind die gegebene Vektoren reell, so hat daher auch $\mathfrak{y}_3$ reelle Komponenten.

Man erkennt nun leicht, wie dieses Verfahren entsprechend fortgesetzt werden kann und schließlich zu einem System von m linear unabhängigen Vektoren $\mathfrak{y}_1, \ldots, \mathfrak{y}_m$ führt, von denen $\mathfrak{y}_\alpha$ eine lineare Verbindung von $\mathfrak{x}_1, \ldots, \mathfrak{x}_\alpha$ ist, und die überdies untereinander orthogonal und sämtlich normiert sind. Ist $\mathfrak{y}_1, \ldots, \mathfrak{y}_{\alpha-1}$ bereits berechnet, so findet man $\mathfrak{y}_\alpha$ aus der Formel

$$\mathfrak{y}_\alpha = \frac{\mathfrak{x}_\alpha - (\bar{\mathfrak{y}}_1'\mathfrak{x}_\alpha)\,\mathfrak{y}_1 - \cdots - (\bar{\mathfrak{y}}_{\alpha-1}'\mathfrak{x}_\alpha)\,\mathfrak{y}_{\alpha-1}}{|\mathfrak{x}_\alpha - (\bar{\mathfrak{y}}_1'\mathfrak{x}_\alpha)\,\mathfrak{y}_1 - \cdots - (\bar{\mathfrak{y}}_{\alpha-1}'\mathfrak{x}_\alpha)\,\mathfrak{y}_{\alpha-1}|} \qquad (\alpha = 2, \ldots, m)\,.$$

Damit ist der verlangte Orthogonalisierungsprozeß vollzogen. Er liefert im Falle reeller Vektoren $\mathfrak{x}$ *auch reelle Vektoren* $\mathfrak{y}$.

Für welche Zahlen m gibt es nun überhaupt m linear unabhängige Vektoren? Wir behaupten, für alle Werte $m \leq n$. Dies ist für $m < n$ bewiesen, wenn es für $m = n$ gezeigt werden kann. Nun sind aber die Vektoren

$$\mathfrak{e}_1 = \begin{pmatrix} 1 \\ 0 \\ \vdots \\ 0 \end{pmatrix}, \mathfrak{e}_2 = \begin{pmatrix} 0 \\ 1 \\ \vdots \\ 0 \end{pmatrix}, \ldots, \mathfrak{e}_n = \begin{pmatrix} 0 \\ 0 \\ \vdots \\ 1 \end{pmatrix}$$

offenbar linear unabhängig. Sie bilden überdies ein orthogonales System von n Einheitsvektoren, und jeder Vektor mit den Komponenten $x_1, x_2, \ldots, x_n$ läßt sich durch sie in der Form

$$\mathfrak{x} = x_1 \mathfrak{e}_1 + \cdots + x_n \mathfrak{e}_n$$

darstellen. Ferner erkennt man unmittelbar, daß jedes System von n Vektoren $\mathfrak{x}_1, \ldots, \mathfrak{x}_n$ linear unabhängig ist, wenn die Determinante der Koeffizienten $x_\alpha^{(\beta)}$ von $\mathfrak{x}_\beta$:

$$\begin{vmatrix} x_1^{(1)} \cdots x_n^{(1)} \\ \cdots\cdots\cdots \\ x_1^{(n)} \cdots x_n^{(n)} \end{vmatrix} \neq 0$$

ist; denn dann folgt aus $c_1 \mathfrak{x}_1 + \cdots + c_n \mathfrak{x}_n = 0$ notwendig $c_1 = \cdots = c_n = 0$. Jeder Vektor $\mathfrak{y}$ mit den Komponenten $y_1, y_2, \ldots, y_n$ läßt sich durch solche n Vektoren $\mathfrak{x}_1, \ldots, \mathfrak{x}_n$ linear darstellen; denn dazu müssen die Gleichungen gelten:

$$\begin{aligned} c_1 x_1^{(1)} + \cdots + c_n x_1^{(n)} &= y_1 \\ \cdots\cdots\cdots&\cdots\cdots \\ c_1 x_n^{(1)} + \cdots + c_n x_n^{(n)} &= y_n, \end{aligned}$$

und diese haben nach der Cramerschen Regel stets eine eindeutige Lösung.

Wir behaupten nun auch umgekehrt, daß jedes System von n linear unabhängigen Vektoren eine von Null verschiedene Koeffizientendeterminante besitzt. Dazu benutzen wir den Orthogonalisierungsprozeß. Sind nämlich $y_1^{(\mu)} \cdots y_n^{(\mu)}$ die Komponenten des Vektors $\mathfrak{y}_\mu$, und sind $\mathfrak{y}_1, \ldots, \mathfrak{y}_n$ die durch Orthogonalisierung aus den $\mathfrak{x}_1, \ldots, \mathfrak{x}_n$ entstandenen Vektoren, so ist wegen der Orthogonalität das Produkt der Matrizen

$$\begin{pmatrix} \bar{y}_1^{(1)} \cdots \bar{y}_n^{(1)} \\ \cdots\cdots\cdots \\ \bar{y}_1^{(n)} \cdots \bar{y}_n^{(n)} \end{pmatrix} \begin{pmatrix} y_1^{(1)} \cdots y_1^{(n)} \\ \cdots\cdots\cdots \\ y_n^{(1)} \cdots y_n^{(n)} \end{pmatrix} = e,$$

und daher das Produkt ihrer Determinanten gleich 1. Nach dem Multiplikationssatz der Determinanten ist daher die Koeffizientendeterminante der $y_\alpha^{(\mu)}$ ebenfalls ungleich Null. Nun bestehen aber auf Grund des Orthogonalisierungsprozesses Beziehungen von der Form:

$$\mathfrak{x}_\alpha = c_{\alpha 1} \mathfrak{y}_1 + \cdots + c_{\alpha\alpha} \mathfrak{y}_\alpha \quad (c_{\alpha\alpha} \neq 0;\ \alpha = 1, 2, \ldots, n),$$

da nicht nur jedes $\mathfrak{y}_\alpha$ durch $\mathfrak{x}_1, \ldots, \mathfrak{x}_\alpha$, sondern auch umgekehrt jedes $\mathfrak{x}_\alpha$ durch $\mathfrak{y}_1, \ldots, \mathfrak{y}_\alpha$ ausdrückbar ist. Dies bedeutet für die Komponenten:

$$x_\nu^{(\alpha)} = c_{\alpha 1} y_\nu^{(1)} + \cdots + c_{\alpha\alpha} y_\nu^{(\alpha)} \qquad \begin{pmatrix} \alpha = 1, 2, \ldots, n \\ \nu = 1, 2, \ldots, n \end{pmatrix};$$

oder in Matrizensprache

$$\begin{pmatrix} x_1^{(1)} \cdots x_n^{(1)} \\ \cdots\cdots\cdots \\ x_1^{(n)} \cdots x_n^{(n)} \end{pmatrix} = \begin{pmatrix} c_{11} & 0 \cdots 0 \\ c_{21}\, c_{22} & \cdots 0 \\ \cdots\cdots & \cdots \\ c_{n1}\, c_{n2} & \cdots c_{nn} \end{pmatrix} \begin{pmatrix} y_1^{(1)} \cdots y_n^{(1)} \\ \cdots\cdots\cdots \\ y_1^{(n)} \cdots y_n^{(n)} \end{pmatrix}.$$

Also ist die Koeffizientendeterminante der Vektoren $\mathfrak{x}_1, \ldots, \mathfrak{x}_n$ gleich dem Produkte $c_{11} c_{22} \cdots c_{nn}$ mal der Determinante der $\mathfrak{y}_1, \ldots, \mathfrak{y}_n$, also jedenfalls ungleich Null. Wir haben damit den Satz:

n Vektoren $\mathfrak{x}_1, \ldots, \mathfrak{x}_n$ sind dann und nur dann linear unabhängig, wenn die aus ihren Komponenten gebildete Determinante von Null verschieden ist.

Man sieht jetzt ferner, daß je $n+1$ Vektoren stets linear abhängig sind, d. h. daß es stets nicht sämtlich verschwindende Koeffizienten $c_1, \ldots, c_{n+1}$ gibt, so daß

$$c_1 \mathfrak{x}_1 + \cdots + c_{n+1} \mathfrak{x}_{n+1} = 0$$

ist. Denn entweder sind bereits $\mathfrak{x}_1, \ldots, \mathfrak{x}_n$ linear abhängig, dann gilt dies um so mehr auch von $\mathfrak{x}_1, \ldots, \mathfrak{x}_{n+1}$, da man ja die betreffende lineare Beziehung zwischen $\mathfrak{x}_1, \ldots, \mathfrak{x}_n$ auch als eine solche zwischen $\mathfrak{x}_1, \ldots, \mathfrak{x}_{n+1}$ auffassen kann. Oder $\mathfrak{x}_1, \ldots, \mathfrak{x}_n$ sind linear unabhängig, dann ist ihre Koeffizientendeterminante ungleich Null, und $\mathfrak{x}_{n+1}$ läßt sich, wie wir gesehen haben, durch $\mathfrak{x}_1, \ldots, \mathfrak{x}_n$ linear darstellen.

Jetzt seien wieder $m < n$ linear unabhängige Vektoren gegeben. Wir behaupten, daß es dann mindestens einen von $\mathfrak{x}_1, \ldots, \mathfrak{x}_m$ linear unabhängigen Vektor $\mathfrak{x}_{m+1}$ gibt. Wäre dies nämlich nicht der Fall, so müßten *alle* Vektoren durch $\mathfrak{x}_1, \ldots, \mathfrak{x}_m$ linear darstellbar sein, weil für jedes $\mathfrak{x}$ eine Beziehung

$$c_1 \mathfrak{x}_1 + \cdots + c_m \mathfrak{x}_m + c\,\mathfrak{x} = 0$$

bestände, in der wegen der vorausgesetzten Unabhängigkeit von $\mathfrak{x}_1, \ldots, \mathfrak{x}_m$ der Koeffizient c nicht Null sein könnte. Also wäre insbesondere jeder Vektor $\mathfrak{e}_\alpha$ durch $\mathfrak{x}_1, \ldots, \mathfrak{x}_m$ darstellbar:

$$\mathfrak{e}_\alpha = \sum_{\beta=1}^{m} c_{\alpha\beta}\, \mathfrak{x}_\beta$$

Sind wieder $x_1^{(\mu)}, \ldots, x_n^{(\mu)}$ die Komponenten von $\mathfrak{x}_\mu$, so ergäbe dies in n-reihigen Matrizen geschrieben:

$$\begin{pmatrix} c_{11} \cdots c_{1m} & 0 \cdots 0 \\ \cdots\cdots\cdots & \\ c_{n1} \cdots c_{nm} & 0 \cdots 0 \end{pmatrix} \begin{pmatrix} x_1^{(1)} & \cdots & x_n^{(1)} \\ \cdots & \cdots & \cdots \\ x_1^{(m)} & \cdots & x_n^{(m)} \\ 0 & \cdots & 0 \\ \cdots & \cdots & \cdots \\ 0 & \cdots & 0 \end{pmatrix} = e\,.$$

Dies ist aber ein offenkundiger Widerspruch, da das Produkt der beiden n-reihigen Determinanten links gleich 1 sein müßte, während doch andererseits beide gleich Null sind.

Hat man nun einen von $\mathfrak{x}_1, \ldots, \mathfrak{x}_m$ linear unabhängigen Vektor $\mathfrak{x}_{m+1}$ gefunden, so kann man weitergehen, falls noch $m+1 < n$ ist, und einen Vektor $\mathfrak{x}_{m+2}$ finden, der wieder von $\mathfrak{x}_1, \ldots, \mathfrak{x}_{m+1}$ linear unabhängig ist, und so fort.

XIII. *Es gibt zu jedem System von $m < n$ linear unabhängigen Vektoren $\mathfrak{x}_1, \ldots, \mathfrak{x}_m$ ein Ergänzungssystem von Vektoren $\mathfrak{x}_{m+1}, \ldots, \mathfrak{x}_n$, die zusammen mit den gegebenen ein System von n linear unabhängigen Vektoren bilden. — Beschränkt man sich von vornherein auf reelle Koeffizienten, so ist klar, daß auch die Ergänzungsvektoren reell gewählt werden können.*

Da nach der Ergänzung die Gesamtdeterminante der Komponenten der n Vektoren von Null verschieden sein muß, so können in dem Koeffizientenschema der gegebenen m Vektoren nicht alle m-reihigen Determinanten verschwinden, weil sonst nach dem Laplaceschen Entwicklungssatze die Gesamtdeterminante Null wäre. Also gibt es in dem Koeffizientenschema von m linear unabhängigen Vektoren stets mindestens eine von Null verschiedene Determinante der Ordnung m.

Ist umgekehrt ein System von $m < n$ Vektoren gegeben, in deren Koeffizientenschema mindestens eine m-reihige Determinante von Null verschieden ist, so zeigen die Gleichungen zu Beginn dieses Vortrages, daß die Vektoren dann stets linear unabhängig sind. Unsere frühere Aussage verallgemeinert sich also wie folgt:

XIV. *$m \leq n$ Vektoren sind dann und nur dann linear unabhängig, wenn in der Matrix von n Zeilen und m Spalten, die sich aus ihren Komponenten bilden läßt, mindestens eine von Null verschiedene Determinante der Ordnung m vorhanden ist.*

Wir wenden diese Sätze jetzt an, um die Lösungen eines Systems von beliebig vielen homogenen linearen Gleichungen in n Unbekannten zu untersuchen. Das System sei in der Form vorgelegt:

$$\begin{aligned} \mathfrak{a}_1' \mathfrak{x} &= a_{11} x_1 + \cdots + a_{1n} x_n = 0 \\ \mathfrak{a}_2' \mathfrak{x} &= a_{21} x_1 + \cdots + a_{2n} x_n = 0 \\ & \cdots\cdots\cdots\cdots\cdots \end{aligned}$$

Wir haben also dabei den aus den Koeffizienten der α-ten Zeile gebildeten Vektor mit $\mathfrak{a}_\alpha$ bezeichnet. Es genügt nun offenbar, unter den gegebenen Gleichungen der Reihe nach alle diejenigen wegzulassen, die von den vorangehenden linear abhängen, d. h. bei denen der zugehörige Vektor $\mathfrak{a}_\alpha$ durch $\mathfrak{a}_1, \ldots, \mathfrak{a}_{\alpha-1}$ linear darstellbar ist. Denn diese Gleichungen sind ja von selbst erfüllt, wenn die vorangehenden erfüllt sind, tragen also zur Bestimmung der Unbekannten ihrerseits nichts Neues bei. Da nicht mehr als n der Vektoren $\mathfrak{a}_\alpha$ linear unabhängig sein können, so ist die Anzahl der übrigbleibenden Gleichungen $r \leq n$. Es gibt dann in dem gesamten Schema der Koeffizienten sicherlich mindestens eine von Null verschiedene Determinante der Ordnung r, während es gewiß keine Determinante der Ordnung $r + 1$ darin gibt, die von Null verschieden wäre. Wir bezeichnen diese Anzahl $r \leq n$ als den *Rang* des Koeffizientenschemas, definieren also wie folgt:

Definition: In einer Matrix von n Spalten und beliebig vielen Zeilen

$$\begin{pmatrix} a_{11} a_{12} \cdots a_{1n} \\ a_{21} a_{22} \cdots a_{2n} \\ \cdots\cdots\cdots \end{pmatrix}$$

nennen wir die Zahl $r \leq n$ den Rang der Matrix, wenn es in dem Schema mindestens eine von Null verschiedene Determinante der Ordnung r gibt, während alle Determinanten der Ordnungen $r + 1$, $r + 2$ usw. verschwinden.

Nach Weglassung der überzähligen Gleichungen bleiben nun also genau r Gleichungen stehen, die wir ohne Beschränkung der Allgemeinheit mit

$$\begin{aligned} \mathfrak{a}_1' \mathfrak{x} &= 0 \\ & \cdots\cdots \\ \mathfrak{a}_r' \mathfrak{x} &= 0 \end{aligned}$$

bezeichnen können. Ebenso bedeutet es keine Beschränkung, wenn wir annehmen, daß die zu den Variablen $x_1, \ldots, x_r$ gehörige Determinante dieses

Gleichungssystems von Null verschieden sei, da wir sonst ja nur die Variablen anders zu numerieren brauchen. Jetzt sieht man aber sofort, daß wir die Gleichungen lösen können, indem wir den Unbekannten $x_{r+1}, \ldots, x_n$ irgendwelche Werte erteilen, wonach dann die Gleichungen mit Hilfe der Cramerschen Regel nach $x_1, \ldots, x_r$ eindeutig aufgelöst werden können. Speziell gehört zu den Wertsystemen

$$\begin{gathered} x_{r+1} = 1, \; x_{r+2} = 0, \cdots, x_n = 0 \\ \cdots\cdots\cdots\cdots\cdots\cdots \\ x_{r+1} = 0, \; x_{r+2} = 0, \cdots, x_n = 1 \end{gathered}$$

eindeutig je ein Lösungsvektor $\mathfrak{x}_1, \ldots, \mathfrak{x}_{n-r}$, und man erkennt aus der Cramerschen Regel, daß der allgemeinste Lösungsvektor, bei dem

$$x_{r+1} = c_1, \ldots, x_n = c_{n-r}$$

ist, in der Form

$$\mathfrak{x} = c_1 \mathfrak{x}_1 + \cdots + c_{n-r} \mathfrak{x}_{n-r}$$

dargestellt werden kann.

XV. *Ein beliebiges homogenes Gleichungssystem in n Unbekannten:*

$$\begin{gathered} a_{11} x_1 + \cdots + a_{1n} x_n = 0 \\ a_{21} x_1 + \cdots + a_{2n} x_n = 0 \\ \cdots\cdots\cdots\cdots\cdots , \end{gathered}$$

dessen Koeffizientenschema den Rang $r < n$ besitzt, hat genau $n - r$ linear unabhängige Lösungsvektoren $\mathfrak{x}_1, \ldots, \mathfrak{x}_{n-r}$, und jede Lösung $\mathfrak{x}$ ist in der Form $\mathfrak{x} = c_1 \mathfrak{x}_1 + \cdots + c_{n-r} \mathfrak{x}_{n-r}$ darstellbar. Ist $r = n$, so ist $\mathfrak{x} = 0$ die einzige Lösung. — Sind die Koeffizienten des Gleichungssystems reell, so werden auch $\mathfrak{x}_1, \ldots, \mathfrak{x}_{n-r}$ reelle Vektoren.

Wir wenden uns jetzt der Behandlung eines beliebigen unhomogenen Gleichungssystems

$$\begin{gathered} \mathfrak{a}_1' \mathfrak{x} = a_{11} x_1 + \cdots + a_{1n} x_n = b_1 \\ \mathfrak{a}_2' \mathfrak{x} = a_{21} x_1 + \cdots + a_{2n} x_n = b_2 \\ \cdots\cdots\cdots\cdots\cdots\cdots \end{gathered}$$

zu. Wenn überhaupt ein Lösungsvektor $\mathfrak{x}$ existiert, so erhält man alle Lösungen durch Addition des allgemeinsten Lösungsvektors $\mathfrak{x}_0$ des zugehörigen homogenen Systems. Denn $\mathfrak{x} + \mathfrak{x}_0$ ist stets wiederum ein Lösungsvektor des unhomogenen Systems, und andererseits ist mit je zwei Lösungen $\mathfrak{x}$ und $\mathfrak{y}$ des unhomogenen Systems die Differenz $\mathfrak{y} - \mathfrak{x}$ wieder eine Lösung des homogenen Systems, also ein $\mathfrak{x}_0$, d. h. es ist *jede* Lösung $\mathfrak{y}$ des unhomogenen Systems in der Form $\mathfrak{y} = \mathfrak{x} + \mathfrak{x}_0$ darstellbar. Wann gibt es nun eine Lösung des unhomogenen Systems, und wie finden wir eine solche?

Wir nehmen an, daß das Schema der Koeffizienten $a_{\alpha\beta}$ den Rang r besitzen möge. Fassen wir daneben noch das um die Spalte der b_α erweiterte Koeffizientenschema ins Auge, so sind zwei Fälle möglich: Entweder hat das erweiterte Schema den Rang $r + 1$, oder ebenfalls den Rang r. Denn eine Determinante der Ordnung $r + 2$, in der die letzte Spalte vorkommt, ergibt bei der Entwicklung nach den Elementen dieser Spalte Null, weil die zugehörigen Unterdeterminanten $(r + 1)$-ter Ordnung sämtlich dem ursprünglichen Schema angehören, also Null sind. Wenn aber die letzte Spalte nicht darin vorkommt, so ergibt sich erst recht Null.

Es sei nun zunächst der Rang des erweiterten Schemas gleich $r + 1$, und zwar möge ohne Beschränkung der Allgemeinheit in den ersten $r + 1$ Gleichungen eine von Null verschiedene Unterdeterminante dieser Ordnung vorkommen. Dann sind die $(n + 1)$-dimensionalen Vektoren $\mathfrak{A}_\alpha$ mit den Komponenten

$$a_{\alpha 1}, a_{\alpha 2}, \ldots, a_{\alpha n}, b_\alpha \qquad (\alpha = 1, \ldots, r + 1)$$

linear unabhängig, während die n-dimensionalen Vektoren $\mathfrak{a}_1, \ldots, \mathfrak{a}_{r+1}$ notwendig linear abhängig sind. Es existieren also Koeffizienten $c_1, \ldots, c_{r+1}$, die nicht alle Null sind, so daß

$$c_1 \mathfrak{a}_1' + \cdots + c_{r+1} \mathfrak{a}_{r+1}' = 0,$$

während andererseits $c_1 b_1 + \cdots + c_{r+1} b_{r+1}$ notwendig von Null verschieden ist. Dies ergibt aber einen Widerspruch innerhalb der gegebenen Gleichungen, die also demnach *keine Lösung* haben können.

Zweitens sei jetzt der Rang des erweiterten Schemas gleich r. Kommt dann wieder etwa in den ersten r Gleichungen im ursprünglichen, also im erweiterten Schema eine von Null verschiedene Determinante r-ter Ordnung vor, so sind alle späteren Vektoren $\mathfrak{a}_\alpha$ durch $\mathfrak{a}_1, \ldots, \mathfrak{a}_r$ linear darstellbar, und jede solche Darstellung

$$\mathfrak{a}_\alpha = c_{\alpha 1} \mathfrak{a}_1 + \cdots + c_{\alpha r} \mathfrak{a}_r \qquad (\alpha = r + 1, \ldots)$$

ist eindeutig, weil die $\mathfrak{a}_1, \ldots, \mathfrak{a}_r$ ja linear unabhängig sind. Andererseits sind auch die zugehörigen $(n + 1)$-dimensionalen Vektoren $\mathfrak{A}_1, \ldots, \mathfrak{A}_r$ linear unabhängig, und jeder spätere Vektor $\mathfrak{A}_\alpha$ ist durch $\mathfrak{A}_1, \ldots, \mathfrak{A}_r$ linear darstellbar. Diese Darstellung umfaßt aber diejenige von $\mathfrak{a}_\alpha$ durch $\mathfrak{a}_1, \ldots, \mathfrak{a}_r$ in sich, und da deren Koeffizienten eindeutig bestimmt sind, so gilt auch

$$\mathfrak{A}_\alpha = c_{\alpha 1} \mathfrak{A}_1 + \cdots + c_{\alpha r} \mathfrak{A}_r \qquad (\alpha = r + 1, \ldots),$$

d. h. es gilt auch

$$b_\alpha = c_{\alpha 1} b_1 + \cdots + c_{\alpha r} b_r.$$

Dies besagt aber, daß alle Gleichungen von der $(r + 1)$-ten an weggelassen werden können, da sie lediglich eine Folge der ersten r Gleichungen sind. Diese lauten:

$$\begin{gathered} a_{11} x_1 + \cdots + a_{1n} x_n = b_1 \\ \cdots\cdots\cdots\cdots\cdots \\ a_{r1} x_1 + \cdots + a_{rn} x_n = b_r \end{gathered}$$

und haben ersichtlich eine Lösung. Um dies zu sehen, braucht man nur die r Unbekannten, deren zugehörige Koeffizienten in diesen Gleichungen eine von Null verschiedene Determinante haben, beizubehalten, und die übrigen gleich Null zu setzen. Dann bestimmen sich die ersteren eindeutig mit Hilfe der Cramerschen Regel.

Hiermit ist folgendes bewiesen:

XVI. *Ein beliebiges unhomogenes System von linearen Gleichungen in n Unbekannten*

$$\begin{gathered} a_{11} x_1 + \cdots + a_{1n} x_n = b_1 \\ a_{21} x_1 + \cdots + a_{2n} x_n = b_2 \\ \cdots\cdots\cdots\cdots\cdots \end{gathered}$$

hat dann und nur dann eine Lösung, wenn das Schema der Koeffizienten $a_{\alpha\beta}$ denselben Rang $r \leq n$ besitzt wie das um die Spalte der rechten Seiten *erweiterte Schema. In diesem Falle ist jeder Lösungsvektor* $\mathfrak{x}$ *aus einem speziellen und einem nach XV. zu bestimmenden Lösungsvektor des zugehörigen homogenen Systems additiv zusammengesetzt, und man erhält auf diese Weise auch stets eine Lösung. Einen speziellen Lösungsvektor findet man, indem man aus den gegebenen Gleichungen* r *solche auswählt, in denen die Koeffizienten gewisser* r *Unbekannten eine von Null verschiedene Determinante besitzen, die übrigen Unbekannten gleich Null setzt und die erstgenannten* r *Unbekannten nach der Cramerschen Regel berechnet. — Bei reellen Gleichungskoeffizienten werden die Lösungen ebenfalls reell.*

Hiermit ist die allgemeine Übersicht über alle bei linearen Gleichungen auftretenden Fälle gewonnen.

Wir wollen zum Abschluß dieses Vortrages noch einige Ausführungen über den Rang einer Matrix hinzufügen. Wir beschränken uns dabei jetzt wieder auf quadratische Matrizen.

Ist $\boldsymbol{a}$ eine quadratische Matrix vom Range r, so hat die Gleichung

$$\boldsymbol{a}\,\mathfrak{x} = 0$$

$n - r$ linear unabhängige Lösungsvektoren $\mathfrak{x}$. Wir bezeichnen diese Zahl $n - r = d$ als den *Defekt der Matrix* $\boldsymbol{a}$, und ein System von d linear unabhängigen Lösungsvektoren mit $\mathfrak{x}_1, \ldots, \mathfrak{x}_d$. Es sei ferner $\boldsymbol{b}$ eine beliebige Matrix von nichtverschwindender Determinante. Wir behaupten, daß auch $\boldsymbol{a}\,\boldsymbol{b}$ den Rang r besitzt. Dazu ist notwendig und hinreichend, daß die Gleichung

$$\boldsymbol{a}\,\boldsymbol{b}\,\mathfrak{y} = 0$$

ebenfalls genau d linear unabhängige Lösungsvektoren besitzt. Nun sind aber die Vektoren

$$\mathfrak{y}_1 = \boldsymbol{b}^{-1}\mathfrak{x}_1, \ldots \mathfrak{y}_d = \boldsymbol{b}^{-1}\mathfrak{x}_d$$

offenbar Lösungen jener Gleichung, und außerdem sind sie linear unabhängig. Denn aus

$$c_1\mathfrak{y}_1 + \cdots + c_d\mathfrak{y}_d = 0, \quad \boldsymbol{b}^{-1}(c_1\mathfrak{x}_1 + \cdots + c_d\mathfrak{x}_d) = 0$$

folgt durch vordere Multiplikation mit $\boldsymbol{b}$, daß auch

$$c_1\mathfrak{x}_1 + \cdots + c_d\mathfrak{x}_d = 0$$

sein müßte, und dies zieht $c_1 = \cdots = c_d = 0$ nach sich. Andererseits ist für jedes $\mathfrak{y}$, das der Gleichung $\boldsymbol{a}\,\boldsymbol{b}\,\mathfrak{y} = 0$ genügt, offenbar $\boldsymbol{b}\,\mathfrak{y} = \mathfrak{x}$ eine Lösung von $\boldsymbol{a}\,\mathfrak{x} = 0$. Also muß

$$\boldsymbol{b}\,\mathfrak{y} = c_1\mathfrak{x}_1 + \cdots + c_d\mathfrak{x}_d$$

$$\mathfrak{y} = \boldsymbol{b}^{-1}(c_1\mathfrak{x}_1 + \cdots + c_d\mathfrak{x}_d) = c_1\mathfrak{y}_1 + \cdots + c_d\mathfrak{y}_d$$

sein. Demnach ist der Defekt von $\boldsymbol{a}\,\boldsymbol{b}$ in der Tat genau gleich d, d. h. der Rang ist $= r$. Die hintere Multiplikation mit einer Matrix von nichtverschwindender Determinante ändert daher den Rang nicht.

Genau dasselbe gilt von der vorderen Multiplikation. Wir können nämlich auch von der Gleichung $\mathfrak{x}'\,\boldsymbol{a} = 0$ bzw. $\mathfrak{x}'\,\boldsymbol{b}\,\boldsymbol{a} = 0$ ausgehen und finden dann, daß $\boldsymbol{b}\,\boldsymbol{a}$ denselben Rang wie $\boldsymbol{a}$ hat.

Für eine spätere Anwendung formulieren wir die wesentliche Aussage von Satz XVI. nochmals in etwas anderer Weise. Da nicht mehr als n wesentliche Gleichungen in dem gegebenen System enthalten sein können, genügt es, das Gleichungssystem in der Form

$$\boldsymbol{a}\,\mathfrak{x} = \mathfrak{z}$$

anzusetzen, wobei $\boldsymbol{a}$ eine n-reihige Matrix und $\mathfrak{z}$ ein gegebener Vektor mit den Komponenten $b_1, \ldots, b_n$ ist. Dann kann man behaupten:

XVIa. *Das Gleichungssystem*

$$\boldsymbol{a}\,\mathfrak{x} = \mathfrak{z}$$

hat dann und nur dann einen Lösungsvektor $\mathfrak{x}$, wenn jeder Vektor $\mathfrak{x}_0'$, für den $\mathfrak{x}_0'\boldsymbol{a} = 0$ ist, auch $\mathfrak{x}_0'\mathfrak{z} = 0$ liefert.

In der Tat ist die Bedingung offenbar notwendig, wenn eine Lösung $\mathfrak{x}$ vorhanden sein soll. Ist sie andererseits erfüllt, und ist r der Rang von $\boldsymbol{a}$, so gibt es $n - r$ linear unabhängige Vektoren $\mathfrak{x}_0'$, für die $\mathfrak{x}_0'\boldsymbol{a} = 0$ ist, und auch die um die Spalte $\mathfrak{z}$ erweiterte Matrix besitzt dieselben $n - r$ vorderen Nullösungen $\mathfrak{x}_0'$. Zu einer quadratischen Matrix A von $n + 1$ Zeilen und Spalten durch eine Nullzeile ergänzt, besitzt diese Matrix dann offenbar $r + 1$ linear unabhängige vordere Nullösungen, nämlich außer den Vektoren $\mathfrak{x}_0'$, die eine $(n + 1)$-te Komponente Null enthalten, noch den Vektor

$$(\overbrace{0, \ldots, 0}^{n}, 1)\,.$$

Also ist der Defekt der erweiterten Matrix gleich $n + 1 - (r + 1) = n - r$, der Rang also r; demnach ist nach Satz XVI ein Lösungsvektor $\mathfrak{x}$ vorhanden.

XVII. *Sind $\boldsymbol{u}$ und $\boldsymbol{v}$ zwei beliebige Matrizen von nichtverschwindender Determinante, so hat $\boldsymbol{u}\,\boldsymbol{a}\,\boldsymbol{v}$ denselben Rang wie $\boldsymbol{a}$.*

Jede solche Matrix $\boldsymbol{b} = \boldsymbol{u}\,\boldsymbol{a}\,\boldsymbol{v}$, worin $\boldsymbol{u}$ und $\boldsymbol{v}$ nichtverschwindende Determinanten haben, heißt zu $\boldsymbol{a}$ *äquivalent.* Ist $\boldsymbol{b}$ zu $\boldsymbol{a}$ äquivalent, so ist auch $\boldsymbol{a}$ zu $\boldsymbol{b}$ äquivalent. Denn es gilt $\boldsymbol{a} = \boldsymbol{u}^{-1}\,\boldsymbol{b}\,\boldsymbol{v}^{-1}$, und die Determinanten von $\boldsymbol{u}^{-1}$ und $\boldsymbol{v}^{-1}$ sind ungleich Null. Jede Matrix ist zu sich selbst äquivalent. Ist $\boldsymbol{a}$ zu $\boldsymbol{b}$ und $\boldsymbol{b}$ zu $\boldsymbol{c}$ äquivalent, so ist auch $\boldsymbol{a}$ zu $\boldsymbol{c}$ äquivalent. Denn aus $\boldsymbol{a} = \boldsymbol{u}\,\boldsymbol{b}\,\boldsymbol{v}$ und $\boldsymbol{b} = \boldsymbol{w}\,\boldsymbol{c}\,\boldsymbol{t}$ folgt $\boldsymbol{a} = \boldsymbol{u}\,\boldsymbol{w}\,\boldsymbol{c}\,\boldsymbol{t}\,\boldsymbol{v}$, und die Determinanten von $\boldsymbol{u}\boldsymbol{w}$ und $\boldsymbol{t}\boldsymbol{v}$ sind ungleich Null.

Es sei nun $\boldsymbol{a}$ eine beliebige Matrix vom Range r. Das Gleichungssystem $\boldsymbol{a}\,\mathfrak{x} = 0$ hat dann $n - r$ linear unabhängige Lösungen $\mathfrak{x}_1, \ldots, \mathfrak{x}_d$, die wir nach XIII. durch $\mathfrak{x}_{d+1}, \ldots, \mathfrak{x}_n$ zu einem vollständigen System linear unabhängiger Vektoren ergänzen können. Setzen wir

$$\boldsymbol{x} = \begin{pmatrix} \mathfrak{x}_1 & \ldots & \mathfrak{x}_n \\ & & \end{pmatrix},$$

so ist die Determinante von $\boldsymbol{x}$ ungleich Null, und die Matrix

$$\boldsymbol{a}\,\boldsymbol{x} = \begin{pmatrix} 0 & 0 & \boldsymbol{a}\,\mathfrak{x}_{d+1} & \boldsymbol{a}\,\mathfrak{x}_n \\ \ldots & & \ldots & \end{pmatrix}$$

hat nach XVII. wieder genau den Rang r. Die r Gleichungen

$$\mathfrak{y}'\,\boldsymbol{a}\,\mathfrak{x}_\alpha = 0 \qquad (\alpha = d + 1, \ldots, n)$$

besitzen dann genau d linear unabhängige Lösungsvektoren $\mathfrak{y}_1, \ldots, \mathfrak{y}_d$, die wir wieder durch $\mathfrak{y}_{d+1}, \ldots, \mathfrak{y}_n$ zu einem vollständigen System linear unabhängiger Vektoren ergänzen können. Dann ist mit

$$\boldsymbol{y} = \begin{pmatrix} \mathfrak{y}_1' & \text{---} \\ \cdots & \cdots \\ \mathfrak{y}_n' & \text{———} \end{pmatrix}$$

das Produkt $\boldsymbol{y}\,\boldsymbol{a}\,\boldsymbol{x}$ eine Matrix, die überall Nullen enthält, außer in den Elementen der letzten r Zeilen und Spalten. Die hier stehende Determinante der Ordnung r ist dann nach XVII von Null verschieden, da $\boldsymbol{y}$ und $\boldsymbol{x}$ beide nichtverschwindende Determinanten haben, $\boldsymbol{y}\,\boldsymbol{a}\,\boldsymbol{x}$ also den Rang r besitzt. Multipliziert man jetzt noch vorn oder hinten mit einer Matrix, die in den letzten r Zeilen und Spalten die Reziproke jener r-reihigen Matrix, in den ersten $n-r$ Diagonalelementen 1 und sonst Nullen enthält, so erkennt man die Existenz zweier Matrizen $\boldsymbol{u}$ und $\boldsymbol{v}$ von nichtverschwindender Determinante, so daß

$$\boldsymbol{u}\,\boldsymbol{a}\,\boldsymbol{v} = \begin{pmatrix} 0 \cdots 0 & 0 \cdots 0 \\ \cdots\cdots & \cdots\cdots \\ 0 \cdots 0 & 0 \cdots 0 \\ 0 \cdots 0 & 1 \cdots 0 \\ \cdots\cdots & \cdots\cdots \\ 0 \cdots 0 & 0 \cdots 1 \end{pmatrix} \begin{matrix} \left.\vphantom{\begin{matrix}0\\0\\0\end{matrix}}\right\} n-r \text{ Zeilen} \\ \left.\vphantom{\begin{matrix}0\\0\\0\end{matrix}}\right\} r \text{ Zeilen} \end{matrix}$$

wird. Jede Matrix vom Range r ist also der rechtsstehenden Normalform äquivalent. Da zwei Matrizen, die derselben Normalform äquivalent sind, auch untereinander äquivalent sind, so erkennt man als Umkehrung von XVII. den Satz:

XVIII. *Zwei Matrizen von demselben Rang sind zueinander äquivalent.*

Sei wieder $\boldsymbol{a}$ vom Rang r und $\boldsymbol{b}$ eine zweite Matrix von beliebigem Range. Dann hat die Gleichung

$$\boldsymbol{b}\,\boldsymbol{a}\,\mathfrak{x} = 0$$

jedenfalls dieselben d Lösungsvektoren wie die Gleichung $\boldsymbol{a}\,\mathfrak{x} = 0$, außerdem unter Umständen noch gewisse davon linear unabhängige, für die $\boldsymbol{a}\,\mathfrak{x} \neq 0$ ist. Der Defekt von $\boldsymbol{b}\,\boldsymbol{a}$ ist also $\geqq d$, der Rang $\leqq r$. Genau dasselbe gilt wieder bei Umkehrung der Reihenfolge.

XIX. *Der Rang des Produktes zweier Matrizen ist höchstens gleich dem Range jedes seiner Faktoren.*

Übungen und Anwendungen zum dritten Vortrag

1. In der *Statik der ebenen Fachwerke* finden die Sätze über lineare Gleichungssysteme vielfältige Anwendung.

Ein ebenes Fachwerk bestehe aus m Stäben, die an n Knotenpunkten gelenkig miteinander verbunden sind. An jedem Knotenpunkt wirke eine nach Größe und Richtung vorgegebene, in der Ebene des Fachwerks gelegene Kraft. Wir bezeichnen die Koordinaten der Knotenpunkte mit x_α, y_α, die Komponenten der auf den α-ten Knotenpunkt wirkenden Kraft mit X_α, Y_α, die Länge des Stabes zwischen den Knotenpunkten α und β mit $l_{\alpha\beta}$ und die Spannung in diesem Stabe mit $S_{\alpha\beta} = S_{\beta\alpha}$. Dann liefert die Gleichgewichtsbedingung am α-ten Knotenpunkt die Gleichungen:

$$(3\cdot1) \qquad X_\alpha = \sum_{(\beta)} S_{\alpha\beta} \frac{x_\alpha - x_\beta}{l_{\alpha\beta}}, \qquad Y_\alpha = \sum_{(\beta)} S_{\alpha\beta} \frac{y_\alpha - y_\beta}{l_{\alpha\beta}},$$

wobei die Summe über β jeweils über alle mit dem Punkte α gelenkig verbundenen Stäbe zu erstrecken ist. Die somit gewonnenen $2n$ Gleichungen erfüllen notwendig die Bedingungen, denen die äußeren Kräfte genügen müssen, damit das System als ganzes in Ruhe bleibt, und die besagen, daß die Summe aller Kräfte und Drehmomente Null ist:

$$(3\cdot 2) \qquad \sum_{\alpha=1}^{n} X_\alpha = 0\,, \quad \sum_{\alpha=1}^{n} Y_\alpha = 0\,, \quad \sum_{\alpha=1}^{n} (Y_\alpha x_\alpha - X_\alpha y_\alpha) = 0\,.$$

Man verifiziert in der Tat sofort durch Bildung der Kombinationen

$$\Sigma X_\alpha, \quad \Sigma Y_\alpha, \quad \Sigma (Y_\alpha x_\alpha - X_\alpha y_\alpha),$$

daß die zugehörigen rechten Seiten verschwinden. Unter den $2n$ Gleichungen (3·1) sind demnach höchstens $2n - 3$ linear unabhängige vorhanden, und die Bestimmung der gesuchten Spannungen $S_{\alpha\beta}$ erfolgt durch Auflösung dieses Gleichungssystems nach den Unbekannten $S_{\alpha\beta}$.

Man nennt nun das Fachwerk *statisch bestimmt,* wenn diese Auflösung bei jeder Wahl der Kräfte, die im Einklang mit den Bedingungen (3·2) stehen, eindeutig möglich ist und endliche bestimmte Werte für die Spannungen liefert. Die abgeleiteten Sätze über lineare Gleichungssysteme zeigen, daß dies dann und nur dann der Fall ist, wenn

1. *der Rang des Gleichungssystems genau gleich $2n - 3$ ist;*
2. *die Zahl der Unbekannten ebenfalls genau gleich $2n - 3$ ist.*

Ist nämlich das System statisch bestimmt, so dürfen zunächst keine weiteren linearen Beziehungen zwischen den Linearformen rechter Hand bestehen, da auch zwischen den linken Seiten keine Beziehungen außer (3·2) bestehen. Es gibt also notwendig eine nichtverschwindende Determinante der Ordnung $2n - 3$ in der Matrix der Koeffizienten. Ferner kann die Zahl der Unbekannten nicht kleiner als $2n - 3$ sein, da es von weniger als $2n - 3$ Variablen keine $2n - 3$ unabhängigen linearen Verbindungen gibt. Die Anzahl der Unbekannten kann aber auch nicht größer als $2n - 3$ sein, weil sonst die Auflösung nicht mehr eindeutig wäre.

Sind umgekehrt diese beiden Bedingungen erfüllt, so handelt es sich also bei geeigneter Auswahl der Gleichungen um genau $2n - 3$ Gleichungen mit ebensoviel Unbekannten, deren Determinante nicht Null ist. Dann liefert aber die Cramersche Regel bei jeder Wahl der linken Seiten genau ein eindeutig bestimmtes Lösungssystem, das Fachwerk ist also statisch bestimmt.

Wir haben also für ein statisch bestimmtes Fachwerk die Relation:

$$m = 2n - 3\,.$$

Ist diese Bedingung erfüllt, aber der Rang kleiner als $2n - 3$, so gibt es Lösungen nur für gewisse Werte der äußeren Kräfte, nicht für jede Wahl. Denn dann bestehen zwischen den rechten Seiten noch weitere lineare Beziehungen. Dasselbe gilt, wenn $m < 2n - 3$ ist. Man spricht in diesen Fällen von *kinematisch unbestimmten Fachwerken.*

Ist dagegen $m > 2n - 3$, und ist der Rang des Gleichungssystems der Höchstrang $2n - 3$, so haben die Gleichungen keine eindeutigen Lösungen, sondern p-fach unendlich viele Lösungen, wenn $p = m - (2n - 3)$ gesetzt wird. Das Fachwerk heißt dann *p-fach statisch unbestimmt.* Die allgemeine Lösung für die unbekannten Spannungen $S_{\alpha\beta}$ läßt sich in der Form

$$S_{\alpha\beta} = S_{\alpha\beta}^{(0)} + \lambda_1 S_{\alpha\beta}^{(1)} + \cdots + \lambda_p S_{\alpha\beta}^{(p)}$$

darstellen, worin $S_{\alpha\beta}^{(0)}$ irgend eine Lösung des Gleichungssystems bedeutet, während $S_{\alpha\beta}^{(1)}, \ldots, S_{\alpha\beta}^{(p)}$ p linear unabhängige Wertsysteme der Spannungen darstellen, die sich im homogenen Falle ergeben, d. h. dann, wenn die äußeren Kräfte sämtlich Null sind. Die für die Statik wesentliche Berechnung der Koeffizienten $\lambda_1, \ldots, \lambda_p$ erfolgt dort mit Hilfe der Elastizitätstheorie.

2. Man verifiziere durch direkte Berechnung der Determinanten, daß das Gleichungssystem

$$\begin{aligned} 2x - y + 3z - t &= 1 \\ x + 2y - z + 10t &= 3 \\ x - 8y + 9z - 32t &= -7 \\ -8x + 9y - 17z + 25t &= 1 \\ 8x + y + 7z + 17t &= 9 \end{aligned}$$

den Rang 2 besitzt. Das allgemeine Lösungssystem lautet:

$$\mathfrak{x} = \begin{pmatrix} x \\ y \\ z \\ t \end{pmatrix} = \begin{pmatrix} 1 \\ 1 \\ 0 \\ 0 \end{pmatrix} + c_1 \mathfrak{x}_1 + c_2 \mathfrak{x}_2 ,$$

wobei die Vektoren $\mathfrak{x}_1$ und $\mathfrak{x}_2$ dem zugehörigen homogenen Gleichungssystem genügen und die Werte

$$\mathfrak{x}_1 = \begin{pmatrix} -1 \\ 1 \\ 1 \\ 0 \end{pmatrix}, \mathfrak{x}_2 = \begin{pmatrix} -\frac{8}{5} \\ -\frac{21}{5} \\ 0 \\ 1 \end{pmatrix}$$

haben, und worin c_1 und c_2 willkürliche Konstanten sind

3. Man zeige, daß das Gleichungssystem

$$\begin{aligned} x - 4y + 5z &= 8 \\ 3x + 7y - z &= 3 \\ -x - 15y + 11z &= 14 \end{aligned}$$

keine Lösung hat.

4. (Vgl. die Übung 5 zum 1. Vortrag.) Ist die Resultante $R(f, g)$ zweier Polynome f und g gleich Null, so haben f und g eine gemeinsame Nullstelle. Denn dann sind die Zeilen von R, als $m + n$-fache Vektoren aufgefaßt, linear abhängig; dies sind aber die Koeffizientensysteme von $x^{m-1} f, x^{m-2} f, \ldots, f, x^{n-1} g, x^{n-2} g, \ldots, g$, so daß nach Satz XIV eine Beziehung

$$(A_0 x^{m-1} + A_1 x^{m-2} + \cdots + A_{m-1}) f + (B_0 x^{n-1} + B_1 x^{n-2} + \cdots + B_{n-1}) g = 0$$

für alle Werte x bestehen muß, in der weder sämtliche Koeffizienten A_α noch B_β gleich Null sein können. Das erste Produkt

$$(A_0 x^{m-1} + A_1 x^{m-2} + \cdots + A_{m-1}) f$$

ist daher durch das Produkt der m Linearfaktoren teilbar, in welche g nach dem Fundamentalsatz der Algebra zerfällt, und da die Klammer nicht mehr als $m-1$ dieser Faktoren enthalten kann, so entfällt mindestens einer davon auf f. Daher haben f und g mindestens eine gemeinsame Nullstelle.

4. VORTRAG

Lineare Transformationen, insbesondere orthogonale und unitäre Transformationen. Bilineare und quadratische sowie Hermitesche Formen. Hauptachsentransformation von Hermiteschen und quadratischen Formen. Definite und indefinite Hermitesche und quadratische Formen. Anwendung auf die freien Schwingungen eines elektrischen Netzes bei verschwindenden Ohmschen Widerständen. Kriterium für eigentlich definite Hermitesche Formen mit Hilfe der Abschnittsdeterminanten. Ausdehnung auf normale und normalisierbare Matrizen. Übungen

Unser Gleichungssystem (1. 2) stellt, wenn die $x_1, x_2, \ldots, x_n$ nicht Unbekannte, sondern unabhängige Veränderliche sind, eine *lineare Transformation* dieser Veränderlichen in neue Veränderliche $y_1, y_2, \ldots, y_n$ dar. Die Matrix $\boldsymbol{a}$ des Koeffizientensystems ist dann zur Charakterisierung der Transformation maßgebend.

Sind in dem Gleichungssystem (1·2) $x_1, x_2, \ldots, x_n$ *linear unabhängige Variable, und ist die Determinante von* $\boldsymbol{a}$ *ungleich Null, so sind auch* $y_1, y_2, \ldots, y_n$ *linear unabhängige Variable.*

In der Tat würde eine Beziehung

$$c_1 y_1 + c_2 y_2 + \cdots + c_n y_n = 0$$

nach unserer Voraussetzung die Bedingungen

$$\sum_{\alpha=1}^{n} c_\alpha a_{\alpha\beta} = 0 \qquad (\beta = 1, 2, \ldots, n)$$

nach sich ziehen; diese ergeben aber nach der Cramerschen Regel die Werte

$$c_1 = c_2 = \cdots = c_n = 0 .$$

Die Umkehrung der Transformation $\mathfrak{y} = \boldsymbol{a}\,\mathfrak{x}$ *ist natürlich* $\mathfrak{x} = \boldsymbol{a}^{-1}\mathfrak{y}$.

Ein wichtiger Sonderfall sind die *orthogonalen Transformationen.* Diese sind charakterisiert durch die Bedingungen

$$\boldsymbol{a}' = \boldsymbol{a}^{-1} ,$$

oder

$$a_{\alpha\beta} = \frac{A_{\alpha\beta}}{D} \qquad (\alpha_1 \beta = 1, 2, \ldots, n)$$

Die Gleichungen (1·7) lauten in diesem Falle:

$$\sum_{\gamma=1}^{n} a_{\alpha\gamma} a_{\beta\gamma} = \delta_{\alpha\beta}, \quad \sum_{\gamma=1}^{n} a_{\gamma\alpha} a_{\gamma\beta} = \delta_{\alpha\beta} ,$$

oder in Matrizenschreibweise:

$$\boldsymbol{a}\,\boldsymbol{a}' = \boldsymbol{a}'\boldsymbol{a} = \boldsymbol{e} .$$

Für die Determinante folgt hieraus

$$D^2 = 1, \quad D = \pm 1 .$$

Die Umkehrung des Gleichungssystems

$$\boldsymbol{a}\,\mathfrak{x} = \mathfrak{y},$$

lautet in diesem Falle einfach:

$$\mathfrak{x} = \boldsymbol{a}'\,\mathfrak{y}.$$

Das Koeffizientensystem von n normierten orthogonalen reellen Vektoren bildet eine reelle orthogonale Matrix.

Eine orthogonale Transformation mit $D = +1$ nennen wir *eigentlich orthogonal*. Im Falle $n = 3$ überzeugt man sich leicht, daß die reellen eigentlich orthogonalen Transformationen eine *Drehung* des rechtwinkligen Koordinatensystems darstellen; bedeuten $x_1\, x_2\, x_3$ die rechtwinkligen Koordinaten eines Punktes im Raume, so sind $y_1\, y_2\, y_3$ die rechtwinkligen Koordinaten desselben Punktes in bezug auf ein anderes Koordinatensystem mit demselben Anfangspunkte, das durch Drehung aus dem ersten hervorgeht. Der Fall $D = -1$ liefert entsprechend eine *Drehung mit nachfolgender Spiegelung*. Für beliebiges n stellen also die reellen orthogonalen Transformationen die sinngemäße Verallgemeinerung dieser Transformationen dar.

Sind die Koeffizienten $a_{\alpha\beta}$ komplex, und ist

$$\bar{a}_{\alpha\beta} = \frac{A_{\alpha\beta}}{D}$$

oder

$$\bar{\boldsymbol{a}}' = \boldsymbol{a}^{-1},$$

so nennt man die Transformation *unitär*. Für eine unitäre Transformation gilt also

$$\sum_{\gamma=1}^{n} a_{\alpha\gamma}\,\bar{a}_{\beta\gamma} = \delta_{\alpha\beta}, \quad \sum_{\gamma=1}^{n} \bar{a}_{\gamma\alpha}\,a_{\gamma\beta} = \delta_{\alpha\beta},$$

$$\boldsymbol{a}\,\bar{\boldsymbol{a}}' = \bar{\boldsymbol{a}}'\,\boldsymbol{a} = \boldsymbol{e}.$$

Die Umkehrung des Gleichungssystems $\boldsymbol{a}\,\mathfrak{x} = \mathfrak{y}$ lautet $\mathfrak{x} = \bar{\boldsymbol{a}}'\,\mathfrak{y}$.

Die Determinante einer unitären Transformation hat den absoluten Betrag 1. Eine reelle unitäre Transformation ist orthogonal. Das Koeffizientensystem von n komplexen orthogonalen Vektoren bildet eine unitäre Matrix.

Sind zwei Transformationen gegeben:

$$\mathfrak{y} = \boldsymbol{a}\,\mathfrak{x}, \quad \mathfrak{x} = \boldsymbol{b}\,\mathfrak{z},$$

so ergibt sich durch Zusammensetzung:

$$\mathfrak{y} = \boldsymbol{a}\,\boldsymbol{b}\,\mathfrak{z}.$$

Die Matrix der zusammengesetzten Transformation ist also das Produkt der beiden Transformationsmatrizen; wir sprechen deshalb auch kurz von dem *Produkt der beiden Transformationen*.

Das Produkt zweier orthogonalen Transformationen ist eine orthogonale Transformation. Denn aus $\boldsymbol{a}\,\boldsymbol{a}' = \boldsymbol{e}$ und $\boldsymbol{b}\,\boldsymbol{b}' = \boldsymbol{e}$ folgt

$$\boldsymbol{a}\,\boldsymbol{b}(\boldsymbol{a}\,\boldsymbol{b})' = \boldsymbol{a}\,\boldsymbol{b}\,\boldsymbol{b}'\,\boldsymbol{a}' = \boldsymbol{e}.$$

Speziell ist das Produkt zweier eigentlich orthogonalen Transformationen wieder eigentlich orthogonal.

Das Produkt zweier unitären Transformationen ist eine unitäre Transformation. Denn aus $\boldsymbol{a}\,\bar{\boldsymbol{a}}' = \boldsymbol{e}$ und $\boldsymbol{b}\,\bar{\boldsymbol{b}}' = \boldsymbol{e}$ folgt

$$\boldsymbol{a}\,\boldsymbol{b}(\overline{\boldsymbol{a}\boldsymbol{b}})' = \boldsymbol{a}\,\boldsymbol{b}\,\bar{\boldsymbol{b}}'\,\bar{\boldsymbol{a}}' = \boldsymbol{e}.$$

Außer bei linearen Transformationen und Gleichungen kommt der Begriff der Matrix hauptsächlich bei bilinearen und quadratischen Formen zur Anwendung. Diesen wenden wir uns jetzt zu.

Unter einer *bilinearen Form* oder kurz *Bilinearform* verstehen wir einen Ausdruck der Gestalt:

$$\mathfrak{x}' \boldsymbol{a} \mathfrak{y} = \sum_{\alpha, \beta = 1}^{n} a_{\alpha\beta} x_\alpha y_\beta .$$

Die Bilinearform hängt von $2n$ Veränderlichen x und y ab.

Einführung einer linearen Transformation $\mathfrak{x} = \boldsymbol{u}\mathfrak{z}$ und $\mathfrak{y} = \boldsymbol{v}\mathfrak{t}$, wobei die Determinanten von $\boldsymbol{u}$ und $\boldsymbol{v}$ von Null verschieden sind, liefert

$$\mathfrak{x}' \boldsymbol{a} \mathfrak{y} = \mathfrak{z}' \boldsymbol{u}' \boldsymbol{a} \boldsymbol{v} \mathfrak{t} = \mathfrak{z}' \boldsymbol{b} \mathfrak{t}, \quad \boldsymbol{b} \doteq \boldsymbol{u}' \boldsymbol{a} \boldsymbol{v},$$

so daß $\boldsymbol{a}$ und $\boldsymbol{b}$ äquivalente Matrizen werden. Man nennt dann auch die Bilinearformen $\mathfrak{x}' \boldsymbol{a} \mathfrak{y}$ und $\mathfrak{z}' \boldsymbol{b} \mathfrak{t}$ äquivalent. *Nach* XVII. *und* XVIII. *ist für die Äquivalenz von zwei Bilinearformen in* $2n$ *Variablen notwendig und hinreichend, daß ihre Matrizen* $\boldsymbol{a}$ *und* $\boldsymbol{b}$ *den gleichen Rang besitzen.*

Setzt man speziell $\mathfrak{x} = \mathfrak{y}$, so erhält man aus $\mathfrak{x}' a \mathfrak{y}$ den Wert

$$\mathfrak{x}' \boldsymbol{a} \mathfrak{x} = \sum_{\alpha, \beta = 1}^{n} a_{\alpha\beta} x_\alpha x_\beta .$$

Diesen Ausdruck bezeichnet man als eine *quadratische Form* in n Variablen $x_1, \ldots, x_n$. Es ist üblich, in einer quadratischen Form die Matrix der Koeffizienten symmetrisch anzunehmen, was keine Beschränkung der Allgemeinheit bedeutet, da im unsymmetrischen Falle der Gesamtkoeffizient von $x_\alpha x_\beta$ gleich $a_{\alpha\beta} + a_{\beta\alpha}$, also auch symmetrisch in α und β ist.

Ist das Koeffizientenschema eine Hermitesche Matrix, und setzt man $\mathfrak{y} = \bar{\mathfrak{x}}$, so erhält man auch bei komplexen Koeffizienten den *reellen Wert*

$$\mathfrak{x}' \boldsymbol{a} \bar{\mathfrak{x}} = \sum_{\alpha, \beta = 1}^{n} a_{\alpha\beta} x_\alpha \bar{x}_\beta = \sum_{\alpha, \beta = 1}^{n} \bar{a}_{\alpha\beta} \bar{x}_\alpha x_\beta .$$

Diesen Ausdruck bezeichnet man als eine *Hermitesche Form* in $x_1, \ldots, x_n$. Sind die Koeffizienten und Variablen reell, so entsteht als Sonderfall eine reelle quadratische Form.

Quadratische Formen treten in vielen Anwendungsgebieten auf. Wir erinnern an folgende Beispiele:

Bei Kegelschnitten und Flächen zweiter Ordnung bilden die rein quadratischen Glieder auf der linken Seite ihrer Gleichung eine quadratische Form von zwei bzw. drei Variablen. Schreibt man die Gleichung in homogenen Koordinaten, so sind die linken Seiten quadratische Formen in drei bzw. vier Variablen.

Die aus den Trägheitsmomenten und Deviationsmomenten eines starren Körpers in bezug auf ein rechtwinkliges Achsenkreuz gebildete „Trägheitsdyade"

$$\begin{pmatrix} \Theta_x & -\Theta_{xy} & -\Theta_{xz} \\ -\Theta_{yx} & \Theta_y & -\Theta_{yz} \\ -\Theta_{zx} & -\Theta_{zy} & \Theta_z \end{pmatrix}$$

ist eine symmetrische Matrix; das aus ihren Koeffizienten gebildete *Cauchy-Poinsot*sche Trägheitsellipsoid wird dargestellt durch die zugehörige quadratische Form, gebildet mit den Geschwindigkeitskomponenten der Drehgeschwindigkeit, gleich 1 gesetzt.

Wird in einem Kontinuum die Verrückung eines Punktes durch einen Vektor mit den Komponenten u, v, w dargestellt, die differentiierbare Funktionen der

Ortskoordinaten x, y, z sind, so ist die „Deformationsdyade" definiert durch den symmetrischen Tensor zweiter Stufe

$$\begin{pmatrix} \frac{\partial u}{\partial x} & \frac{1}{2}\left(\frac{\partial u}{\partial y}+\frac{\partial v}{\partial x}\right) & \frac{1}{2}\left(\frac{\partial u}{\partial z}+\frac{\partial w}{\partial x}\right) \\ \frac{1}{2}\left(\frac{\partial u}{\partial y}+\frac{\partial v}{\partial x}\right) & \frac{\partial v}{\partial y} & \frac{1}{2}\left(\frac{\partial v}{\partial z}+\frac{\partial w}{\partial y}\right) \\ \frac{1}{2}\left(\frac{\partial u}{\partial z}+\frac{\partial w}{\partial x}\right) & \frac{1}{2}\left(\frac{\partial v}{\partial z}+\frac{\partial w}{\partial y}\right) & \frac{\partial w}{\partial z}\,. \end{pmatrix},$$

der wiederum eine symmetrische Matrix darstellt. Die zugehörige quadratische Form geschrieben in dx, dy, dz bezeichnet man, gleich einer Konstanten gesetzt, als Dilatationsfläche.

In einem bewegten System von materiellen Punkten ist die kinetische Energie eine quadratische Form der Geschwindigkeitskomponenten der einzelnen Massenpunkte.

In einem aus n Maschen bestehenden Netz von elektrischen Stromkreisen, dessen Gleichungen wir im zweiten Vortrag aufgestellt hatten, läßt sich durch Multiplikation der α-ten Gleichung mit I_α der Ausdruck für die von den eingeprägten Kräften dem Netz zugeführte Leistung gewinnen. Man findet:

$$\Sigma E_\alpha I_\alpha = \frac{d}{dt}\frac{1}{2}\Sigma L_{\alpha\beta} I_\alpha I_\beta + \frac{d}{dt}\frac{1}{2}\Sigma\frac{1}{C_{\alpha\beta}} Q_\alpha Q_\beta + \Sigma R_{\alpha\beta} I_\alpha I_\beta\,.$$

Hierin bedeutet physikalisch $\frac{1}{2}\Sigma L_{\alpha\beta} I_\alpha I_\beta$ die magnetische Energie, $\frac{1}{2}\Sigma\frac{1}{C_\beta} Q_\alpha Q_\beta$ die elektrische Energie, $\Sigma R_{\alpha\beta} I_\alpha I_\beta$ die Wärmeleistung. Man sieht, daß alle drei Größen als quadratische Formen der betreffenden Variablen erscheinen.

Auch für Hermitesche Formen werden wir später noch mannigfache Beispiele kennenlernen.

In mehreren der angeführten Fälle ist von besonderer Bedeutung die *orthogonale Transformation der quadratischen Formen auf die Hauptachsen.* Herrührend von dem Beispiel der Flächen zweiter Ordnung im Raume bzw. der Kegelschnitte in der Ebene bedeutet dies den Satz, daß man durch eine geeignete Wahl des rechtwinkligen Achsenkreuzes erreichen kann, daß nur noch die rein quadratischen Glieder mit einem von Null verschiedenen Koeffizienten auftreten, während die gemischtquadratischen Glieder, die also die Produkte verschiedener Variablen enthalten, nicht mehr vorkommen. Diesem Satze, der mit seinen Auswirkungen und Erweiterungen eine wahrhaft zentrale Bedeutung in der Mathematik besitzt, wenden wir uns jetzt zu. Wir beweisen ihn sogleich in seiner Ausdehnung auf Hermitesche Formen mit komplexen Koeffizienten, wobei wir den Sonderfall der reellen quadratischen Formen jeweils stets besonders hervorheben werden.

Gegeben sei also eine Hermitesche Form

$$\mathfrak{x}' \boldsymbol{a} \bar{\mathfrak{x}} = \sum_{\alpha\,\beta=1}^{n} a_{\alpha\beta}\, x_\alpha \bar{x}_\beta\,, \qquad (a_{\alpha\beta} = \bar{a}_{\beta\alpha})$$

in der wir die Variablen einer unitären Transformation

$$\mathfrak{x} = \boldsymbol{c}\,\mathfrak{y} \qquad (\boldsymbol{c}\,\bar{\boldsymbol{c}}' = \bar{\boldsymbol{c}}'\,\boldsymbol{c} = \boldsymbol{e})$$

unterwerfen. Ist alles reell, so ist die Form quadratisch und die Transformation orthogonal. Wir untersuchen zunächst, wie das Koeffizientenschema in den neuen Variablen $\mathfrak{y}$ aussieht. Man findet durch Einsetzen wegen $\mathfrak{x}' = \mathfrak{y}'\,\boldsymbol{c}'$, $\bar{\mathfrak{x}} = \bar{\boldsymbol{c}}\,\bar{\mathfrak{y}}$:

$$\mathfrak{x}' \boldsymbol{a}\, \bar{\mathfrak{x}} = \mathfrak{y}'\,\boldsymbol{c}'\,\boldsymbol{a}\,\bar{\boldsymbol{c}}\,\bar{\mathfrak{y}} = \mathfrak{y}'\,\boldsymbol{b}\,\bar{\mathfrak{y}},$$

$$\boldsymbol{b} = \boldsymbol{c}'\,\boldsymbol{a}\,\bar{\boldsymbol{c}} \qquad (\bar{\boldsymbol{b}}' = \boldsymbol{b})\,.$$

Die neue Matrix ergibt sich aus der alten durch vordere Multiplikation mit $\boldsymbol{c}'$ und durch hintere Multiplikation mit $\bar{\boldsymbol{c}}$. Es handelt sich also um eine ähnliche Aufgabe wie bei der Äquivalenz von Bilinearformen. Nur sind jetzt die beiden Transformationsmatrizen nicht unabhängig voneinander; andererseits sind $\boldsymbol{a}$ und $\boldsymbol{b}$ Hermitesche Matrizen. Die Aussage ist nun, daß es bei geeigneter Wahl der unitären Matrix $\boldsymbol{c}$ möglich sein soll, zu erreichen, daß $\boldsymbol{b}$ eine Diagonalmatrix:

$$\boldsymbol{b} = \begin{pmatrix} \lambda_1 & 0 & \cdots & 0 \\ 0 & \lambda_2 & \cdots & 0 \\ \cdot & \cdot & \cdot & \cdot \\ 0 & 0 & \cdots & \lambda_n \end{pmatrix}$$

wird.

Zunächst wollen wir die Bedeutung der Zahlen $\lambda_1, \ldots, \lambda_n$ feststellen. Wir finden wegen $\boldsymbol{c}'\,\bar{\boldsymbol{c}} = \boldsymbol{e}$ für jedes λ:

$$\boldsymbol{b} - \lambda\,\boldsymbol{e} = \boldsymbol{c}'\,(\boldsymbol{a} - \lambda\,\boldsymbol{e})\,\bar{\boldsymbol{c}}\,,$$

und daher nach dem Multiplikationssatz für die Determinanten, daß die charakteristische Determinante von $\boldsymbol{b}$ gleich der von $\boldsymbol{a}$ multipliziert mit dem Produkte der Determinanten von $\boldsymbol{c}'$ und $\bar{\boldsymbol{c}}$ ist. Dieses letztere Produkt ist aber gleich 1. Also stimmen die charakteristischen Determinanten von $\boldsymbol{a}$ und $\boldsymbol{b}$ miteinander überein. Die letztere ist aber gleich $(\lambda_1 - \lambda)\,(\lambda_2 - \lambda) \cdots (\lambda_n - \lambda)$, hat also die Nullstellen $\lambda_1, \lambda_2, \ldots, \lambda_n$. Dies sind daher die Eigenwerte von $\boldsymbol{b}$, also auch von $\boldsymbol{a}$.

Wenn also die Hauptachsentransformation möglich ist, so sind die Koeffizienten der Diagonalglieder in der erstrebten Normalform die Eigenwerte der gegebenen Matrix $\boldsymbol{a}$; diese sind gegenüber unitären Transformationen invariant.

Wir wissen nun von früher, daß die Werte der Hermiteschen Form sämtlich reell sind. Andererseits bedeutet unsere Transformation für die Form die Darstellung:

$$\mathfrak{y}'\,\boldsymbol{b}\,\bar{\mathfrak{y}} = \sum_{\alpha=1}^{n} \lambda_\alpha |y_\alpha|^2\,.$$

Hierin ist nun jeder Eigenwert λ_α selbst ein Wert der Form, der nämlich dann angenommen wird, wenn $y_\alpha = 1$ und alle übrigen y gleich Null gesetzt werden. Also müssen, damit die Transformation möglich sein kann, die Eigenwerte reell sein. Diese Tatsache wollen wir jetzt beweisen:

XX. *Die Eigenwerte einer Hermiteschen (insbesondere also auch einer reellen symmetrischen) Matrix sind reell.*

Es sei nämlich λ ein Eigenwert, so daß die Determinante von $\boldsymbol{a} - \lambda\,\boldsymbol{e}$ gleich Null ist. Dann hat nach XV. die Gleichung

$$(\boldsymbol{a} - \lambda\,\boldsymbol{e})\,\mathfrak{x} = 0$$

mindestens einen von Null verschiedenen Lösungsvektor, den wir durch Multiplikation mit einem konstanten Faktor von vornherein als normiert voraussetzen können. Es gilt dann also

$$\boldsymbol{a}\,\mathfrak{x} = \lambda\,\mathfrak{x}\,.$$

Multipliziert man dies vorn mit $\bar{\mathfrak{x}}'$, so entsteht

$$\bar{\mathfrak{x}}'\,\boldsymbol{a}\,\mathfrak{x} = \lambda\,\bar{\mathfrak{x}}'\,\mathfrak{x} = \lambda\,.$$

Hiermit ist die Behauptung bereits bewiesen, denn links steht ein Wert der Hermiteschen Form, gebildet mit dem Vektor $\bar{\mathfrak{x}}$, also, wie wir wissen, eine reelle Zahl. — Ist speziell $\boldsymbol{a}$ reellsymmetrisch, so ändert sich nichts an den Schlüssen. Übrigens folgt in diesem Falle nachträglich, weil λ reell ist, daß auch $\mathfrak{x}$ als Lösungsvektor eines homogenen reellen Gleichungssystems selbst reell ist.

Wir gehen nun zum Beweise unseres Hauptsatzes über. Es sei λ_1 ein Eigenwert, $\mathfrak{x}_1$ ein zugehöriger „*Eigenvektor*", für den also

$$\boldsymbol{a}\,\mathfrak{x}_1 = \lambda_1\,\mathfrak{x}_1$$

ist, und gleichzeitig sei $|\mathfrak{x}_1| = 1$. Nach XIII. können wir zu $\mathfrak{x}_1$ ein System von $n-1$ weiteren Vektoren bestimmen, die zusammen mit $\mathfrak{x}_1$ ein System von n linear unabhängigen Vektoren bilden, und diese dann unter Festhaltung von $\mathfrak{x}_1$ orthogonalisieren. Aus den so entstehenden normiert orthogonalen Vektoren $\mathfrak{x}_1, \ldots, \mathfrak{x}_n$ bilden wir die Matrix

$$\boldsymbol{c}_1 = \begin{pmatrix} \bar{\mathfrak{x}}_1 & \bar{\mathfrak{x}}_2 & & \bar{\mathfrak{x}}_n \\ | & | & \ldots & | \\ | & | & & | \end{pmatrix}.$$

Diese ist unitär, weil ja $\bar{\boldsymbol{c}}_1'\,\boldsymbol{c}_1 = \boldsymbol{e}$, also $\bar{\boldsymbol{c}}_1' = \boldsymbol{c}_1^{-1}$ ist. Ist $\boldsymbol{a}$ und damit $\mathfrak{x}_1$ reell, so können auch die Ergänzungsvektoren reell gewählt werden; dann wird $\boldsymbol{c}_1$ eine orthogonale Matrix.

Wir erhalten nun mit dieser Transformationsmatrix $\boldsymbol{c}_1$:

$$\boldsymbol{c}_1'\,\boldsymbol{a}\,\bar{\boldsymbol{c}}_1 = \begin{pmatrix} \bar{\mathfrak{x}}_1' \text{———} \\ \bar{\mathfrak{x}}_2' \text{———} \\ \cdots\cdots \\ \bar{\mathfrak{x}}_n' \text{———} \end{pmatrix} \boldsymbol{a}\,\bar{\boldsymbol{c}}_1 = \begin{pmatrix} \bar{\mathfrak{x}}_1'\,\boldsymbol{a} \text{———} \\ \bar{\mathfrak{x}}_2'\,\boldsymbol{a} \text{———} \\ \cdots\cdots \\ \bar{\mathfrak{x}}_n'\,\boldsymbol{a} \text{———} \end{pmatrix} \bar{\boldsymbol{c}}_1,$$

also wegen $\bar{\mathfrak{x}}_1'\,\boldsymbol{a} = \bar{\mathfrak{x}}_1'\,\bar{\boldsymbol{a}}' = \lambda_1\,\bar{\mathfrak{x}}_1'$ und wegen $\bar{\mathfrak{x}}_1'\mathfrak{x}_\alpha = 0$, $\bar{\mathfrak{x}}_\alpha'\,\boldsymbol{a}\,\mathfrak{x}_1 = \lambda_1\bar{\mathfrak{x}}_\alpha'\,\mathfrak{x}_1 = 0\;(\alpha = 2, \ldots, n)$:

$$\boldsymbol{c}_1'\,\boldsymbol{a}\,\bar{\boldsymbol{c}} = \begin{pmatrix} \lambda_1\,\bar{\mathfrak{x}}_1' \text{———} \\ \bar{\mathfrak{x}}_2'\,\boldsymbol{a} \text{———} \\ \cdots\cdots \\ \bar{\mathfrak{x}}_n'\,\boldsymbol{a} \text{———} \end{pmatrix} \begin{pmatrix} \mathfrak{x}_1 & \mathfrak{x}_2 & & \mathfrak{x}_n \\ | & | & \ldots & | \\ | & | & & | \end{pmatrix} = \begin{pmatrix} \lambda_1 & 0 \cdots 0 \\ 0 & \\ \vdots & \boldsymbol{a}_1 \\ 0 & \end{pmatrix},$$

worin $\boldsymbol{a}_1$ eine $(n-1)$-reihige Hermitesche Matrix ist, die ihrerseits die Eigenwerte $\lambda_2, \ldots, \lambda_n$ besitzt. Für die Form selbst ausgesprochen, bedeutet dies, wenn wir

$$\mathfrak{x} = \boldsymbol{c}_1\,\mathfrak{y}, \quad \mathfrak{y} = \bar{\boldsymbol{c}}_1'\,\mathfrak{x}$$

setzen, daß

$$\mathfrak{x}'\,\boldsymbol{a}\,\bar{\mathfrak{x}} - \lambda_1\,|y_1|^2$$

eine Hermitesche Form bedeutet, die in den Variablen y geschrieben nur von $y_2, \ldots, y_n$ abhängt und deren Koeffizientenmatrix $\boldsymbol{a}_1$ die Eigenwerte $\lambda_2, \ldots, \lambda_n$ besitzt. Nehmen wir die Behauptung für Formen von $n-1$ Variablen als bereits bewiesen an, so folgt sie hiernach auch für Formen von n Variablen, da jede unitäre Transformation in $n-1$ Variablen $y_2, \ldots, y_n$, zu der die festgehaltene Variable y_1 hinzutritt, als unitäre Transformation in n Variablen aufgefaßt werden kann, und die Aufeinanderfolge zweier unitärer Transformationen wieder eine unitäre Transformation ist. Da die Behauptung aber für eine Variable selbstverständlich ist, so gilt sie hiermit allgemein.

XXI. *Jede Hermitesche Form von n Variablen läßt sich durch eine unitäre Transformation auf eine Summe von Quadraten transformieren:*

$$\sum_{\alpha,\beta=1}^{n} a_{\alpha\beta}\, x_\alpha\, \bar{x}_\beta = \sum_{\alpha=1}^{n} \lambda_\alpha\, |y_\alpha|^2 \qquad (a_{\alpha\beta} = \bar{a}_{\beta\alpha})$$

$$x_\alpha = \sum_{\beta=1}^{n} c_{\alpha\beta}\, y_\beta, \quad y_\alpha = \sum_{\beta=1}^{n} \bar{c}_{\beta\alpha}\, x_\beta.$$

Insbesondere kann jede reelle quadratische Form durch eine reelle orthogonale Transformation auf eine Summe von Quadraten transformiert werden:

$$\sum_{\alpha,\beta=1}^{n} a_{\alpha\beta}\, x_\alpha\, x_\beta = \sum_{\alpha=1}^{n} \lambda_\alpha\, y_\alpha^2 \qquad (a_{\alpha\beta} = a_{\beta\alpha})$$

$$x_\alpha = \sum_{\beta=1}^{n} c_{\alpha\beta}\, y_\beta, \quad y_\alpha = \sum_{\beta=1}^{n} c_{\beta\alpha}\, x_\beta.$$

Die zahlreichen Anwendungen dieses Satzes umfassen nicht nur die Hauptachsentransformation der Kurven und Flächen zweiter Ordnung, sondern z. B. auch die Begriffe Hauptträgheitsachsen und Hauptdilatationsrichtungen in den oben erwähnten Anwendungen aus der Mechanik.

Einige allgemeine Folgerungen über Hermitesche Formen seien im Anschluß hieran hervorgehoben. Sind die Eigenwerte $\lambda_1, \ldots, \lambda_n$ insbesondere sämtlich positiv, so sind alle Werte der Hermiteschen Form positiv, und die Form verschwindet nur für $\mathfrak{x} = 0$. Die Form heißt dann *eigentlich definit positiv*. Entsprechendes gilt für *eigentlich definit negative* Formen, in denen alle Eigenwerte negativ sind. Umgekehrt sind diese Vorzeicheneigenschaften der Eigenwerte auch notwendig, damit die Form eigentlich definit sein kann. Eine Form, in der einzelne Eigenwerte verschwinden, während die andern ein festes Vorzeichen haben, heißt *definit positiv* bzw. *negativ*. Ihre Werte haben alle dasselbe Vorzeichen wie die Eigenwerte, sie kann aber verschwinden, ohne daß $\mathfrak{x} = 0$ ist. Die Anzahl der nichtverschwindenden Eigenwerte ist gleich dem Rang der Matrix $\boldsymbol{a}$; dies zeigt die Normalform und Sa z XVII. Jede eigentlich definite Hermitesche Form ist vom Höchstrang n.

Eine für später wichtige Frage ist die folgende: *Wie erkennt man an der gegebenen Matrix $\boldsymbol{a}$, ob die Hermitesche Form eigentlich definit ist?* Wir führen, um dies zu entscheiden, die sog. Abschnittsdeterminanten der Matrix ein:

$$D_1 = a_{11}, \; D_2 = \begin{vmatrix} a_{11} & a_{12} \\ a_{21} & a_{22} \end{vmatrix}, \quad D_3 = \begin{vmatrix} a_{11} & a_{12} & a_{13} \\ a_{21} & a_{22} & a_{23} \\ a_{31} & a_{32} & a_{33} \end{vmatrix}, \ldots, \quad D_n = \begin{vmatrix} a_{11} & a_{12} & \cdots & a_{1n} \\ a_{21} & a_{22} & \cdots & a_{2n} \\ \cdot & \cdot & \cdot & \cdot \\ a_{n1} & a_{n2} & \cdots & a_{nn} \end{vmatrix},$$

die sämtlich reell sind, da sie aus Hermiteschen Matrizen gebildet sind. Wir behaupten dann den Satz:

XXII. *Eine Hermitesche Form ist dann und nur dann eigentlich definit positiv, wenn ihre sämtlichen Abschnittsdeterminanten positiv sind.*

Zum Beweise beachten wir zunächst, daß alle Abschnittsdeterminanten von Null verschieden sein müssen. Wenn nämlich eine von ihnen, etwa D_m, gleich Null wäre, so setzen wir alle Variablen Null, die einen größeren Index als m enthalten, und erhalten dadurch eine Hermitesche Form von m Variablen, die einen kleineren Rang als m hat, also, wie wir gesehen haben, für ein nicht identisch verschwindendes Wertsystem ihrer Variablen Null ist, was somit auch für die gegebene Form gilt. Dies ist aber ein Widerspruch gegen die Voraussetzung. Wir bilden nun die Hermitesche Form:

$$\mathfrak{x}'\boldsymbol{b}\,\bar{\mathfrak{x}} = \sum_{\alpha,\beta=1}^{n} b_{\alpha\beta}\,x_\alpha\,\bar{x}_\beta = \sum_{\alpha,\beta=1}^{n} a_{\alpha\beta}\,x_\alpha\,\bar{x}_\beta - \frac{D_n}{D_{n-1}}\,|x_n|^2,$$

deren Determinante

$$\begin{vmatrix} a_{11}\,a_{12}\cdots a_{1n} \\ a_{21}\,a_{22}\cdots a_{2n} \\ \cdots\cdots\cdots\cdots \\ a_{n1}\,a_{n2}\cdots a_{nn} - \dfrac{D_n}{D_{n-1}} \end{vmatrix} = D_n - D_{n-1}\cdot\frac{D_n}{D_{n-1}} = 0$$

ist. Die zugehörige Matrix ist vom Range $n-1$, da die Hauptunterdeterminante D_{n-1} von Null verschieden ist.

Es sei nun $\mathfrak{z}$ ein nicht verschwindender Lösungsvektor der Gleichung

$$\boldsymbol{b}\,\bar{\mathfrak{z}} = 0$$

Dann gilt für jedes λ:

$$(\mathfrak{x}' + \lambda\,\mathfrak{z}')\,\boldsymbol{b}\,(\bar{\mathfrak{x}} + \bar{\lambda}\,\bar{\mathfrak{z}}) = \mathfrak{x}'\,\boldsymbol{b}\,\bar{\mathfrak{x}} + \lambda\,\mathfrak{z}'\,\boldsymbol{b}\,\bar{\mathfrak{x}} + \bar{\lambda}\,\mathfrak{x}'\,\boldsymbol{b}\,\bar{\mathfrak{z}} + \lambda\,\bar{\lambda}\,\mathfrak{z}'\,\boldsymbol{b}\,\bar{\mathfrak{z}},$$

und hierin verschwinden die beiden letzten Glieder, aber auch das zweite Glied, weil $\mathfrak{z}'\,\boldsymbol{b} = \mathfrak{z}'\,\overline{\boldsymbol{b}'} = (\overline{\boldsymbol{b}\,\bar{\mathfrak{z}}})' = 0$ ist, so daß

$$(\mathfrak{x}' + \lambda\,\mathfrak{z}')\,\boldsymbol{b}\,(\bar{\mathfrak{x}} + \bar{\lambda}\,\bar{\mathfrak{z}}) = \mathfrak{x}'\,\boldsymbol{b}\,\bar{\mathfrak{x}}$$

stehen bleibt. In dem Vektor $\mathfrak{z}$ ist die letzte Komponente $\neq 0$, weil sonst $\boldsymbol{a}\,\bar{\mathfrak{z}} = 0$ eine nichtverschwindende Lösung besitzen würde, was nicht möglich ist, da die Voraussetzung des Höchstranges das Vorhandensein des Eigenwertes Null ausschließt. Wir können daher durch Multiplikation mit einem konstanten Faktor dafür sorgen, daß die letzte Komponente von $\mathfrak{z}$ gleich 1 ist. Setzen wir nun $\lambda = -x_n$, so erhalten wir

$$\mathfrak{x}'\,\boldsymbol{b}\,\bar{\mathfrak{x}} = \sum_{\alpha,\beta=1}^{n-1} a_{\alpha\beta}(x_\alpha - x_n\,c_\alpha)\,\overline{(x_\beta - x_n\,c_\beta)}\,.$$

falls $c_1, \ldots, c_{n-1}, 1$ die Komponenten von $\mathfrak{z}$ sind. Führen wir nun neue Variable ein vermöge der Transformation:

$$x'_\alpha = x_\alpha - c_\alpha\,x_n \qquad (\alpha = 1, 2, \ldots, n-1)$$
$$x'_n = x_n$$

so wird:

$$\mathfrak{x}'\,\boldsymbol{a}\,\bar{\mathfrak{x}} = \sum_{\alpha,\beta=1}^{n-1} a_{\alpha\beta}\,x'_\alpha\,\bar{x}'_\beta + \frac{D_n}{D_{n-1}}\,|x'_n|^2.$$

Die hierin auftretende Form von $n-1$ Variablen hat dieselben Koeffizienten, die auch in der ursprünglichen Matrix auftraten, so daß jetzt die Schlußweise fortgesetzt werden kann und schließlich zu der Darstellung führt:

$$\mathfrak{x}'\,\boldsymbol{a}\,\bar{\mathfrak{x}} = \sum_{\alpha,\beta=1}^{n} a_{\alpha\beta}\,x_\alpha\,\bar{x}_\beta = D_1\,|z_1|^2 + \frac{D_2}{D_1}\,|z_2|^2 + \cdots + \frac{D_n}{D_{n-1}}\,|z_n|^2.$$

Wir haben hierin eine *anderweitige Transformation der Hermiteschen Form auf eine Summe von Quadraten gefunden*, die stets möglich ist, wenn alle Abschnittsdeterminanten ungleich Null sind, und in der die neuen Variablen durch eine

i. a. nichtunitäre, jedenfalls aber umkehrbare lineare Transformation aus den ursprünglichen Variablen hervorgehen. Wenn die Form nun definit positiv sein soll, so sieht man, daß notwendig alle Abschnittsdeterminanten positiv sein müssen. Ist dies umgekehrt der Fall, so sind alle Werte der Form positiv und nur Null, wenn $\mathfrak{x} = 0$ ist. Damit ist aber der Satz bewiesen.

Ist eine Hermitesche Form eigentlich definit negativ, so ist die negativ genommene Form eigentlich definit positiv. Daraus folgt, *daß eine Hermitesche Form dann und nur dann eigentlich definit negativ ist, wenn ihre Abschnittsdeterminanten abwechselnd positiv und negativ sind, und zwar muß* $D_1 < 0, D_2 > 0, \ldots$ *sein.*

Selbstverständlich gelten die beiden Aussagen auch in dem Spezialfall reeller quadratischer Formen.

Wir können noch eine allgemeinere Aussage gewinnen, wenn wir die beiden Darstellungen:

$$\mathfrak{x}' \boldsymbol{a} \bar{\mathfrak{x}} = \sum_{\alpha=1}^{n} \lambda_\alpha |y_\alpha|^2 = D_1 |z_1|^2 + \frac{D_2}{D_1} |z_2|^2 + \cdots + \frac{D_n}{D_{n-1}} |z_n|^2$$

miteinander vergleichen. Nehmen wir an, daß die Anzahl der positiven unter den Eigenwerten gleich p sei, während rechts etwa p' Glieder mit positiven Koeffizienten auftreten mögen. Wäre etwa $p > p'$, so setzen wir die $n - p$ Werte y_α, die mit negativen Eigenwerten vorkommen, gleich Null, und ebenso die p' Werte z_β, die mit positiven Koeffizienten auftreten. Diese Bedingungen bilden zusammen weniger als n lineare Gleichungen für die ursprünglichen Variablen $x_1, x_2, \ldots, x_n$, die also jedenfalls durch ein nicht verschwindendes Wertsystem dieser Variablen befriedigt werden können. Für dieses Wertsystem muß aber der Wert der Form selbst gleich Null sein, weil er nach der einen Darstellung $\geqq 0$, nach der andern $\leqq 0$ ist. Dies ist aber ein Widerspruch, denn nun sind ja notwendig alle $y_\alpha = 0$, also auch alle $x_\alpha = 0$. Daher ist also $p \leqq p'$. Dieselbe Schlußweise können wir aber auch in umgekehrtem Sinne anwenden und finden dann $p' \leqq p$. Also ist in Wirklichkeit $p = p'$.

Dieser Satz, der also besagt, daß in jeder wie auch immer gearteten Darstellung einer Hermiteschen Form durch eine Summe von Absolutquadraten linear unabhängiger Linearformen die Anzahl der positiven Glieder gleich der Anzahl der positiven Eigenwerte, folglich auch, falls der Höchstrang n vorausgesetzt wird, die Anzahl der negativen Glieder gleich der Anzahl der negativen Eigenwerte sein muß, wird als *Trägheitsgesetz der Hermiteschen Formen bezeichnet.* Es kann auch auf den Fall eines Ranges $r < n$ ausgedehnt werden.

Wir begnügen uns mit der folgenden Formulierung:

XXIII. *Die Eigenwerte einer Hermiteschen Matrix sind dann und nur dann sämtlich positiv, wenn alle Abschnittsdeterminanten positiv sind. Sie sind dann und nur dann sämtlich negativ, wenn die Abschnittsdeterminanten* $D_1, D_2, \ldots, D_n$ *den Bedingungen* $D_1 < 0$, $D_2 > 0$, $D_3 < 0$ *usw. genügen.*

Das Beachtliche an diesem Satze ist, daß wir die algebraische Gleichung, um deren Wurzeln es sich handelt, nämlich die Gleichung

$$\operatorname{Det}(\boldsymbol{a} - \lambda \boldsymbol{e}) = 0$$

selbst gar nicht explizit zu berechnen brauchen, sondern aus den Koeffizienten der gegebenen Matrix sofort entscheiden können, ob die Wurzeln sämtlich positiv oder sämtlich negativ sind, was für gewisse Anwendungen bei mechanischen oder elektrischen Schwingungen von Nutzen ist, zumal die numerische Berechnung der charakteristischen Determinante i. a. eine zeitraubende und umständliche Angelegenheit zu sein pflegt.

Zur Erläuterung untersuchen wir die *freien Schwingungen eines elektrischen Netzes.* Wir erhalten dafür dieselben Gleichungen wie im zweiten Vortrag mit dem einzigen Unterschied, daß die rechten Seiten keine eingeprägten Spannungen enthalten, sondern Null:

$$\left(L_{11}\frac{d}{dt} + R_{11} + \frac{1}{C_{11}}\int dt\right) I_1 + \cdots + \left(L_{1n}\frac{d}{dt} + R_{1n} + \frac{1}{C_{1n}}\int dt\right) I_n = 0$$
$$\cdots\cdots\cdots\cdots\cdots\cdots\cdots\cdots$$
$$\left(L_{n1}\frac{d}{dt} + R_{n1} + \frac{1}{C_{n1}}\int dt\right) I_1 + \cdots + \left(L_{nn}\frac{d}{dt} + R_{nn} + \frac{1}{C_{nn}}\int dt\right) I_n = 0 .$$

Führt man wieder den Exponentialansatz für die Ladungen $Q_\alpha(t) = Q_\alpha\, e^{\lambda t}$, also für die Ströme $I_\alpha(t) = Q_\alpha \cdot \lambda \cdot e^{\lambda t}$ ein, so erhält man die Gleichungen:

$$\left(L_{11}\,\lambda^2 + \lambda\, R_{11} + \frac{1}{C_{11}}\right) Q_1 + \cdots + \left(\lambda^2\, L_{1n} + \lambda\, R_{1n} + \frac{1}{C_{1n}}\right) Q_n = 0$$
$$\cdots\cdots\cdots\cdots\cdots\cdots\cdots\cdots$$
$$\left(\lambda^2\, L_{n1} + \lambda\, R_{n1} + \frac{1}{C_{n1}}\right) Q_1 + \cdots + \left(\lambda^2\, L_{nn} + \lambda\, R_{nn} + \frac{1}{C_{nn}}\right) O_n = 0 ,$$

und hierin muß nun wegen der Homogenität die Determinante der Koeffizienten verschwinden. Diese Bedingung dient zur Bestimmung der auftretenden Frequenzen.

Wir machen nun die zusätzliche Annahme, daß die Ohmschen Widerstände sämtlich vernachlässigbar klein sein mögen. Dann erhalten wir nach Multiplikation mit $1/\lambda^2$:

$$\sum_{\beta=1}^{n}\left(L_{\alpha\beta} + \frac{1}{\lambda^2\, C_{\alpha\beta}}\right) Q_\beta = 0 \qquad (\alpha = 1, \ldots, n) .$$

Nun hat die Matrix

$$\boldsymbol{d} = \left(\frac{1}{C_{\alpha\beta}}\right)$$

aus pysikalischen Gründen i. a. eine nicht verschwindende Determinante. Da die zugehörige Form $\frac{1}{2}\Sigma\frac{1}{C_{\alpha\beta}} Q_\alpha\, Q_\beta$ nämlich die elektrische Energie darstellt, so ist sie normalerweise stets positiv, solange nicht alle $Q_\alpha = 0$ sind. Die Matrix ist also eigentlich definit positiv, und übrigens reell symmetrisch. Dasselbe gilt von der Matrix $\boldsymbol{l} = (L_{\alpha\beta})$ aus ähnlichen physikalischen Gründen. Da ferner die Reziproke $\boldsymbol{d}^{-1}$ vorhanden ist, so können wir die Gleichungen in der Form

$$\left(\boldsymbol{d}^{-1}\,\boldsymbol{l} + \frac{1}{\lambda^2}\boldsymbol{e}\right)\mathfrak{x} = 0$$

schreiben, wobei $\mathfrak{x}$ den Vektor $Q_1, \ldots, Q_n$ bedeutet. Setzen wir noch $\boldsymbol{d}^{-1}\,\boldsymbol{l} = \boldsymbol{a}$ und $\frac{1}{\lambda^2} = -\mu$, so entsteht die Gleichung

$$(\boldsymbol{a} - \mu\,\boldsymbol{e})\,\mathfrak{x} = 0 ,$$

und man sieht, daß es auf die Eigenwerte und Eigenvektoren von $\boldsymbol{a}$ bei dieser Frage ankommt.

Auf Grund unserer bisherigen Sätze über Hermitesche Formen läßt sich darüber nur dann etwas aussagen, wenn das Produkt $\boldsymbol{a} = \boldsymbol{d}^{-1}\,\boldsymbol{l}$ der beiden reell symmetrischen Matrizen wieder reell symmetrisch ist. Dies braucht aber i. a. nicht der Fall zu sein, wie etwa das Beispiel

$$\begin{pmatrix} 0 & 1 \\ 1 & 0 \end{pmatrix}\begin{pmatrix} 2 & 0 \\ 0 & 3 \end{pmatrix} = \begin{pmatrix} 0 & 3 \\ 2 & 0 \end{pmatrix}$$

erkennen läßt. Wir werden aber mit einer leichten Verallgemeinerung zum Ziele kommen.

Zunächst beachten wir, daß auch $\boldsymbol{d}^{-1}$ eigentlich definit positiv ist. In der Tat kann man leicht zeigen, daß für jede Hermitesche Matrix die Aussage gilt, daß ihre Reziproke die reziproken Werte der Eigenwerte zu Eigenwerten besitzt. Dies ist selbstverständlich für Diagonalmatrizen und folgt für Hermitesche Matrizen auf Grund des Hauptachsentheorems unmittelbar. Da nun $\boldsymbol{d}$ lauter positive Eigenwerte besitzt, gilt dasselbe auch von $\boldsymbol{d}^{-1}$. Es gibt also jedenfalls eine unitäre (in Wirklichkeit wegen der reellen Koeffizienten sogar eine orthogonale Matrix, wir formulieren aber die Aussage gleich wieder für Hermitesche Matrizen) Matrix $\boldsymbol{u}$, so daß

$$\boldsymbol{u}'\,\boldsymbol{d}^{-1}\,\overline{\boldsymbol{u}} = \boldsymbol{d}_0$$

eine positive Diagonalmatrix ist. Diese können wir nun in der Gestalt

$$\boldsymbol{d}_0 = \delta_0^2,$$

worin δ_0 eine reelle Diagonalmatrix ist, schreiben. Dann folgt aus

$$\boldsymbol{d}^{-1} = \overline{\boldsymbol{u}}\,\boldsymbol{d}_0\,\boldsymbol{u}' = \overline{\boldsymbol{u}}\,\delta_0^2\,\boldsymbol{u}'$$

die Gleichung

$$(\boldsymbol{d}^{-1}\,\boldsymbol{l} - \mu\,\boldsymbol{e})\,\mathfrak{x} = (\overline{\boldsymbol{u}}\,\delta_0^2\,\boldsymbol{u}'\,\boldsymbol{l} - \mu\,\boldsymbol{e})\,\mathfrak{x} = 0$$

und nach vorderer Multiplikation mit $\delta_0^{-1}\,\boldsymbol{u}'$:

$$(\delta_0\,\boldsymbol{u}'\,\boldsymbol{l}\,\overline{\boldsymbol{u}}\,\delta_0 - \mu\,\boldsymbol{e})\,\delta_0^{-1}\,\boldsymbol{u}'\,\mathfrak{x} = 0\,.$$

Daher ist $\delta_0^{-1}\,\boldsymbol{u}'\,\mathfrak{x} = \mathfrak{y}$ ein Eigenvektor und μ ein Eigenwert von $\delta_0\,\boldsymbol{u}'\,\boldsymbol{l}\,\overline{\boldsymbol{u}}\,\delta_0$. Umgekehrt liefert jeder Eigenwert μ dieser Matrix mit dem zugehörigen Eigenvektor $\mathfrak{y}$ den Eigenwert μ und den Eigenvektor $\mathfrak{x} = \overline{\boldsymbol{u}}\,\delta_0\,\mathfrak{y}$ für $\boldsymbol{a} = \boldsymbol{d}^{-1}\,\boldsymbol{l}$. Die Matrix $\delta_0\,\boldsymbol{u}'\,\boldsymbol{l}\,\overline{\boldsymbol{u}}\,\delta_0$ ist aber eine Hermitesche Matrix, weil

$$\overline{(\delta_0\,\boldsymbol{u}'\,\boldsymbol{l}\,\overline{\boldsymbol{u}}\,\delta_0)'} = \delta_0\,\boldsymbol{u}'\,\overline{\boldsymbol{l}}'\,\overline{\boldsymbol{u}}\,\delta_0 = \delta_0\,\boldsymbol{u}'\,\boldsymbol{l}\,\overline{\boldsymbol{u}}\,\delta_0$$

ist. Ihre Eigenwerte, d. h. also die Eigenwerte von $\boldsymbol{a} = \boldsymbol{d}^{-1}\,\boldsymbol{l}$ sind daher zunächst sämtlich reell. Sie sind aber in Wirklichkeit sogar alle positiv. Denn die Abschnittsdeterminanten von $\delta_0\,\boldsymbol{u}'\,\boldsymbol{l}\,\overline{\boldsymbol{u}}\,\delta_0$ unterscheiden sich von denen von $\boldsymbol{u}'\,\boldsymbol{l}\,\overline{\boldsymbol{u}}$ lediglich um einen positiven Faktor. Sind nämlich $\delta_1, \ldots, \delta_n$ die Diagonalelemente von δ_0, $a_{\alpha\beta}$ die Elemente von $\boldsymbol{u}'\,\boldsymbol{l}\,\overline{\boldsymbol{u}}$, so sind $\delta_\alpha\,a_{\alpha\beta}\,\delta_\beta$ die Elemente von $\delta_0\,\boldsymbol{u}'\,\boldsymbol{l}\,\overline{\boldsymbol{u}}\,\delta_0$, woraus die Behauptung unmittelbar folgt, da in jeder Hauptunterdeterminante der Ordnung m von $\delta_0\,\boldsymbol{u}'\,\boldsymbol{l}\,\overline{\boldsymbol{u}}\,\delta_0$ lediglich der Faktor $\delta_{\alpha_1}^2, \ldots, \delta_{\alpha_m}^2$ gegenüber der entsprechenden Hauptunterdeterminante von $\boldsymbol{u}'\,\boldsymbol{l}\,\overline{\boldsymbol{u}}$ hinzukommt. Da aber $\boldsymbol{l}$ und daher auch $\boldsymbol{u}'\,\boldsymbol{l}\,\overline{\boldsymbol{u}}$ eine eigentlich definit positive Hermitesche Matrix ist, so sind ihre Abschnittsdeterminanten nach XXII. sämtlich positiv. Dies gilt daher auch für die Abschnittsdeterminanten von $\delta_0\,\boldsymbol{u}'\,\boldsymbol{l}\,\overline{\boldsymbol{u}}\,\delta_0$, deren Eigenwerte also nach demselben Satze ebenfalls sämtlich positiv sind. Daher hat auch $\boldsymbol{a} = \boldsymbol{d}^{-1}\,\boldsymbol{l}$ lauter positive Eigenwerte. Wir haben damit den folgenden Satz bewiesen:

XXIV. *Das Produkt zweier eigentlich positiv definiten Hermiteschen Matrizen besitzt lauter positive Eigenwerte.*

Man nennt eine Matrix, die als Produkt einer eigentlich positiv definiten Hermiteschen Matrix und einer beliebigen Hermiteschen Matrix darstellbar ist, *symmetrisierbar*. Unser Beweis zeigt, daß wir in Wirklichkeit einen Satz über gewisse symmetrisierbare Matrizen bewiesen haben; wir kommen darauf später nochmals zurück.

Auf unser Problem angewandt bedeutet Satz XXIV., daß die Werte μ alle positiv, die zugehörigen Werte λ daher rein imaginär sind. *Es ergeben sich somit unter unsern Voraussetzungen ungedämpfte Schwingungen.*

Auch in zahlreichen mechanischen Schwingungsaufgaben treten analoge Eigenwertprobleme auf. Häufig ist dabei die Frage von Wichtigkeit, ob die entstehenden freien Schwingungen zeitlich abklingende Amplituden haben oder nicht. Bevor wir dieser Frage (im nächsten Vortrag) allgemein nachgehen, wollen wir im folgenden eine wichtige Verallgemeinerung der Hermiteschen Matrizen kennenlernen, für die ebenfalls eine unitäre Hauptachsentransformation möglich ist, die sog. normalen Matrizen.

Eine Matrix $\boldsymbol{a}$ *heißt normal, wenn ihre vordere mit ihrer hinteren Norm übereinstimmt:*

$$\boldsymbol{a}\,\bar{\boldsymbol{a}}' = \bar{\boldsymbol{a}}'\,\boldsymbol{a}\,.$$

Bei Hermiteschen Matrizen ist dies offenbar erfüllt, da $\boldsymbol{a} = \bar{\boldsymbol{a}}'$ ist. Es gilt aber auch bei unitären Matrizen, für die ja $\bar{\boldsymbol{a}}' = \boldsymbol{a}^{-1}$ ist. Die normalen Matrizen stellen also eine diese beiden Klassen umfassende Klasse von Matrizen dar.

Zunächst sei $\boldsymbol{a}$ eine ganz beliebige Matrix mit den Eigenwerten $\lambda_1, \lambda_2, \ldots, \lambda_n$. Dann gibt es wie früher einen Eigenvektor $\mathfrak{x}_1$, so daß

$$\boldsymbol{a}\,\mathfrak{x}_1 = \lambda_1\,\mathfrak{x}_1$$

ist. $\mathfrak{x}_1$ kann als normiert vorausgesetzt werden. Wir bilden nun genau wie früher die unitäre Transformationsmatrix

$$\boldsymbol{c}_1 = \begin{pmatrix} \bar{\mathfrak{x}}_1 & \bar{\mathfrak{x}}_2 & & \bar{\mathfrak{x}}_n \\ | & | & \cdots & | \\ | & | & & | \end{pmatrix},$$

in der $\mathfrak{x}_2, \ldots, \mathfrak{x}_n$ irgend ein orthogonales Ergänzungssystem zu $\mathfrak{x}_1$ bedeutet. Dann ist wegen $\bar{\mathfrak{x}}_k'\,\boldsymbol{a}\,\mathfrak{x}_1 = \bar{\mathfrak{x}}_k'\,\lambda_1\,\mathfrak{x}_1 = \lambda_1\,\delta_{k1}$:

$$\boldsymbol{c}_1'\,\boldsymbol{a}\,\bar{\boldsymbol{c}}_1 = \begin{pmatrix} \bar{\mathfrak{x}}_1' \text{———} \\ \bar{\mathfrak{x}}_2' \text{———} \\ \cdots\cdots \\ \bar{\mathfrak{x}}_n' \text{———} \end{pmatrix} \begin{pmatrix} \boldsymbol{a}\,\mathfrak{x}_1 & \boldsymbol{a}\,\mathfrak{x}_2 & . & \boldsymbol{a}\,\mathfrak{x}_n \\ | & | & \cdots & \\ | & | & & \end{pmatrix} = \begin{pmatrix} \lambda_1 & \cdots \\ 0 & \\ \vdots & \boldsymbol{a}_1 \\ 0 & \end{pmatrix},$$

so daß in der ersten Spalte abgesehen vom ersten Element Nullen stehen, während die Elemente der ersten Zeile i. allg. von Null verschieden sind, und die $(n-1)$-reihige Matrix $\boldsymbol{a}_1$ genau die Eigenwerte $\lambda_2, \ldots, \lambda_n$ besitzt. Das Verfahren kann jetzt bezüglich $\boldsymbol{a}_1$ mit dem zweiten Eigenwert λ_2 entsprechend fortgesetzt werden; die dabei auftretende $(n-1)$-reihige Transformationsmatrix ergänzen wir zu einer n-reihigen unitären Matrix durch eine aus Nullen bestehende erste Zeile und Spalte, in der nur das Diagonalelement gleich 1 gesetzt wird. Nennt man diese Matrix $\boldsymbol{c}_2$, so findet sich

$$\boldsymbol{c}_2'\,\boldsymbol{c}_1'\,\boldsymbol{a}\,\bar{\boldsymbol{c}}_1\,\bar{\boldsymbol{c}}_2 = \begin{pmatrix} \lambda_1 & & \cdots & \\ 0 & \lambda_2 & \cdots & \\ 0 & 0 & & \\ & & \cdots & \boldsymbol{a}_2 \\ 0 & 0 & & \end{pmatrix}.$$

Dasselbe Verfahren wenden wir nun auf $\boldsymbol{a}_2$ an und so fort. Nennen wir das Produkt der auftretenden Transformationsmatrizen, das selbst wieder unitär ist, $\boldsymbol{c}$, so entsteht im ganzen:

$$\boldsymbol{c}' \, a \, \bar{\boldsymbol{c}} = \begin{pmatrix} \lambda_1 & \cdots & & \\ 0 & \lambda_2 & \cdots & \\ \cdot & \cdot & \cdot & \cdot \\ 0 & \cdots & 0 & \lambda_n \end{pmatrix}.$$

XXV. *Jede Matrix* $\boldsymbol{a}$ *läßt sich durch eine unitäre Transformation* $\mathbf{c}$ *auf eine „kanonische Normalform" der Gestalt bringen:*

$$\boldsymbol{c}' \, \boldsymbol{a} \, \bar{\boldsymbol{c}} = \begin{pmatrix} \lambda_1 & \cdots & & \\ 0 & \lambda_2 & \cdots & \\ \cdot & \cdot & \cdot & \cdot \\ 0 & \cdots & 0 & \lambda_n \end{pmatrix},$$

bei der in der Hauptdiagonale die Eigenwerte, unterhalb Nullen und oberhalb i. allg. von Null verschiedene Elemente stehen.

Zwei Matrizen $\boldsymbol{a}$ und $\boldsymbol{b}$, die vermöge einer unitären Transformation $\boldsymbol{c}$ in der Beziehung $\boldsymbol{b} = \boldsymbol{c}' \, \boldsymbol{a} \, \bar{\boldsymbol{c}}$ stehen, heißen *unitäräquivalent.* Wegen $\boldsymbol{a} = \bar{\boldsymbol{c}} \, \boldsymbol{b} \, \boldsymbol{c}'$, und weil auch $\bar{\boldsymbol{c}}'$ unitär ist, ist sowohl $\boldsymbol{a}$ zu $\boldsymbol{b}$, als auch umgekehrt $\boldsymbol{b}$ zu $\boldsymbol{a}$ unitäräquivalent. Sind zwei Matrizen zu einer dritten unitäräquivalent, so sind sie auch untereinander unitäräquivalent.

Es sei jetzt insbesondere $\boldsymbol{a}$ normal, also $\boldsymbol{a} \, \bar{\boldsymbol{a}}' = \bar{\boldsymbol{a}}' \, \boldsymbol{a}$. Dann ist jedes zu $\boldsymbol{a}$ unitäräquivalente $\boldsymbol{b} = \boldsymbol{c}' \, \boldsymbol{a} \, \bar{\boldsymbol{c}}$ ebenfalls normal, weil

$$\boldsymbol{b} \, \bar{\boldsymbol{b}}' = \boldsymbol{c}' \, \boldsymbol{a} \, \bar{\boldsymbol{c}} \, \boldsymbol{c}' \, \bar{\boldsymbol{a}}' \, \bar{\boldsymbol{c}} = \boldsymbol{c}' \, \boldsymbol{a} \, \bar{\boldsymbol{a}}' \, \bar{\boldsymbol{c}} = \boldsymbol{c}' \, \bar{\boldsymbol{a}}' \, \boldsymbol{a} \, \bar{\boldsymbol{c}} = \boldsymbol{c}' \, \bar{\boldsymbol{a}}' \, \bar{\boldsymbol{c}} \, \boldsymbol{c}' \, \boldsymbol{a} \, \bar{\boldsymbol{c}} = \bar{\boldsymbol{b}}' \, \boldsymbol{b}$$

gilt. Die Eigenschaft, normal zu sein, ist also gegenüber unitären Transformationen invariant. Für die Elemente $b_{\alpha\beta}$ einer normalen Matrix $\boldsymbol{b}$ gilt:

$$\sum_{\gamma=1}^{n} b_{\alpha\gamma} \, \bar{b}_{\beta\gamma} = \sum_{\gamma=1}^{n} \bar{b}_{\gamma\alpha} \, b_{\gamma\beta}.$$

Nun sei $\boldsymbol{b}$ insbesondere eine kanonische Normalform, also $b_{\gamma\beta} = 0$ für $\gamma > \beta$. Dann findet man für $\alpha = \beta$:

$$\sum_{\gamma=\alpha}^{n} |b_{\alpha\gamma}|^2 = \sum_{\gamma=1}^{n} |b_{\gamma\alpha}|^2 \qquad (\alpha = 1, 2, \ldots, n)\,.$$

Setzt man $\alpha = 1$, so ergibt sich $\sum_{\gamma=1}^{n} |b_{1\gamma}|^2 = |b_{11}|^2$, also $\sum_{\gamma=2}^{n} |b_{1\gamma}|^2 = 0$, und daher $b_{1\gamma} = 0$ $(\gamma = 2, \ldots, n)$. Für $\alpha \geq 2$ ist daher:

$$\sum_{\gamma=\alpha}^{n} |b_{\alpha\gamma}|^2 = \sum_{\gamma=2}^{n} |b_{\gamma\alpha}|^2 \qquad (\alpha = 2, \ldots, n)$$

und damit für $\alpha = 2$:

$$\sum_{\gamma=2}^{n} |b_{2\gamma}|^2 = |b_{22}|^2$$

d. h. $\sum_{\gamma=3}^{n} |b_{2\gamma}|^2 = 0$, also $b_{2\gamma} = 0$ $(\gamma = 3, \ldots, n)$. Fährt man in dieser Weise fort, so sieht man der Reihe nach, daß alle Elemente oberhalb der Diagonale in der ersten, zweiten, dritten Zeile usw. verschwinden, so daß die kanonische Normalform in diesem Falle eine Diagonalmatrix wird.

XXVI. *Jede normale Matrix* $\boldsymbol{a}$, *für die also* $\boldsymbol{a}\,\bar{\boldsymbol{a}}' = \bar{\boldsymbol{a}}'\,\boldsymbol{a}$ *ist, läßt sich durch eine unitäre Transformation auf eine Diagonalmatrix*

$$\boldsymbol{c}'\,\boldsymbol{a}\,\bar{\boldsymbol{c}} = \begin{pmatrix} \lambda_1 & 0 & \cdots & 0 \\ 0 & \lambda_2 & \cdots & 0 \\ \cdot & \cdot & \cdot & \cdot \\ 0 & 0 & \cdots & \lambda_n \end{pmatrix}$$

transformieren, bei der in der Hauptdiagonale die Eigenwerte stehen.

Dieser Satz stellt die weitestgehende Verallgemeinerung der unitären Hauptachsentransformation dar, die bei n-reihigen Matrizen möglich ist. Denn man sieht umgekehrt sofort ein, daß jede Matrix, die unitär auf eine Diagonalform transformiert werden kann, notwendig normal sein muß, weil jede Diagonalmatrix von selbst normal ist und diese Eigenschaft durch unitäre Transformationen, wie wir gesehen haben, nicht zerstört wird.

Eine wichtige Konsequenz von Satz XXVI. ist die folgende: Für die Diagonalmatrix aus den Eigenwerten, die wir mit $\boldsymbol{b}$ bezeichnen, gilt, daß die Gleichung

$$(\boldsymbol{b} - \lambda\,\boldsymbol{e})\,\mathfrak{y} = 0$$

für jeden der n Werte $\lambda_1, \ldots, \lambda_n$ (die auch z. T. einander gleich, übrigens auch beliebig komplex sein können), je einen Lösungsvektor besitzt, nämlich die Vektoren $\mathfrak{e}_1, \ldots, \mathfrak{e}_n$, die ein vollständiges Orthogonalsystem von n linear unabhängigen und normierten Vektoren bilden. Dann sind aber auch für die Gleichung

$$(\boldsymbol{a} - \lambda\,\boldsymbol{e})\,\mathfrak{x} = 0$$

n linear unabhängige, orthogonale und normierte Lösungen vorhanden, nämlich die Vektoren $\mathfrak{x}_1 = \bar{\boldsymbol{c}}\,\mathfrak{e}_1, \ldots, \mathfrak{x}_n = \bar{\boldsymbol{c}}\,\mathfrak{e}_n$.

Denn aus $\boldsymbol{a} = \bar{\boldsymbol{c}}\,\boldsymbol{b}\,\boldsymbol{c}'$ folgt

$$\bar{\boldsymbol{c}}\,(\boldsymbol{b} - \lambda\,\boldsymbol{e})\,\boldsymbol{c}'\,\mathfrak{x} = 0\,, \quad (\boldsymbol{b} - \lambda\,\boldsymbol{e})\,\boldsymbol{c}'\,\mathfrak{x} = 0\,, \quad \boldsymbol{c}'\,\mathfrak{x} = \mathfrak{y}\,, \quad \mathfrak{x} = \bar{\boldsymbol{c}}\,\mathfrak{y}\,.$$

Umgekehrt ist jede Matrix normal, welche die Eigenschaft besitzt, daß die Gleichung

$$(\boldsymbol{a} - \lambda\,\boldsymbol{e})\,\mathfrak{x} = 0$$

für geeignete Werte $\lambda_1, \ldots, \lambda_n$ n linear unabhängige, orthogonale und normierte Lösungsvektoren $\mathfrak{x}_1, \ldots, \mathfrak{x}_n$ hat. Denn man findet dann mit

$$\boldsymbol{c} = \begin{pmatrix} \bar{\mathfrak{x}}_1 & \bar{\mathfrak{x}}_2 & & \bar{\mathfrak{x}}_n \\ | & | & \cdots & | \end{pmatrix}$$

unmittelbar

$$\boldsymbol{c}'\,\boldsymbol{a}\,\bar{\boldsymbol{c}} = \begin{pmatrix} \lambda_1 & 0 & \cdots & 0 \\ 0 & \lambda_2 & \cdots & 0 \\ \cdot & \cdot & \cdot & \cdot \\ 0 & & \cdots & \lambda_n \end{pmatrix},$$

also eine unitäre Transformation auf eine Diagonalform, womit bewiesen ist, daß $\boldsymbol{a}$ normal ist.

Für die hiermit charakterisierte spezielle Klasse von Matrizen (nicht jede Matrix ist normal, z. B. $\begin{pmatrix} 0 & 1 \\ 0 & 0 \end{pmatrix}$ ist es nicht, weil

$$\begin{pmatrix} 0 & 1 \\ 0 & 0 \end{pmatrix}\begin{pmatrix} 0 & 0 \\ 1 & 0 \end{pmatrix} = \begin{pmatrix} 1 & 0 \\ 0 & 0 \end{pmatrix} \neq \begin{pmatrix} 0 & 0 \\ 1 & 0 \end{pmatrix}\begin{pmatrix} 0 & 1 \\ 0 & 0 \end{pmatrix} = \begin{pmatrix} 0 & 0 \\ 0 & 1 \end{pmatrix}$$

ist) läßt sich analog zu den Hermiteschen Matrizen die Frage des Stabilitätsproblems, ob die Eigenwerte sämtlich negativen Realteil haben, ohne explizite Ausrechnung der charakteristischen Gleichung und der Eigenwerte selbst mit Hilfe des Kriteriums der Abschnittsdeterminanten beantworten, nämlich folgendermaßen:

Nehmen wir an, daß $\boldsymbol{a}$ normal ist, und daß seine Eigenwerte sämtlich negative Realteile haben. Da die Gleichungen

$$\boldsymbol{a}\,\mathfrak{x} = \lambda_\alpha\,\mathfrak{x} \qquad (\alpha = 1, 2, \ldots, n)$$

unter unserer Annahme n linear unabhängige, orthogonale und normierte Lösungsvektoren $\mathfrak{x}_1, \ldots, \mathfrak{x}_n$ besitzen, so hat die Form $\bar{\mathfrak{x}}_\alpha' \boldsymbol{a}\,\mathfrak{x}_\alpha = \lambda_\alpha$ für jedes $\alpha = 1, 2, \ldots, n$ negativen Realteil, ebenso der konjugiert komplexe Wert $\bar{\mathfrak{x}}_\alpha' \bar{\boldsymbol{a}}'\,\mathfrak{x}_\alpha = \bar{\lambda}_\alpha$, folglich ist die Summe $\bar{\mathfrak{x}}_\alpha' (\boldsymbol{a} + \bar{\boldsymbol{a}}')\,\mathfrak{x}_\alpha = \lambda_\alpha + \bar{\lambda}_\alpha$ negativ reell. Die Hermitesche Form mit der Matrix $\boldsymbol{a} + \bar{\boldsymbol{a}}'$ hat daher für n linear unabhängige orthogonale und normierte Vektoren $\mathfrak{x}_1, \ldots, \mathfrak{x}_n$ negativ reelle Werte. Ist jetzt $\mathfrak{x} = \sum_{\alpha=1}^{n} x_\alpha\,\mathfrak{x}_\alpha$ ein beliebiger Vektor, so ist

$$\begin{aligned}
\bar{\mathfrak{x}}'(\boldsymbol{a} + \bar{\boldsymbol{a}}')\,\mathfrak{x} &= \sum_{\alpha=1}^{n} \bar{x}_\alpha\,\bar{\mathfrak{x}}_\alpha'(\boldsymbol{a} + \bar{\boldsymbol{a}}') \sum_{\beta=1}^{n} x_\beta\,\mathfrak{x}_\beta \\
&= \sum_{\alpha=1}^{n} |x_\alpha|^2\,\bar{\mathfrak{x}}_\alpha'(\boldsymbol{a} + \bar{\boldsymbol{a}}')\,\mathfrak{x}_\alpha + \sum_{\alpha\neq\beta} \bar{x}_\alpha\,x_\beta\,\bar{\mathfrak{x}}_\alpha'(\boldsymbol{a} + \bar{\boldsymbol{a}}')\,\mathfrak{x}_\beta \\
&= \sum_{\alpha=1}^{n} |x_\alpha|^2\,\bar{\mathfrak{x}}_\alpha'(\boldsymbol{a} + \bar{\boldsymbol{a}}')\,\mathfrak{x}_\alpha + \sum_{\alpha\neq\beta} \bar{x}_\alpha\,x_\beta\,\bar{\mathfrak{x}}_\alpha'\,\lambda_\beta\,\mathfrak{x}_\beta + \sum_{\alpha\neq\beta} \bar{x}_\alpha\,x_\beta\,\bar{\lambda}_\alpha\,\bar{\mathfrak{x}}_\alpha'\,\mathfrak{x}_\beta
\end{aligned}$$

und wegen der Orthogonalität

$$= \sum_{\alpha=1}^{n} |x_\alpha|^2\,\bar{\mathfrak{x}}_\alpha'(\boldsymbol{a} + \bar{\boldsymbol{a}}')\,\mathfrak{x}_\alpha = \sum_{\alpha=1}^{n} (\lambda_\alpha + \bar{\lambda}_\alpha)\,|x_\alpha|^2 < 0\,,$$

und nur $= 0$ für $x_\alpha = 0$. *Die Form ist also eigentlich definit negativ.* Ist umgekehrt für eine normale Matrix $\boldsymbol{a}$ die Hermitesche Form $\bar{\mathfrak{x}}'(\boldsymbol{a} + \bar{\boldsymbol{a}}')\,\mathfrak{x}$ eigentlich definit negativ, so gilt dies insbesondere auch für die n Vektoren $\mathfrak{x}_\alpha$, welche die Gleichungen $\boldsymbol{a}\,\mathfrak{x}_\alpha = \lambda_\alpha\,\mathfrak{x}_\alpha$ lösen. Dann muß insbesondere auch für jedes $\alpha = 1, 2, \ldots, n$ der Wert $\bar{\mathfrak{x}}_\alpha'(\boldsymbol{a} + \bar{\boldsymbol{a}}')\,\mathfrak{x}_\alpha = \lambda_\alpha + \bar{\lambda}_\alpha$ negativ sein, d. h. die Eigenwerte haben sämtlich negativen Realteil.

XXVII. *Die Eigenwerte einer normalen Matrix $\boldsymbol{a}$, für die also $\boldsymbol{a}\,\bar{\boldsymbol{a}}' = \bar{\boldsymbol{a}}'\,\boldsymbol{a}$ ist, haben sämtlich dann und nur dann negativen Realteil, wenn die Hermitesche Form mit der Matrix $\boldsymbol{a} + \bar{\boldsymbol{a}}'$ eigentlich definit negativ ist, d. h. wenn die zugehörigen Abschnittsdeterminanten die Bedingungen $D_1 < 0, D_2 > 0, D_3 < 0 \ldots$ erfüllen.*

Wir wollen zum Schluß noch eine *Verallgemeinerung der normalen Matrizen* besprechen, welche zugleich auch die *symmetrisierbaren Matrizen* mit umfaßt[1]).

Eine Matrix heiße normalisierbar, wenn sie als Produkt einer eigentlich definit positiven Hermiteschen Matrix $\boldsymbol{d}$ *und einer Matrix* $\boldsymbol{l}$ *darstellbar ist, für die* $\boldsymbol{l}\,\boldsymbol{d}\,\bar{\boldsymbol{l}}' = \bar{\boldsymbol{l}}'\,\boldsymbol{d}\,\boldsymbol{l}$ *ist.*

Ist $\boldsymbol{d} = \boldsymbol{e}$, so erhält man eine normale Matrix; ist $\boldsymbol{d} \neq \boldsymbol{e}$, dagegen $\boldsymbol{l} = \bar{\boldsymbol{l}}'$, so entsteht eine symmetrisierbare Matrix. Es kann sowohl $\boldsymbol{a} = \boldsymbol{l}\,\boldsymbol{d}$ als auch $\boldsymbol{a} = \boldsymbol{d}\,\boldsymbol{l}$

---

[1]) Man vergleiche hierzu die im Schrifttumsverzeichnis zuerst genannte Arbeit von *I. Schur*, worin der Kern der folgenden Definition, wenn auch nicht diese selbst enthalten ist.

sein; demgemäß könnte man rechts- und links-normalisierbare Fälle unterscheiden. Der Unterschied ist aber belanglos; jede rechts-normalisierbare Matrix ist zugleich links-normalisierbar und umgekehrt, weil aus $\boldsymbol{a} = \boldsymbol{l}\,\boldsymbol{d}$ folgt:

$$\boldsymbol{a} = \boldsymbol{d}^{-1}(\boldsymbol{d}\,\boldsymbol{l}\,\boldsymbol{d}) = \boldsymbol{d}^{-1}\boldsymbol{l}_1$$

und

$$\begin{aligned}\boldsymbol{l}_1\boldsymbol{d}^{-1}\bar{\boldsymbol{l}}_1' &= \boldsymbol{d}\,\boldsymbol{l}\,\boldsymbol{d}\,\boldsymbol{d}^{-1}\boldsymbol{d}\,\bar{\boldsymbol{l}}'\boldsymbol{d} = \boldsymbol{d}\,\boldsymbol{l}\,\boldsymbol{d}\,\bar{\boldsymbol{l}}'\boldsymbol{d}\\ &= \boldsymbol{d}\,\bar{\boldsymbol{l}}'\boldsymbol{d}\,\boldsymbol{l}\,\boldsymbol{d} = \boldsymbol{d}\,\bar{\boldsymbol{l}}'\boldsymbol{d}\,\boldsymbol{d}^{-1}\boldsymbol{d}\,\boldsymbol{l}\,\boldsymbol{d} = \bar{\boldsymbol{l}}_1'\boldsymbol{d}^{-1}\boldsymbol{l}_1.\end{aligned}$$

Da nun mit $\boldsymbol{d}$ auch $\boldsymbol{d}^{-1}$ eigentlich definit positiv ist, so zeigt sich in der Tat, daß $\boldsymbol{a}$ auch links normalisierbar ist. Genau so gilt auch das Umgekehrte.

Die Anforderung an $\boldsymbol{l}$ kann auch so formuliert werden, daß $\sqrt{\boldsymbol{d}}\,\boldsymbol{l}\sqrt{\boldsymbol{d}}$ normal sein muß; $\sqrt{\boldsymbol{d}}$ bedeutet dabei die positiv definite Hermitesche Matrix mit dem Quadrat $\boldsymbol{d}$, die man wie früher unter Benutzung der Hauptachsentransformation eindeutig konstruieren kann. In der Tat ist ja

$$\sqrt{\boldsymbol{d}}\,\boldsymbol{l}\sqrt{\boldsymbol{d}}\sqrt{\boldsymbol{d}}\,\bar{\boldsymbol{l}}'\sqrt{\boldsymbol{d}} = \sqrt{\boldsymbol{d}}\,\bar{\boldsymbol{l}}'\sqrt{\boldsymbol{d}}\sqrt{\boldsymbol{d}}\,\boldsymbol{l}\sqrt{\boldsymbol{d}}.$$

Zu dieser normalen Matrix $\sqrt{\boldsymbol{d}}\,\boldsymbol{l}\sqrt{\boldsymbol{d}}$ ist nun $\boldsymbol{a}$ ähnlich, weil

$$\boldsymbol{a} = \boldsymbol{l}\,\boldsymbol{d} = \sqrt{\boldsymbol{d}}^{-1}(\sqrt{\boldsymbol{d}}\,\boldsymbol{l}\sqrt{\boldsymbol{d}})\sqrt{\boldsymbol{d}} \quad \text{oder} \quad \boldsymbol{a} = \boldsymbol{d}\,\boldsymbol{l} = \sqrt{\boldsymbol{d}}(\sqrt{\boldsymbol{d}}\,\boldsymbol{l}\sqrt{\boldsymbol{d}})\sqrt{\boldsymbol{d}}^{-1}$$

gilt. Also hat $\boldsymbol{a}$ dieselben Eigenwerte wie $\sqrt{\boldsymbol{d}}\,\boldsymbol{l}\sqrt{\boldsymbol{d}}$. Diese haben nach XXVII. dann und nur dann negativen Realteil, wenn $\sqrt{\boldsymbol{d}}(\boldsymbol{l}+\bar{\boldsymbol{l}}')\sqrt{\boldsymbol{d}}$ eigentlich definit negativ ist, bzw. wenn die Abschnittsdeterminanten abwechselnd negativ und positiv sind. Wie früher kann man nun unter Berufung auf die Hauptachsentransformation statt dessen die Abschnittsdeterminanten von $(\boldsymbol{l}+\bar{\boldsymbol{l}}')$ selbst ins Auge fassen, und demnach z. B. schreiben:

XXVIIa. *Die Eigenwerte einer normalisierbaren Matrix* $\boldsymbol{a} = \boldsymbol{l}\,\boldsymbol{d}$ *oder* $\boldsymbol{a} = \boldsymbol{d}\,\boldsymbol{l}$ *haben dann und nur dann sämtlich negativen Realteil, wenn die Hermitesche Matrix* $\boldsymbol{l}+\bar{\boldsymbol{l}}'$ *eigentlich definit negativ ist, d. h. wenn die zugehörigen Abschnittsdeterminanten die Bedingungen* $D_1 < 0$, $D_2 > 0, \ldots$ *erfüllen.*

Hierin liegt eine möglichst weitgehende Ausdehnung der Anwendung des Abschnittsdeterminantenkriteriums. Wir kommen auf weitere Eigenschaften der normalisierbaren Matrizen später zurück.

Übungen zum vierten Vortrag

1. Man beweise, daß die quadratische Form $\frac{5}{6}x_1^2 - \frac{2}{3}x_1x_2 + \frac{1}{2}x_2^2 - \frac{1}{3}x_2x_3 + \frac{1}{6}x_3^2$ eigentlich definit positiv ist.

Die zugehörige Matrix lautet:

$$\begin{pmatrix} \frac{5}{6} & -\frac{1}{3} & 0 \\ -\frac{1}{3} & \frac{1}{2} & -\frac{1}{6} \\ 0 & -\frac{1}{6} & \frac{1}{6} \end{pmatrix}$$

Die Abschnittsdeterminanten sind

$$D_1 = \frac{5}{6} > 0\,, \quad D_2 = \begin{vmatrix} \frac{5}{6} & -\frac{1}{3} \\ -\frac{1}{3} & \frac{1}{2} \end{vmatrix} = \frac{5}{12} - \frac{1}{9} = \frac{11}{36} > 0\,,$$

$$D_3 = \begin{vmatrix} \frac{5}{6} & -\frac{1}{3} & 0 \\ -\frac{1}{3} & \frac{1}{2} & -\frac{1}{6} \\ 0 & -\frac{1}{6} & \frac{1}{6} \end{vmatrix} = \frac{5}{6}\left(\frac{1}{12} - \frac{1}{36}\right) + \frac{1}{3}\left(-\frac{1}{18}\right) = \frac{5}{6\cdot 18} - \frac{2}{6\cdot 18} = \frac{1}{36} > 0\,.$$

Daher sind nach XXII. alle Eigenwerte positiv.

2. Man zeige, daß die Eigenwerte der Matrix

$$\boldsymbol{a} = \begin{pmatrix} -24+2i & -3+(\sqrt{13}-3)\,i & 3+(\sqrt{13}+3)\,i & 2-11\,i \\ -3+(\sqrt{13}-3)\,i & -15-(3\sqrt{13}+2)\,i & 2+2i & -3+(\sqrt{13}-3)\,i \\ 3+(\sqrt{13}+3)\,i & 2+2i & -15+(3\sqrt{13}-2)\,i & 3+(\sqrt{13}+3)\,i \\ 2-11\,i & -3+(\sqrt{13}-3)\,i & 3+(\sqrt{13}+3)\,i & -24+2i \end{pmatrix}$$

sämtlich negativen Realteil haben.

Durch Ausrechnung stellt man fest, daß $\boldsymbol{a}\,\bar{\boldsymbol{a}}' = \bar{\boldsymbol{a}}'\,\boldsymbol{a}$ ist[1]); die Matrix ist also normal. Nun ist nach XXVII. $\boldsymbol{a} + \bar{\boldsymbol{a}}'$ zu untersuchen. Wir erhalten:

$$\frac{\boldsymbol{a}+\bar{\boldsymbol{a}}'}{2} = \begin{pmatrix} -24 & -3 & 3 & 2 \\ -3 & -15 & 2 & -3 \\ 3 & 2 & -15 & 3 \\ 2 & -3 & 3 & -24 \end{pmatrix},$$

und für die Abschnittsdeterminanten gilt $D_1 < 0$, $D_2 > 0$, $D_3 < 0$, $D_4 > 0$. Damit ist die Behauptung bewiesen.

3. Man beweise den Satz: Für jede Matrix gilt $\sum\limits_{\alpha=1}^{n} |\lambda_\alpha|^2 \leq \sum\limits_{\alpha,\beta=1}^{n} |a_{\alpha\beta}|^2$, wenn $a_{\alpha\beta}$ die Elemente und λ_α die Eigenwerte sind. Das Gleichheitszeichen gilt dann und nur dann, wenn die Matrix normal ist.

Zum Beweise beachten wir zunächst, daß die Summe der Eigenwerte einer Matrix gleich ihrer Spur ist. Sind also $\boldsymbol{a}$ und $\boldsymbol{b} = \boldsymbol{u}'\,\boldsymbol{a}\,\bar{\boldsymbol{u}}$ zwei unitäräquivalente Matrizen, so ist wegen $\boldsymbol{b}\,\bar{\boldsymbol{b}}' = \boldsymbol{u}'\boldsymbol{a}\,\bar{\boldsymbol{a}}'\,\bar{\boldsymbol{u}}$ die Spur von $\boldsymbol{b}\,\bar{\boldsymbol{b}}'$ gleich der von $\boldsymbol{a}\,\bar{\boldsymbol{a}}'$. Hieraus folgt die Gleichung $\sum\limits_{\alpha,\beta=1}^{n} |b_{\alpha\beta}|^2 = \sum\limits_{\alpha,\beta=1}^{n} |a_{\alpha\beta}|^2$. Ist nun $\boldsymbol{b}$ die kanonische Normalform, so ist die Absolutquadratsumme aller ihrer Elemente größer als $\sum\limits_{\alpha=1}^{n} |\lambda_\alpha|^2$, sobald noch mindestens ein von Null verschiedenes Element oberhalb der Diagonale steht, und gleich $\sum\limits_{\alpha=1}^{n} |\lambda_\alpha|^2$, wenn alle Elemente oberhalb der Diagonale ver-

[1]) Man setze $\frac{\boldsymbol{a}+\bar{\boldsymbol{a}}'}{2} = \boldsymbol{h}$, $\frac{\boldsymbol{a}-\bar{\boldsymbol{a}}'}{2i} = \boldsymbol{k}$, also $\boldsymbol{a} = \boldsymbol{h} + i\boldsymbol{k}$, $\bar{\boldsymbol{a}}' = \boldsymbol{h} - i\boldsymbol{k}$. $\boldsymbol{a}$ ist dann und nur dann normal, wenn seine „Hermiteschen Komponenten" $\boldsymbol{h}$ und $\boldsymbol{k}$ vertauschbar sind. Der Leser beweise dies allgemein und zeige im Beispiel $\boldsymbol{h}\,\boldsymbol{k} = \boldsymbol{k}\,\boldsymbol{h}$!

schwinden. In diesem Falle ist aber die Matrix normal, und nur dann. Damit ist der Satz bewiesen.

Ist A eine obere Grenze für den Absolutbetrag jedes Elementes von $\boldsymbol{a}$, so ergibt sich $\sum_{\alpha=1}^{n} |\lambda_\alpha|^2 \leqq n^2 A^2$. Also gilt insbesondere für jeden Eigenwert, daß sein absoluter Betrag

$$|\lambda_\alpha| \leqq n\,A$$

sein muß. Diese Abschätzung für den absoluten Betrag eines Eigenwertes gilt für jede beliebige Matrix.

Eine weitere Folgerung bezieht sich auf den absoluten Betrag der Determinante von $\boldsymbol{a}$. Diese ist bekanntlich das Produkt der Eigenwerte $\lambda_1 \cdots \lambda_n$. Nun gilt der allgemeine Satz, daß für n beliebige positive Zahlen das „geometrische Mittel" $\sqrt[n]{x_1 \cdots x_n}$ höchstens gleich dem arithmetischen Mittel $\frac{x_1 + \cdots + x_n}{n}$ sein kann[1]). Auf die Absolutquadrate der Eigenwerte angewandt, liefert dies:

$$\sqrt[n]{|\lambda_1|^2 \cdots |\lambda_n|^2} \leqq \frac{1}{n} \sum_{\alpha=1}^{n} |\lambda_\alpha|^2 \leqq n\,A^2$$

$$|\lambda_1|^2 \cdots |\lambda_n|^2 \leqq n^n A^{2n}$$

$$|\mathrm{Det}\,\boldsymbol{a}| \leqq n^{\frac{n}{2}} A^n .$$

Diese Abschätzung des absoluten Betrages einer Determinante heißt nach ihrem Urheber der Hadamardsche Determinantensatz.

---

[1]) Für $n = 2$ ist diese Behauptung sofort ersichtlich. Daraus folgt sie für $n = 4$, weil

$$\frac{x_1 + x_2 + x_3 + x_4}{4} = \frac{\frac{x_1 + x_2}{2} + \frac{x_3 + x_4}{2}}{2} \geqq \sqrt{\frac{x_1 + x_2}{2} \cdot \frac{x_3 + x_4}{2}}$$

$$\geqq \sqrt{\sqrt{x_1 x_2} \cdot \sqrt{x_3 x_4}} = \sqrt[4]{x_1 x_2 x_3 x_4} .$$

Durch vollständige Induktion findet man für $n = 2^p$, wenn $m = 2^{p-1}$ gesetzt wird:

$$\frac{x_1 + \cdots + x_n}{n} = \frac{\frac{x_1 + \cdots + x_m}{m} + \frac{x_{m+1} + \cdots + x_n}{m}}{2} \geqq \sqrt{\frac{x_1 + \cdots + x_m}{m} \cdot \frac{x_{m+1} + \cdots + x_n}{m}}$$

$$\geqq \sqrt{\sqrt[m]{x_1 \cdots x_m} \cdot \sqrt[m]{x_{m+1} \cdots x_n}} = \sqrt[n]{x_1 \cdots x_n} .$$

Für beliebiges n setze man $m = 2^p > n$ und bilde

$$\left(\frac{x_1 + \cdots + x_n}{n}\right)^m = \left(\frac{x_1 + \cdots + x_n + (m - n)\,\frac{x_1 + \cdots + x_n}{n}}{m}\right)^m \geqq x_1 \cdots x_n \left(\frac{x_1 + \cdots + x_n}{n}\right)^{m-n}$$

und daraus

$$\left(\frac{x_1 + \cdots + x_n}{n}\right)^n \geqq x_1 \cdots x_n$$

wie behauptet.

5. VORTRAG

Notwendige und hinreichende Bedingungen für die Koeffizienten einer algebraischen Gleichung, damit die Wurzeln sämtlich positive Imaginärteile, oder sämtlich negative Realteile, oder sämtlich absolute Beträge kleiner als Eins besitzen. Das Cayley-Hamiltonsche Theorem. Ähnliche Matrizen und ihre Normalform. Übungen

Wir wollen im folgenden einige allgemeine Sätze über die Wurzeln algebraischer Gleichungen kennenlernen, die sich auf ähnliche Fragen beziehen, wie sie in den letzten Sätzen des vorigen Vortrages über die Eigenwerte Hermitescher und normaler Matrizen behandelt wurden. Gegeben sei jetzt eine beliebige Gleichung der Form

$$f(z) = a_0 + a_1 z + \cdots + a_n z^n = 0 .$$

Man kann nun die Frage stellen, wie man an den Koeffizienten $a_0, \ldots, a_n$ erkennen kann, ob sämtliche Wurzeln negativen Realteil haben; diese Aufgabe tritt bei den Stabilitätsproblemen der Mechanik auf. Allgemeiner kann man untersuchen, wann die Wurzeln in einer bestimmten Halbebene der Ebene der komplexen Zahlen liegen, oder auch, was offenbar nahe damit verwandt ist, wann alle Wurzeln in einem bestimmten Kreise, z. B. im Einheitskreise liegen. Alle diese Fragen haben, wie wir weiterhin noch sehen werden, praktische Bedeutung.

Wir beginnen mit einem Problem, das schon *Hermite* gestellt und gelöst hat, nämlich mit der *Frage nach den notwendigen und hinreichenden Bedingungen dafür, daß die Wurzeln der gegebenen Gleichung, deren Koeffizienten allgemein komplex sein können, sämtlich positive Imaginärteile haben.*

Wir setzen nach Hermite

$$f^*(z) = -i\,(\bar{a}_0 + \bar{a}_1 z + \cdots + \bar{a}_n z^n)$$

und bilden den Ausdruck:

$$K(f) = \frac{f(x) f^*(y) - f(y) f^*(x)}{x - y} = \sum_{\alpha, \beta = 0}^{n-1} A_{\alpha\beta}\, x^\alpha y^\beta .$$

Die $A_{\alpha\beta}$ werden dabei bestimmte Ausdrücke in den gegebenen Koeffizienten, deren Zahlwerte also leicht berechnet werden können. Wir führen der deutlicheren Anschauung halber die Rechnung für den Fall $n = 3$ durch und erhalten:

$$\begin{aligned} f(x) f^*(y) - f(y) f^*(x) &= i\,(a_0 \bar{a}_1 - a_1 \bar{a}_0)\,(x - y) + i\,(a_0 \bar{a}_2 - a_2 \bar{a}_0)\,(x^2 - y^2) \\ &\quad + i\,(a_0 \bar{a}_3 - a_3 \bar{a}_0)\,(x^3 - y^3) + i\,(a_1 \bar{a}_2 - a_2 \bar{a}_1)\,(y x^2 - x y^2) \\ &\quad + i\,(a_1 \bar{a}_3 - a_3 \bar{a}_1)\,(y x^3 - x y^3) + i\,(a_2 \bar{a}_3 - a_3 \bar{a}_2)\,(y^2 x^3 - x^2 y^3) , \end{aligned}$$

und damit

$$\begin{aligned} K(f) = {} & i\,(a_0 \bar{a}_1 - a_1 \bar{a}_0) + i\,(a_0 \bar{a}_2 - a_2 \bar{a}_0)\,(x + y) + i\,(a_0 \bar{a}_3 - a_3 \bar{a}_0)\,(x^2 + x y + y^2) \\ & + i\,(a_1 \bar{a}_2 - a_2 \bar{a}_1)\,x y + i\,(a_1 \bar{a}_3 - a_3 \bar{a}_1)\,x y\,(x + y) + i\,(a_2 \bar{a}_3 - a_3 \bar{a}_2)\,x^2 y^2. \end{aligned}$$

Die Koeffizienten $A_{\alpha\beta}$ werden also im vorliegenden Falle:

$$\begin{array}{lll} A_{00}=i(a_0\bar a_1-a_1\bar a_0) & A_{01}=i(a_0\bar a_2-a_2\bar a_0) & A_{02}=i(a_0\bar a_3-a_3\bar a_0)\\ A_{10}=i(a_0\bar a_2-a_2\bar a_0) & A_{11}=i(a_0\bar a_3-a_3\bar a_0+a_1\bar a_2-a_2\bar a_0) & A_{12}=i(a_1\bar a_3-a_3\bar a_1)\\ A_{20}=i(a_0\bar a_3-a_3\bar a_0) & A_{21}=i(a_1\bar a_3-a_3\bar a_1) & A_{22}=i(a_2\bar a_3-a_3\bar a_2). \end{array}$$

Ähnliche Ausdrücke ergeben sich im allgemeinen Falle. Man erkennt sofort, daß das entstehende Koeffizientensystem eine (übrigens reelle) Hermitesche Matrix bildet, d. h. daß allgemein $A_{\alpha\beta}=\bar A_{\beta\alpha}$ ist. Die einfache Antwort auf unsere Frage lautet dann:

XXVIII. *Die Gleichung $f(z)=0$ hat dann und nur dann lauter Wurzeln mit positivem Imaginärteil, wenn die Hermitesche Form mit den Koeffizienten $A_{\alpha\beta}$:*

$$H(f;u_0,\ldots,u_{n-1})=\sum_{\alpha,\beta=0}^{\alpha-1}A_{\alpha\beta}\,u_\alpha\,\bar u_\beta$$

eigentlich positiv definit ist, d. h. lauter positive Abschnittsdeterminanten besitzt.

Der Beweis dieses Satzes beruht auf einer grundlegenden Eigenschaft der Funktion $K(f)$. Wir nehmen an, daß $f(z)$ in zwei Faktoren

$$f_1(z)=b_0+b_1z+\cdots+b_pz^p \qquad (p+q=u)$$

und

$$f_2(z)=c_0+c_1z+\cdots+c_qz^q$$

zerfällt, also $f(z)=f_1(z)f_2(z)$ sei. Dann wird $f^*(z)=i\,f_1^*(z)f_2^*(z)$ und nach der Definition von $K(f)$:

$$\begin{aligned} K(f)&=i\cdot\frac{f_1(x)f_2(x)f_1^*(y)f_2^*(y)-f_1(y)f_2(y)f_1^*(x)f_2^*(x)}{x-y}\\ &=i\,f_1(x)f_1^*(y)\cdot\frac{f_2(x)f_2^*(y)-f_2(y)f_2^*(x)}{x-y}+i\,f_2(y)f_2^*(x)\\ &\qquad\times\frac{f_1(x)f_1^*(y)-f_1(x)f_1^*(x)}{x-y}\\ &=i\,f_1(x)f_1^*(y)\,K(f_2)+i\,f_2(y)f_2^*(x)\,K(f_1)\,. \end{aligned}$$

Setzt man daher

$$K(f_2)=\sum_{\alpha,\beta=0}^{q-1}C_{\alpha\beta}\,x^\alpha y^\beta,$$

so wird

$$\begin{aligned} &i\,f_1(x)f_1^*(y)\,K(f_2)\\ &\quad=\sum_{\alpha,\beta=1}^{q-1}C_{\alpha\beta}\,(b_0x^\alpha+b_1x^{\alpha+1}+\cdots+b_px^{\alpha+p})\,(\bar b_0y^\beta+\bar b_1y^{\beta+1}+\cdots+\bar b_qy^{\beta+\alpha}). \end{aligned}$$

Ersetzt man jetzt wieder die Potenzprodukte der Variablen $x^\lambda y^\mu$ durch $u_\lambda\bar u_\mu$, um zur Hermiteschen Form überzugehen, so erhält man aus $i\,f_1(x)f_1^*(y)\,K(f_2)$ den Ausdruck

$$\sum_{\alpha,\beta=0}^{q=1}C_{\alpha\beta}\,w_\alpha\,\bar w_\beta=H(f_2;w_0,\ldots,w_{q-1}),$$

wenn

$$w_\beta=b_0u_\beta+b_1u_{\beta+1}+\cdots+b_pu_{\beta+p}\qquad(\beta=0,\ldots,q-1)$$

gesetzt wurde. In gleicher Weise erhält man aus $i\,f_2(y)\,f_2^*(x)\,K(f_1)$ den Ausdruck

$$H\,(f_1;\,v_0,\ldots,v_{p-1}),$$

wenn

$$v_\alpha = \bar{c}_0\,u_\alpha + \bar{c}_1\,u_{\alpha+1} + \cdots + \bar{c}_q\,u_{\alpha+q} \qquad (\alpha = 0,\ldots,p-1)$$

gesetzt ist. Es gilt daher allgemein die *Grundeigenschaft:*

$$H\,(f;\,u_{01}\ldots,u_{n-1}) = H\,(f_1;\,v_0,\ldots,v_{p-1}) + H\,(f_2;\,w_0,\ldots,{}_{q-1}).$$

Hierin sind, wie aus der Bedeutung von v_α und w_β hervorgeht, diese Variablen lineare Verbindungen von $u_0,\ldots,u_{\alpha-1}$, deren Koeffizientendeterminante die Form hat:

$$\begin{vmatrix} b_0 & b_1 & \cdots b_p & 0 & \cdots 0 \\ 0 & b_0\,b_1 \cdots & & b_p & \cdots 0 \\ \cdots & \cdots & \cdots & \cdots & \cdots \\ 0 & & \cdots b_0 & b_1 & \cdots b_p \\ & & & & \\ \bar{c}_0 & \bar{c}_1 & \cdots & \bar{c}_q & 0 \cdots 0 \\ 0 & \bar{c}_0\,\bar{c}_1 \cdots & & \bar{c}_q & \cdots 0 \\ \cdots & \cdots & \cdots & \cdots & \cdots \\ 0 & & \cdots \bar{c}_0 & \bar{c}_1 & \cdots \bar{c}_q \end{vmatrix}$$

Diese Determinante ist aber (vgl. Übung 5, S. 15) die *Resultante* von $f_1(x)$ und $f_2^*(x)$, und sie ist von Null verschieden, wenn $f_1(x) = 0$ und $f_2^*(x) = 0$ keine Wurzel gemeinsam haben. Speziell ergibt sich für die lineare Funktion $f(z) = a(z-\alpha)$ der Ausdruck $K(f) = -i\,|a|^2(\alpha-\bar{\alpha})$, also $H(f;\,u_0) = -i\,|a|^2(\alpha-\alpha_1)\,|v_0|^2$.

Hat daher $f(z) = 0$ die Wurzel α_1, ist also $f(z) = (z-\alpha_1)\,g(z)$, so gilt nach der Grundeigenschaft:

$$H\,(f);\,u_{01}\cdots,u_{n-1}) = (-i)\,(\alpha_1-\bar{\alpha}_1)\,|v_0|^2 + H\,(g;\,w_0,\ldots,w_{n-2});$$

hierin sind $v_0, w_0, \ldots, w_{n-2}$ bestimmte lineare Verbindungen der u_α. Ist insbesondere $f(z) = 0$ von der Art, daß seine Wurzeln alle positiven Imaginärteil haben, so hat α_1 positiven Imaginärteil, die Wurzeln $\bar{\alpha}_2,\ldots,\bar{\alpha}_n$ von $g^*(z) = 0$ dagegen haben sämtlich negativen Imaginärteil. Daher haben die beiden Faktoren $f_1(z) = z-\alpha_1$ und $f_2^*(z) = g^*(z)$ sicherlich keine gemeinsamen Nullstellen, die Resultante ist daher ungleich Null, und daher sind die linearen Verbindungen $v_0, w_0, \ldots, w_{n-2}$ sicherlich linear unabhängig. Es ist uns somit gelungen, in der Hermiteschen Form durch Einführung neuer Variablen $v_0, w_0, \ldots, w_{n-2}$ ein rein quadratisches Glied abzuspalten, dessen Variable in den späteren Gliedern nicht mehr vorkommt.

Wir können jetzt dieselbe Schlußweise auf die Funktion $g(z)$ bzw. auf die Form $H(g;\,w_0,\ldots,w_{n-2})$ anwenden, wieder ein quadratisches Glied abspalten und so fort. Führen wir dies Verfahren bis zu Ende durch, so erhalten wir schließlich, wenn

$$f(z) = a_n\,(z-\alpha_1)\,(z-\alpha_2)\cdots(z-\alpha_n) \qquad (\mathrm{Imag}\,(\alpha_k) > 0)$$

gesetzt wird, die folgende Darstellung der Hermiteschen Form:

$$H\,(f;\,u_0,\ldots,u_{n-1}) = |a_n|^2 \sum_{k=1}^{n} -i\,(\alpha_k-\bar{\alpha}_k)\,|V_k|^2;$$

hierin sind $V_1,\ldots,V_n$ n linear unabhängige lineare Verbindungen von $u_0,\ldots,u_{n-1}$.

Auf Grund der Voraussetzungen über die Imaginärteile der Wurzeln sind nun die Koeffizienten $-i(\alpha_k - \bar{\alpha}_k)$ sämtlich positiv, d. h. die Hermitesche Form ist eigentlich definit positiv. Ist dies umgekehrt der Fall, so müssen die $V_1, \ldots, V_n$ alle linear unabhängig sein und die Koeffizienten $-i(\alpha_k - \bar{\alpha}_k)$ sämtlich positiv, d. h. die Wurzeln α_k müssen sämtlich positive Imaginärteile haben. Damit ist unser Satz bewiesen.

Nun kann man unter Benutzung von XXII. sofort Bedingungen für die Koeffizienten $a_0, \ldots, a_n$ angeben, die notwendig und hinreichend sind, damit die Wurzeln alle positive Imaginärteile haben. Man braucht nur die Abschnittsdeterminanten der Matrix $(A_{\alpha\beta})$ zu bilden und zu verlangen, daß sie alle positiv seien. Um dies übersichtlich schreiben zu können, führen wir die folgende Abkürzung ein: Wir setzen

$$i(a_\alpha \bar{a}_\beta - a_\beta \bar{a}_\alpha) = (\alpha\beta)$$

und erhalten damit die folgenden

Bedingungen für die Koeffizienten einer Gleichung

$$f(z) = a_0 + a_1 z + \cdots + a_n z^n = 0,$$

deren Wurzeln sämtlich positive Imaginärteile haben: Man bilde in jedem Falle die Abschnittsdeterminanten der angegebenen Matrix und verlange, daß sie positiv seien.

$$n=2:\ \begin{pmatrix} (01) & (02) \\ (02) & (12) \end{pmatrix} \qquad (\alpha\beta) = i(a_\alpha \bar{a}_\beta - a_\beta \bar{a}_\alpha).$$

$$n=3:\ \begin{pmatrix} (01) & (02) & (03) \\ (02) & (03 + (12) & (13) \\ (03) & (13) & (23) \end{pmatrix}$$

$$n=4:\ \begin{pmatrix} (01) & (02) & (03) & (04) \\ (02) & (03)+(12) & (04)+(13) & (14) \\ (03) & (04)+(13) & (14)+(23) & (24) \\ (04) & (14) & (24) & (34) \end{pmatrix}$$

$$n=5:\ \begin{pmatrix} (01) & (02) & (03) & (04) & (05) \\ (02) & (03)+(12) & (04)+(13) & (05)+(14) & (15) \\ (03) & (04)+(13) & (05)+(14)+(23) & (15)+(24) & (25) \\ (04) & (05)+(14) & (15)+(24) & (25)+(34) & (35) \\ (05) & (15) & (25) & (35) & (45) \end{pmatrix}$$

$$n=6:\ \begin{pmatrix} (01) & (02) & (03) & (04) & (05) & (06) \\ (02) & (03)+(12) & (04)+(13) & (05)+(14) & (06)+(15) & (16) \\ (03) & (04)+(13) & (05)+(14)+(23) & (06)+(15)+(24) & (16)+(25) & (26) \\ (04) & (05)+(14) & (06)+(15)+(24) & (16)+(25)+(34) & (26)+(35) & (36) \\ (05) & (06)+(15) & (16)+(25) & (26)+(35) & (36)+(45) & (46) \\ (06) & (16) & (26) & (36) & (46) & (56) \end{pmatrix}$$

Das Bildungsgesetz dieser Matrix ist hiernach allgemein völlig durchsichtig. In der $\varkappa$-ten Zeile und λ-ten Spalte der Matrix treten nur solche Klammern auf, bei denen die Summe $\alpha + \beta = \varkappa + \lambda - 1$ ist. Es treten aber nicht alle diese Glieder wirklich auf, sondern in den Randzeilen und -spalten der Matrix (diese mögen den „Randrahmen" bilden) nur ein Glied, in den Gliedern des nächstfolgenden „Rahmens" zwei Glieder und so fort. Welche Glieder nun jeweils tatsächlich auftreten, kann kurz durch die Angabe charakterisiert werden, daß links oben die Glieder mit den kleinsten Indizes, rechts unten die mit den größten Indizes vorkommen. Auf Grund dieser Andeutungen, die durch den angegebenen Fall $n = 6$ genugsam erläutert werden, wird man imstande sein, für jedes n die Matrix anzuschreiben und daher die Bedingungen zu berechnen.

Es ist nun ein leichtes, von hier aus zu dem Fall überzugehen, wo die Wurzeln sämtlich *negative Realteile* haben. Setzt man nämlich in einer Gleichung $f(z) = 0$, deren Wurzeln sämtlich positive Imaginärteile haben, $z = -i z'$, so haben die Wurzeln der entstehenden Gleichung für $z' = i z$ sämtlich negative Realteile und umgekehrt. Der Übergang bedeutet aber nichts anderes, als daß der Koeffizient a_k in $f(z)$ übergeht in $(-i)^k a_k = a'_k$.

Ersetzen wir also in den $A_{\alpha\beta}$ die Größen a_k durch $i^k a'_k$, so erhalten wir vermittels der daraus entstehenden Größen $B_{\alpha\beta}$ die Bedingungen für den jetzigen Fall, wenn wir wieder verlangen, daß die Abschnittsdeterminanten alle positiv seien.

Man braucht demnach nur die vorstehend angegebenen Matrizen zu berechnen, wobei jetzt das Zeichen $(\alpha\beta)$ die Bedeutung hat:

$$(\alpha\beta) = i\,(i^\alpha a_\alpha (-i)^\beta \bar a_\beta - i^\beta a_\beta (-i)^\alpha \bar a_\alpha) = i^{\alpha+\beta+1}\,(i^{2\beta} a_\alpha \bar a_\beta - i^{2\alpha} a_\beta \bar a_\alpha).$$

Der Deutlichkeit halber mögen die Werte dieser Klammerausdrücke für die in den Fällen $n = 2$ bis $n = 6$ auftretenden Klammern wie folgt angegeben werden:

$$\begin{array}{lll}
(01) = a_0\bar a_1 + a_1\bar a_0 & (02) = -i\,(a_0\bar a_2 - a_2\bar a_0) & (03) = -(a_0\bar a_3 + a_3\bar a_0) \\
(04) = i\,(a_0\bar a_4 - a_4\bar a_0) & (05) = a_0\bar a_5 + a_5\bar a_0 & (06) = -i\,(a_0\bar a_6 - a_6\bar a_0) \\
(12) = a_1\bar a_2 + a_2\bar a_1 & (13) = -i\,(a_1\bar a_3 - a_3\bar a_1) & (14) = -(a_1\bar a_4 + a_4\bar a_1) \\
(15) = i\,(a_1\bar a_5 - a_5\bar a_1) & (16) = a_1\bar a_6 + a_6\bar a_1 & \\
(23) = a_2\bar a_3 + a_3\bar a_2 & (24) = -i\,(a_2\bar a_4 - a_4\bar a_2) & (25) = -(a_2\bar a_5 + a_5\bar a_2) \\
(26) = i\,(a_2\bar a_6 - a_6\bar a_2) & & \\
(34) = a_3\bar a_4 + a_4\bar a_3 & (35) = -i\,(a_3\bar a_5 - a_5\bar a_3) & (36) = -(a_3\bar a_6 + a_6\bar a_3) \\
(45) = a_4\bar a_5 + a_5\bar a_4 & (46) = -i\,(a_4\bar a_6 - a_6\bar a_4) & \\
(56) = a_5\bar a_6 + a_6\bar a_5\,. & &
\end{array}$$

XXIX. *Die Gleichung $f(z) = 0$ hat dann und nur dann lauter Wurzeln mit negativem Realteil, wenn die Hermitesche Form mit den Koeffizienten $B_{\alpha\beta}$, die aus den im Satz XXVIII. auftretenden Koeffizienten $A_{\alpha\beta}$ mittels Ersetzung von a_k durch $i^k a_k$ hervorgehen, eigentlich positiv definit ist, also positive Abschnittsdeterminanten besitzt.*

Von besonderem Interesse ist hierbei der Sonderfall reeller Koeffizienten $a_0, \ldots, a_n$. Wir führen die Matrizen für diesen Fall nochmals an. (Ein belangloser Faktor 2 ist überall weggelassen.)

$$n = 2:\quad \begin{pmatrix} a_0 a_1 & 0 \\ 0 & a_1 a_2 \end{pmatrix}$$

$$n = 3:\quad \begin{pmatrix} a_0 a_1 & 0 & -a_0 a_3 \\ 0 & a_1 a_2 - a_0 a_3 & 0 \\ -a_0 a_3 & 0 & a_2 a_3 \end{pmatrix}$$

$$n = 4: \begin{pmatrix} a_0 a_1 & 0 & -a_0 a_3 & 0 \\ 0 & -a_0 a_3 + a_1 a_2 & 0 & -a_1 a_4 \\ -a_0 a_3 & 0 & -a_1 a_4 + a_2 a_3 & 0 \\ 0 & -a_1 a_4 & 0 & a_3 a_4 \end{pmatrix}$$

$$n = 5: \begin{pmatrix} a_0 a_1 & 0 & -a_0 a_3 & 0 & a_0 a_5 \\ 0 & -a_0 a_3 + a_1 a_2 & 0 & a_0 a_5 - a_1 a_4 & 0 \\ -a_0 a_3 & 0 & a_0 a_5 - a_1 a_4 + a_2 a_3 & 0 & -a_2 a_5 \\ 0 & a_0 a_5 - a_1 a_4 & 0 & -a_2 a_5 + a_3 a_4 & 0 \\ a_0 a_5 & 0 & -a_2 a_5 & 0 & a_4 a_5 \end{pmatrix}$$

$$n = 6: \begin{pmatrix} a_0 a_1 & 0 & -a_0 a_3 & 0 & a_0 a_5 & 0 \\ 0 & -a_0 a_3 + a_1 a_2 & 0 & a_0 a_5 - a_1 a_4 & 0 & a_1 a_6 \\ -a_0 a_3 & 0 & a_0 a_5 - a_1 a_4 + a_2 a_3 & 0 & a_1 a_6 - a_2 a_5 & 0 \\ 0 & a_0 a_5 - a_1 a_4 & 0 & a_1 a_6 - a_2 a_5 + a_3 a_4 & 0 & -a_3 a_6 \\ a_0 a_5 & 0 & a_1 a_6 - a_2 a_5 & 0 & -a_3 a_6 + a_4 a_5 & 0 \\ 0 & a_1 a_6 & 0 & -a_3 a_6 & 0 & a_5 a_6 \end{pmatrix}$$

Die hierbei auftretende Gesetzmäßigkeit, daß die Glieder abwechselnd Null sind, gilt allgemein; alle Elemente $B_{\alpha\beta}$, in denen $\alpha + \beta$ eine gerade Zahl ist, sind Null. Jede Unterdeterminante zerfällt daher in ein Produkt von zwei Determinanten, *so daß für allgemeines n höchstens Determinanten der Ordnung $\frac{n}{2}$ bzw. $\frac{n+1}{2}$ zu berechnen sind.* Die Fälle $n = 2$ bis $n = 6$ liefern demgemäß für $a_0 > 0$, was keine Beschränkung bedeutet, die folgenden Bedingungen:

$n = 2$: $a_1 > 0$, $a_2 > 0$,

$n = 3$: $a_1 > 0$, $a_1 a_2 - a_0 a_3 > 0$, $a_3 > 0$,

$n = 4$: $a_1 > 0$, $a_1 a_2 - a_0 a_3 > 0$, $a_1 a_2 a_3 - a_1^2 a_4 - a_0 a_3^2 > 0$, $a_4 > 0$,

$n = 5$: $a_1 > 0$, $a_1 a_2 - a_0 a_3 > 0$, $a_0 a_1 a_5 + a_1 a_2 a_3 - a_0 a_3^2 - a_1^2 a_4 > 0$,

$$(a_1 a_2 - a_0 a_3)(a_3 a_4 - a_2 a_5) - (a_0 a_5 - a_1 a_4)^2 > 0,$$

$$\begin{vmatrix} a_1 & -a_3 & a_5 \\ -a_0 a_3 & a_0 a_5 - a_1 a_4 + a_2 a_3 & -a_2 a_5 \\ a_0 a_5 & -a_2 a_5 & a_4 a_5 \end{vmatrix} > 0 \text{ oder kurz } a_5 > 0,$$

$n = 6$: $a_1 > 0$, $a_1 a_2 - a_0 a_3 > 0$, $a_1 a_2 a_3 + a_0 a_1 a_5 - a_1^2 a_4 - a_0 a_3^2 > 0$,

$$(a_1 a_2 - a_0 a_3)(a_1 a_6 - a_2 a_5 + a_3 a_4) - (a_0 a_5 - a_1 a_4)^2 > 0,$$

$$\begin{vmatrix} a_1 & -a_3 & a_5 \\ -a_0 a_3 & a_0 a_5 - a_1 a_4 + a_2 a_3 & a_1 a_6 - a_2 a_5 \\ a_0 a_5 & a_1 a_6 - a_2 a_5 & -a_3 a_6 + a_4 a_5 \end{vmatrix} > 0,$$

$$\begin{vmatrix} a_1 a_2 - a_0 a_3 & a_0 a_5 - a_1 a_4 & a_1 a_6 \\ a_0 a_5 - a_1 a_4 & a_1 a_6 - a_2 a_5 + a_3 a_4 & -a_3 a_6 \\ a_1 a_6 & -a_3 a_6 & a_5 a_6 \end{vmatrix} > 0 \text{ oder kurz } a_6 > 0.$$

Hurwitz hat für den hier vorliegenden Fall reeller Koeffizienten die Bedingungen sehr übersichtlich zusammengefaßt in der *Vorschrift*[1]), *daß für beliebiges n die Matrix*

$$(*) \qquad \begin{pmatrix} a_1 & a_3 & a_5 & \cdots \\ a_0 & a_2 & a_4 & \cdots \\ 0 & a_1 & a_3 & a_5 \cdots \\ 0 & a_0 & a_2 & a_4 \cdots \\ \cdot & \cdot & \cdot & \cdots \end{pmatrix}$$

positive Abschnittsdeterminanten $R_1, R_2, \ldots, R_n$ *bis einschließlich n-ter Ordnung haben muß.* Diese Formulierung leidet aber unter dem Nachteil, daß man dabei Determinanten höherer Ordnung (nämlich praktisch bis zur $(n-1)$-ten Ordnung) ausrechnen muß, als es nach der Hermiteschen Methode notwendig ist. Da sich Hurwitz überdies auf reelle Koeffizienten beschränkt hat, während Hermite *bereits im Jahre 1850* den allgemeinen Fall komplexer Koeffizienten erledigt hat (der Übergang von den positiven Imaginärteilen zu den negativen Realteilen ist doch schließlich eine Trivialität!), so ist noch die Frage, ob es eigentlich ganz berechtigt ist, wenn Hurwitz, wie es meistens geschieht, als eigentlicher und alleiniger Urheber der Lösung des Problems betrachtet wird. Als solcher kommt auch *Routh* nicht in Betracht, wohl aber sollte *Hermite* dabei mitgenannt werden, dessen Methode im übrigen im Gegensatz zu den späteren Bearbeitungen rein algebraisch und damit dem hier vorliegenden Problem angemessen ist. Verdienstliche Beiträge zur Klärung der Zusammenhänge und zur Vereinfachung des Beweises haben u. a. *Liénard* und *Chipart* sowie *Fujiwara* geleistet; der Darstellung des letzteren bin ich hier im wesentlichen gefolgt.

Als *Beispiel* betrachten wir die Gleichung[2])

$$x^6 + 7x^5 + 25x^4 + 55x^3 + 74x^2 + 58x + 20 = 0\,.$$

Hier liefert die Ausrechnung für alle unter $n = 6$ angegebenen Ausdrücke positive Werte, die Gleichung hat demnach nur Wurzeln mit negativen Realteilen. — Bei der Berechnung der Ausdrücke kommt noch erleichternd hinzu, daß sämtliche auftretenden Determinanten symmetrisch sind.

Noch einfacher verläuft allerdings die Berechnung nach dem Vorgange von *Routh.* Multipliziert man die erste, dritte usw. Zeile der Hurwitzschen Matrix (*) mit $-\frac{a_0}{a_1}$, addiert sie zur zweiten, vierten usw. Zeile und setzt dann allgemein $a_{2\varkappa} - \frac{a_0}{a_1} a_{2\varkappa+1} = b_{2\varkappa-1}$, so entsteht

$$\begin{pmatrix} a_1 & a_3 & a_5 & a_7 \cdots \\ 0 & b_1 & b_3 & b_5 \cdots \\ 0 & a_1 & a_3 & a_5 \cdots \\ 0 & 0 & b_1 & b_3 \cdots \\ \cdot & \cdot & \cdot & \cdots \end{pmatrix}$$

[1]) Es läßt sich durch direkte Rechnung die wesentliche Übereinstimmung der Hermiteschen Ausdrücke mit den Hurwitzschen Abschnittsdeterminanten nachweisen. Hurwitz selbst hat sein Kriterium auf ganz andere Weise bewiesen.

[2]) Eine notwendige Bedingung für eine reelle Gleichung, deren Wurzeln nur negative Realteile hat, ist, daß alle Koeffizienten positiv sein müssen, wenn der erste gleich 1 ist. Dies folgt wegen $p_\lambda > 0$ aus der Zerlegung

$$f(x) = (x + p_1 + i q_1)(x + p_1 - i q_1) \cdots (x + p_\varrho + i q_\varrho)(x + p_\varrho - i q_\varrho)(x + p_{\varrho+1}) \cdots (x + p_{n-2\varrho})$$
$$= ((x + p_1)^2 + q_1^2) \cdots ((x + p_\varrho)^2 + q_\varrho^2)(x + p_{\varrho+1}) \cdots (x + p_{n-2\varrho}).$$

Hier kann man jetzt wieder die zweite, vierte usw. Zeile mit $-\frac{a_1}{b_1}$ multiplizieren und zur dritten, fünften usw. Zeile addieren, wodurch mit $a_{2\varkappa+1} - \frac{a_1}{b_1} b_{2\varkappa+1} = c_{2\varkappa-1}$ entsteht

$$\begin{vmatrix} a_1 & a_3 & a_5 & a_7 & a_9 & \cdots \\ 0 & b_1 & b_3 & b_5 & b_7 & \cdots \\ 0 & 0 & c_1 & c_3 & c_5 & \cdots \\ 0 & 0 & b_1 & b_3 & b_5 & \cdots \\ 0 & 0 & 0 & c_1 & c_3 & \cdots \\ \cdots & \cdots & \cdots & \cdots & \cdots & \cdots \end{vmatrix}.$$

Setzt man dieses Verfahren, das nacheinander alle Elemente unter der Hauptdiagonale zu Null macht, entsprechend fort, so erhält man der Reihe nach für die Hurwitzschen Determinanten $R_1, R_2, R_3, \ldots$ die Werte

$$R_1 = a_1, \quad R_2 = a_1 b_1, \quad R_3 = a_1 b_1 c_1, \ldots$$

Und da es nun nicht auf die Werte selbst, sondern nur auf das positive Vorzeichen ankommt, so genügt es festzustellen, daß $a_1, b_1, c_1, \ldots$ positiv ist, was nach folgendem Schema praktisch nachgeprüft werden kann:

$$\begin{array}{c|cccc|c} a_0 & a_2 & a_4 & a_6 & \cdots & \\ \hline a_1 & a_3 & a_5 & \cdots\cdots & & -\frac{a_0}{a_1} \\ b_1 & b_3 & b_5 & \cdots\cdots & & -\frac{a_1}{b_1} \\ c_1 & c_3 & \cdots\cdots & & & -\frac{b_1}{c_1} \\ d_1 & d_3 & \cdots\cdots & & & -\frac{c_1}{d_1} \\ e_1 & \cdots\cdots & & & & \cdots \\ \cdots & \cdots & \cdots & \cdots & \cdots & \cdots \end{array}$$

Man schreibt die gegebenen Koeffizienten $a_0, a_2, a_4, \ldots$, sowie darunter $a_1, a_3, a_5, \ldots$ wie oben angegeben. Dann bildet man $a_{2\varkappa} - \frac{a_0}{a_1} a_{2\varkappa+1} = b_{2\varkappa-1}$ und schreibt das Ergebnis in die nächste Zeile, und zwar um einen Platz nach links verschoben, bildet wieder $-\frac{a_1}{b_1}$ und schreibt das Ergebnis der Operation $a_{2\varkappa+1} - \frac{a_1}{b_1} b_{2\varkappa+1} = c_{2\varkappa-1}$ in die nächste Zeile, wieder um einen Platz nach links verschoben und so fort. In der ersten Spalte stehen dann die Faktoren, aus denen sich die Hurwitzschen Determinanten zusammensetzen, und auf deren positives Vorzeichen es ankommt.

Für unser Beispiel erhält man das Rechenschema:

1	25	74	20	
7	55	58		$-\frac{1}{7}$
17,143	65,714	20		— 0,4667
24,311	48,666			— 0,705
31,405	20			— 0,774
32,186				
20				

Da die Werte in der ersten Spalte sämtlich positiv ausfallen, ist hiermit auf die einfachste Weise erkannt, daß die Gleichung nur Wurzeln mit negativen Realteilen haben kann.

Neuerdings hat *H. Bilharz* auf Grund von Untersuchungen von *I. Schur* den Fall allgemeiner komplexer Koeffizienten auf ähnliche Weise behandelt. Wir führen sein Ergebnis hier ohne Beweis an und bemerken noch dazu, daß es wünschenswert wäre, den direkten Zusammenhang der Bilharzschen Methode mit den Hermiteschen Abschnittsdeterminanten herzustellen.

Man setzt nach *Bilharz* $a_\nu = a'_\nu + i\, a''_\nu$ und bildet die Matrix

$$
\binom{*}{*}\quad \left(\begin{array}{cccccccc}
a'_0 & a''_1 & -a'_2 & -a''_3 & a'_4 & a''_5 & -a'_6 & -a''_7 \cdots \\
-a''_0 & a'_1 & a''_2 & -a'_3 & -a''_4 & a'_5 & a''_6 & -a'_7 \cdots \\
0 & a'_0 & a''_1 & -a'_2 & -a''_3 & a'_4 & a''_5 & -a'_6 \cdots \\
0 & -a''_0 & a'_1 & a''_2 & -a'_3 & -a''_4 & a'_5 & a''_6 \cdots \\
0 & 0 & a'_0 & a''_1 & -a'_2 & -a''_3 & a'_4 & a''_5 \cdots \\
0 & 0 & -a''_0 & a'_1 & a''_2 & -a'_3 & -a''_4 & a'_5 \cdots \\
\cdots & \cdots & \cdots & \cdots & \cdots & \cdots & \cdots & \cdots
\end{array}\right)
$$

Es gilt dann der Satz, *daß die Gleichung mit den Koeffizienten* a_ν[1]) *dann und nur dann lediglich Wurzeln mit negativen Realteilen hat, wenn* $a_0 \neq 0$ *ist und die Abschnittsdeterminanten gerader Ordnung von* $\binom{*}{*}$ *positiv sind.* Numerisch verfährt man am einfachsten nach dem Schema:

$$
\begin{array}{c|cccccc|ll}
-a''_0 & a'_1 & a''_2 & -a'_3 & -a''_4 & a'_5 & a''_6 \cdots & & \\
a'_0 & a''_1 & -a'_2 & -a''_3 & a'_4 & a''_5 & -a'_6 \cdots & +a''_0/a'_0 & a'_1 + \frac{a''_0}{a'_0} a''_1 = b_0 \text{ usw.} \\
b_0 & b_1 & b_2 & b_3 & b_4 & b_5 \cdots & & -a'_0/b_0 & a''_1 - \frac{a'_0}{b_0} b_1 = c_0 \text{ usw.} \\
c_0 & c_1 & c_2 & c_3 & c_4 & c_5 \cdots & & -b_0/c_0 & b_1 - \frac{b_0}{c_0} c_1 = d_0 \text{ usw.} \\
d_0 & d_1 & d_2 & d_3 & d_4 \cdots & & & -c_0/d_0 & c_1 - \frac{c_0}{d_0} d_1 = c_0 \text{ usw.} \\
e_0 & e_1 & e_2 & e_3 & e_4 \cdots & & & -d_0/e_0 & \cdots\cdots\cdots \\
f_0 & f_1 & f_2 & f_3 \cdots & & & & -e_0/f_0 & \\
g_0 & g_1 & g_2 & g_3 \cdots & & & & -f_0/g_0 & \\
h_0 & h_1 & h_2 \cdots & & & & & -g_0/h_0 & \\
i_0 & i_1 & i_2 \cdots & & & & & -h_0/i_0 & \\
k_0 & k_1 \cdots & & & & & & -i_0/k_0 & \\
l_0 & l_1 \cdots & & & & & & -k_0/l_0 & \\
m_0 & \cdots & & & & & & -l_0/m_0 &
\end{array}
$$

Die Abschnittsdeterminanten gerader Ordnung haben dann die Werte

$$a'_0 b_0;\quad a'_0 b_0 c_0 d_0;\quad a'_0 b_0 c_0 d_0 e_0 f_0;\quad a'_0 b_0 c_0 d_0 e_0 f_0 g_0 h_0;\quad a'_0 b_0 c_0 d_0 e_0 f_0 g_0 h_0 i_0 k_0;\ \ldots$$

---

[1]) Es ist gleichgültig, ob die Gleichung lautet $a_0 x^n + a_1 x^{n-1} + \cdots + a_n = 0$ oder $a_n x^n + a_{n-1} x^{n-1} \cdots + a_0 = 0$. Denn die Wurzeln der einen sind die reziproken Werte der Wurzeln der andern. Der Realteil des reziproken Wertes einer komplexen Zahl hat aber dasselbe Vorzeichen wie der Realteil der Zahl selbst.

Demnach kann man aus den Vorzeichen der ersten Spalte des Rechenschemas sofort ersehen, ob die geforderten Bedingungen erfüllt sind oder nicht.

Schließlich sei noch die folgende Bemerkung hinzugefügt: Manchmal wird gegen die Anwendung der aufgestellten Stabilitätskriterien für die Koeffizienten eingewendet, daß es ja in der Praxis nicht nur darauf ankomme zu entscheiden, ob die Lösungen überhaupt abklingen, sondern auch darauf, *wie rasch sie abklingen*, weil ein zu langsames Abklingen praktisch gleichbedeutend mit Unstabilität sein kann. Mathematisch ausgedrückt heißt dies, daß man nicht nur wissen will, ob alle Wurzeln negativen Realteil haben, sondern auch, ob die Realteile alle kleiner als eine vorgegebene Zahl $-p$ sind, wo $p > 0$ ist. *Das kann man aber natürlich auf derselben Grundlage sofort entscheiden, indem man $z = t - p$ setzt und die durch Umordnung nach Potenzen von t entstehende Gleichung daraufhin untersucht, ob ihre Wurzeln alle negative Realteile haben.* Ist dies der Fall, so sind die Realteile der Wurzeln der gegebenen Gleichung sämtlich $< -p$.

Fujiwara hat in der oben genannten Arbeit ausgeführt, daß sich auf eine ganz entsprechende Weise auch das Problem erledigen läßt, zu entscheiden, *wann die Wurzeln einer Gleichung sämtlich im Einheitskreis liegen.* Die Antwort auf diese Frage, die zuerst von *I. Schur* in anderer Form gegeben wurde, lautet folgendermaßen:

Wir setzen wieder
$$f(z) = a_0 + a_1 z + \cdots + a_n z^n$$
und führen jetzt daneben die Funktion ein
$$f^*(z) = \bar{a}_n + \bar{a}_{n-1} z + \cdots + \bar{a}_0 z^n.$$
Dann ist in dem Ausdruck
$$K(f) = \frac{f(x) f^*(y) - f(y) f^*(x)}{x - y} = \sum_{\alpha,\beta=0}^{n-1} C_{\alpha\beta}\, x^\alpha y^\beta$$
der Koeffizient $C_{\alpha\beta}$ an die Relationen gebunden:
$$C_{\alpha\beta} = C_{\beta\alpha}; \qquad C_{\alpha\beta} = \bar{C}_{n-1-\alpha,\, n-1-\beta}.$$

Die erste Aussage ergibt sich einfach durch Vertauschung von x und y. Um die zweite zu beweisen, ersetze man x, y durch $\frac{1}{x}, \frac{1}{y}$, multipliziere mit $x^{n-1} y^{n-1}$ und gehe in allen Koeffizienten zu den konjugiert komplexen Größen über. Dann bleibt die linke Seite ungeändert, während die rechte Seite in $\sum_{\alpha,\beta=0}^{n-1} \bar{C}_{\alpha\beta}\, x^{n-1-\alpha} y^{n-1-\beta}$ übergeht, was die gesuchte Relation liefert. Jetzt setzen wir
$$C_{\alpha,\, n-1-\beta} = a_{\alpha\beta}$$
und finden
$$\bar{a}_{\alpha\beta} = \bar{C}_{\alpha,\, n-1-\beta} = C_{n-1-\alpha,\, \beta} = C_{\beta,\, n-1-\alpha} = a_{\beta\alpha}.$$
Folglich erhält man wieder eine Hermitesche Form
$$H(f; u_0, \ldots, u_{n-1}) = \sum_{\alpha,\beta=0}^{n-1} a_{\alpha\beta}\, u_\alpha \bar{u}_\beta,$$
und der gesuchte Satz lautet dann:

XXX. *Die Gleichung $f(z) = 0$ hat dann und nur dann lauter Wurzeln vom absoluten Betrage kleiner als 1, wenn die zugehörige Hermitesche Form*
$$H(f; u_0, \ldots, u_{n-1}) = \sum_{\alpha\beta=0}^{n-1} a_{\alpha\beta}\, u_\alpha \bar{u}_\beta \text{ *eigentlich positiv definit ist.*}$$

Der Beweis beruht wieder auf der Grundeigenschaft der zugehörigen Hermite schen Form, die hier folgendermaßen lautet: Ist $f(z) = f_1(z) f_2(z)$, so gilt

$$H(f; u_0, \ldots, u_{n-1}) = H(f_1; v_0, \ldots, v_{p-1}) + H(f_2; w_0, \ldots, w_{q-1}).$$

Dabei ist mit

$$f_1(z) = b_0 + b_1 z + \cdots + b_p z^p, \quad f_2(z) = c_0 + c_1 z + \cdots + c_q z^q \quad (p+q=n)$$

jetzt

$$\begin{aligned} w_\alpha &= b_0 u_\alpha + b_1 u_{\alpha+1} + \cdots + b_p u_{\alpha+p} && (\alpha = 0, \ldots, q-1) \\ v_\beta &= \bar{c}_q u_\beta + \bar{c}_{q-1} u_{\beta+1} + \cdots + \bar{c}_0 u_{\beta+q} && (\beta = 0, \ldots, p-1). \end{aligned}$$

Diese linearen Verbindungen sind wieder linear unabhängig, wenn $f_1(z) = 0$ und $f_2^*(z) = 0$ keine Wurzel gemeinsam haben, und dies ist bestimmt dann der Fall, wenn die Wurzeln von $f(z) = 0$ sämtlich im Innern des Einheitskreises liegen, wodurch erreicht wird, daß die von $f_1(z) = 0$ im Innern, die von $f_2^*(z) = 0$ im Äußeren des Einheitskreises liegen, also si her verschieden sind. Für eine lineare Funktion $f(z) = a(z - \alpha)$ findet man nun:

$$K(f) = |a|^2 (1 - \alpha\bar{\alpha}), \quad H(f; u_0) = (1 - \alpha\bar{\alpha}) |a u_0|^2.$$

Demnach ergibt sich mit Hilfe derselben Schlußweise wie früher für die zugehörige Hermitesche Form schließlich die Darstellung

$$H(f; u_0, \ldots, u_{n-1}) = |a_n|^2 \sum_{k=1}^{n} (1 - \alpha_k \bar{\alpha}_k) |V_k|^2,$$

worin die V_k linear unabhängige lineare Formen von $u_0, \ldots, u_{n-1}$ sind. Damit haben wir wieder eine Darstellung der Hermiteschen Form durch eine Summe von Quadraten, deren Koeffizienten sämtlich positiv sind, und hiermit ist der Satz bewiesen.

Wir lassen nachstehend eine Zusammenstellung der Werte von $n = 2$ bis $n = 4$ folgen.

Bedingungen für die Koeffizienten einer Gleichung

$$f(z) = a_0 + a_1 z + \cdots + a_n z^n = 0,$$

deren Wurzeln sämtlich im Innern des Einheitskreises liegen. Man bilde die Abschnittsdeterminanten der angegebenen Matrix $(a_{\alpha\beta})$ *und verlange, daß sie positiv seien.*

$$n = 2: \begin{pmatrix} a_2\bar{a}_2 - a_0\bar{a}_0 & a_1\bar{a}_2 - a_0\bar{a}_1 \\ a_2\bar{a}_1 - a_1\bar{a}_0 & a_2\bar{a}_2 - a_0\bar{a}_0 \end{pmatrix}$$

$$n = 3: \begin{pmatrix} a_3\bar{a}_3 - a_0\bar{a}_0 & a_2\bar{a}_3 - a_0\bar{a}_1 & a_1\bar{a}_3 - a_0\bar{a}_2 \\ a_3\bar{a}_2 - a_1\bar{a}_0 & a_3\bar{a}_3 + a_2\bar{a}_2 - a_1\bar{a}_1 - a_0\bar{a}_0 & a_2\bar{a}_3 - a_0\bar{a}_1 \\ a_3\bar{a}_1 - a_2\bar{a}_0 & a_3\bar{a}_2 - a_1\bar{a}_0 & a_3\bar{a}_3 - a_0\bar{a}_0 \end{pmatrix}$$

$$n = 4: \begin{pmatrix} a_4\bar{a}_4 - a_0\bar{a}_0 & a_3\bar{a}_4 - a_0\bar{a}_1 & a_2\bar{a}_4 - a_0\bar{a}_2 & a_1\bar{a}_4 - a_0\bar{a}_3 \\ a_4\bar{a}_3 - a_1\bar{a}_0 & a_4\bar{a}_4 - a_0\bar{a}_0 + a_3\bar{a}_3 - a_1\bar{a}_1 & a_3\bar{a}_4 - a_0\bar{a}_1 + a_2\bar{a}_3 - a_1\bar{a}_2 & a_2\bar{a}_4 - a_0\bar{a}_2 \\ a_4\bar{a}_2 - a_2\bar{a}_0 & a_4\bar{a}_3 - a_1\bar{a}_0 + a_3\bar{a}_2 - a_2\bar{a}_1 & a_3\bar{a}_3 - a_1\bar{a}_1 + a_4\bar{a}_4 - a_0\bar{a}_0 & a_3\bar{a}_4 - a_0\bar{a}_1 \\ a_4\bar{a}_1 - a_3\bar{a}_0 & a_4\bar{a}_2 - a_2\bar{a}_0 & a_4\bar{a}_3 - a_1\bar{a}_0 & a_4\bar{a}_4 - a_0\bar{a}_0 \end{pmatrix}$$

Wir wenden uns nun wieder der allgemeinen Theorie der Matrizen zu und beginnen mit einem Satz, den man das *Cayley-Hamiltonsche Theorem* nennt. Er lautet

XXXI. *Ist $\varphi(\lambda)$ die charakteristische Determinante einer beliebigen Matrix $\boldsymbol{a}$, so ist $\varphi(\boldsymbol{a}) = 0$.*

Es sei etwa $\varphi(\lambda) = k_0 + k_1\lambda + \cdots + k_n\lambda^n$. Wir bilden nun aus der Matrix $\boldsymbol{a} - \lambda\boldsymbol{e}$ die Matrix der algebraischen Komplemente ihrer Elemente und ihre Transponierte. Nennen wir diese $\boldsymbol{c}$, so ist, wie wir wissen,

$$(\boldsymbol{a} - \lambda\boldsymbol{e})\,\boldsymbol{c} = \varphi(\lambda)\,\boldsymbol{e}.$$

$\boldsymbol{c}$ ist eine Matrix, deren einzelne Elemente Polynome in λ sind, die höchstens den Grad $n - 1$ erreichen können; wir setzen demnach

$$\boldsymbol{c} = \boldsymbol{c}_0 + \boldsymbol{c}_1\lambda + \boldsymbol{c}_2\lambda^2 + \cdots \boldsymbol{c}_{n-1}\lambda^{n-1}$$

und erhalten damit

$$(\boldsymbol{a} - \lambda\boldsymbol{e})(\boldsymbol{c}_0 + \boldsymbol{c}_1\lambda + \cdots + \boldsymbol{c}_{n-1}\lambda^{n-1}) = (k_0 + k_1\lambda + \cdots + k_n\lambda^n)\,\boldsymbol{e}.$$

Vergleichen wir links und rechts die einzelnen Potenzen von λ, so erhalten wir:

$$\begin{aligned} \boldsymbol{a}\boldsymbol{c}_0 &= k_0\boldsymbol{e} \\ \boldsymbol{a}\boldsymbol{c}_1 - \boldsymbol{c}_0 &= k_1\boldsymbol{e} \\ \boldsymbol{a}\boldsymbol{c}_2 - \boldsymbol{c}_1 &= k_2\boldsymbol{e} \\ \cdots &\cdots \\ -\boldsymbol{c}_{n-1} &= k_n\boldsymbol{e}. \end{aligned}$$

Multiplizieren wir diese Gleichungen der Reihe nach vorn mit $\boldsymbol{a}, \boldsymbol{a}, \ldots, \boldsymbol{a}^n$ und addieren alle Gleichungen, so erhalten wir links Null und rechts $\varphi(\boldsymbol{a})$. Damit ist der Satz bewiesen.

Wir gehen nun zunächst auf Satz XXV. zurück, worin eine kanonische Normalform einer beliebigen Matrix gegenüber unitären Transformationen aufgestellt worden war. Diese Normalform war noch unbestimmt, insofern die Elemente oberhalb der Diagonale noch nicht genauer festgelegt worden waren, im Gegensatz zu dem Fall einer normalen Matrix, die unitär auf die Diagonalmatrix der Eigenwerte transformiert werden konnte. Um die Aussage für eine beliebige Matrix zu verschärfen, ist es notwendig, die unitären Transformationen zu verallgemeinern. Dies geschieht im folgenden mit Hilfe der *Ähnlichkeitstransformation der Matrizen*.

Wir nennen zwei Matrizen $\boldsymbol{a}$ und $\boldsymbol{b}$ ähnlich, wenn es eine Transformation $\boldsymbol{c}$ von nichtverschwindender Determinante gibt, so daß

$$\boldsymbol{b} = \boldsymbol{c}^{-1}\boldsymbol{a}\boldsymbol{c}$$

ist. Jede unitäre Transformation ist eine Ähnlichkeitstransformation, aber nicht umgekehrt. Da mit $\boldsymbol{c}$ auch $\boldsymbol{c}^{-1}$ eine nichtverschwindende Determinante besitzt, so ist im Falle der Ähnlichkeit auch

$$\boldsymbol{a} = \boldsymbol{c}\boldsymbol{b}\boldsymbol{c}^{-1} = (\boldsymbol{c}^{-1})^{-1}\boldsymbol{b}\boldsymbol{c}^{-1},$$

d. h. wenn $\boldsymbol{b}$ zu $\boldsymbol{a}$ ähnlich ist, ist auch $\boldsymbol{a}$ zu $\boldsymbol{b}$ ähnlich. Zwei Matrizen, die zu einer dritten ähnlich sind, sind auch untereinander ähnlich. Denn aus $\boldsymbol{b} = \boldsymbol{u}^{-1}\boldsymbol{a}\boldsymbol{u}$ und $\boldsymbol{c} = \boldsymbol{v}^{-1}\boldsymbol{b}\boldsymbol{v}$ folgt $\boldsymbol{c} = \boldsymbol{v}^{-1}\boldsymbol{u}^{-1}\boldsymbol{a}\boldsymbol{u}\boldsymbol{v}$, und $\boldsymbol{v}^{-1}\boldsymbol{u}^{-1}$ ist die Reziproke von $\boldsymbol{u}\boldsymbol{v}$. Ferner sind für zwei ähnliche Matrizen auch alle Potenzen ähnlich, denn aus $\boldsymbol{b} = \boldsymbol{c}^{-1}\boldsymbol{a}\boldsymbol{c}$ folgt für jedes s:

$$\boldsymbol{b}^s = \boldsymbol{c}^{-1}\boldsymbol{a}\boldsymbol{c}\boldsymbol{c}^{-1}\boldsymbol{a}\boldsymbol{c}\cdots\boldsymbol{c}^{-1}\boldsymbol{a}\boldsymbol{c} = \boldsymbol{c}^{-1}\boldsymbol{a}^s\boldsymbol{c}.$$

Allgemeiner gilt für jedes Polynom $g(\lambda)$, daß $g(\boldsymbol{b}) = \boldsymbol{c}^{-1}g(\boldsymbol{a})\,\boldsymbol{c}$ ist. Zwei ähnliche Matrizen sind stets auch äquivalent im Sinne des dritten Vortrages, haben also nach XVII. stets denselben Rang. Umgekehrt brauchen zwei äquivalente Matrizen nicht ähnlich zu sein. Ähnliche Matrizen haben ferner stets dieselbe Determinante. Da mit $\boldsymbol{a}$ und $\boldsymbol{b}$ auch $\boldsymbol{a} - \lambda\,\boldsymbol{e}$ und $\boldsymbol{b} - \lambda\,\boldsymbol{e}$ für jedes λ ähnlich sind, so haben sie auch dieselbe charakteristische Determinante und damit dieselben Eigenwerte. Ist $\mathfrak{x}$ ein Eigenvektor zum Eigenwerte λ von $\boldsymbol{a}$, so ist $\boldsymbol{c}^{-1}\,\mathfrak{x}$ ein Eigenvektor von $\boldsymbol{b}$ zu demselben Eigenwerte λ. Denn wenn

$$\boldsymbol{a}\,\mathfrak{x} = \lambda\,\mathfrak{x}$$

ist, so ist auch

$$\boldsymbol{c}\,\boldsymbol{b}\,\boldsymbol{c}^{-1}\,\mathfrak{x} = \lambda\,\mathfrak{x}$$
$$\boldsymbol{b}\,(\boldsymbol{c}^{-1}\,\mathfrak{x}) = \lambda\,(\boldsymbol{c}^{-1}\,\mathfrak{x}),$$

und $\boldsymbol{c}^{-1}\,\mathfrak{x}$ ist nicht Null, weil sonst auch $\mathfrak{x} = 0$ sein müßte.

Da die in XXV. auftretende kanonische Matrix $\boldsymbol{b}$ zu $\boldsymbol{a}$ ähnlich ist, so sind ihre Potenzen zu denen von $\boldsymbol{a}$ ähnlich. In der Diagonale der s-ten Potenz von $\boldsymbol{b}$ stehen aber die s-ten Potenzen der Eigenwerte und unterhalb Nullen, d. h. $\boldsymbol{b}^s$ ist eine kanonische Normalform zu $\boldsymbol{a}^s$ und hat die Eigenwerte $\lambda_1^s, \ldots, \lambda_n^s$, wenn $\lambda_1, \ldots, \lambda_n$ die Eigenwerte von $\boldsymbol{a}$ sind. Daher hat auch $\boldsymbol{a}^s$ die Eigenwerte $\lambda_1^s, \ldots, \lambda_n^s$, und allgemeiner ergibt sich auf dieselbe Weise, daß jedes Polynom $g(\boldsymbol{a})$ die Eigenwerte $g(\lambda_1), \ldots, g(\lambda_n)$ besitzt. Sind alle Eigenwerte ungleich Null, so existiert $\boldsymbol{a}^{-1}$ und $\boldsymbol{b}^{-1}$; letzteres hat die Diagonalelemente $\frac{1}{\lambda_1}, \ldots, \frac{1}{\lambda_n}$ und ist zu $\boldsymbol{a}^{-1}$ ähnlich. Also hat $\boldsymbol{a}^{-1}$, falls es existiert, stets die Eigenwerte $\frac{1}{\lambda_1}, \ldots, \frac{1}{\lambda_n}$, und $\boldsymbol{a}^{-s}$ hat die Eigenwerte $\frac{1}{\lambda_1^s}, \ldots, \frac{1}{\lambda_n^s}$.

Wir wollen nun die durch Ähnlichkeitstransformationen erreichbare Normalform verschärfen und genauere Angaben über die Elemente oberhalb der Diagonale machen.

Zu diesem Zwecke stellen wir zunächst eine Verallgemeinerung des Begriffes eines orthogonalen Vektorensystems auf und definieren wie folgt:

Zwei Systeme $\mathfrak{x}_1, \ldots, \mathfrak{x}_r$ *und* $\mathfrak{y}_1, \ldots, \mathfrak{y}_r$ *von n-dimensionalen Vektoren bilden ein Biorthogonalsystem, wenn die Bedingungen*

$$\mathfrak{x}'_\alpha\,\overline{\mathfrak{y}}_\beta = \delta_{\alpha\beta} \qquad (\alpha, \beta = 1, \cdots, r)$$

erfüllt sind.

Offenbar bildet jedes normierte Orthogonalsystem $\mathfrak{x}_1, \ldots, \mathfrak{x}_r$ zugleich ein Biorthogonalsystem mit sich selbst. Es gibt also für jedes $r \leqq n$ Biorthogonalsysteme.

Die Vektoren $\mathfrak{x}_1, \ldots, \mathfrak{x}_r$ *eines Biorthogonalsystems sind linear unabhängig.* Denn aus einer Beziehung

$$c_1\,\mathfrak{x}'_1 + \cdots + c_r\,\mathfrak{x}'_r = 0$$

folgt durch Multiplikation mit $\overline{\mathfrak{y}}_\beta$ sogleich

$$c_\beta\,\mathfrak{x}'_\beta\,\overline{\mathfrak{y}}_\beta = c_\beta = 0 \qquad (\beta = 1, \ldots, r).$$

Die entsprechende Aussage gilt bezüglich $\mathfrak{y}_1, \ldots, \mathfrak{y}_r$. — Für *jedes* Biorthogonalsystem ist also $r \leqq n$.

Ist $r = n$, so heißt das Biorthogonalsystem vollständig. Schreibt man die Komponenten von $\mathfrak{x}'_1, \ldots, \mathfrak{x}'_n$ als die Zeilen einer n-reihigen Matrix, ebenso die Komponenten von $\overline{\mathfrak{y}}_1, \ldots, \overline{\mathfrak{y}}_n$ als die Spalten einer n-reihigen Matrix, so sieht man unmittelbar, daß das Produkt beider Matrizen gleich der Einheitsmatrix ist.

Man kann also zu jedem System von n linear unabhängigen Vektoren $\mathfrak{x}_1, \ldots, \mathfrak{x}_n$ *sofort ein System* $\mathfrak{y}_1, \ldots, \mathfrak{y}_n$ *konstruieren, das mit dem ersteren zusammen ein vollständiges Biorthogonalsystem bildet, indem man einfach die Reziproke der betreffenden Matrix aufstellt.*

Jedes nicht vollständige Biorthogonalsystem kann zu einem vollständigen Biorthogonalsystem ergänzt werden. Es sei $\mathfrak{x}_1, \ldots, \mathfrak{x}_r; \mathfrak{y}_1, \ldots, \mathfrak{y}_r$ ein Biorthogonalsystem und $r < n$. In der Matrix der Koeffizienten von $\bar{\mathfrak{y}}_1, \ldots, \bar{\mathfrak{y}}_r$ befindet sich dann sicherlich eine von Null verschiedene Determinante der Ordnung r. Infolgedessen haben die Gleichungen

$$\mathfrak{x}' \bar{\mathfrak{y}}_1 = 0, \cdots, \mathfrak{x}' \bar{\mathfrak{y}}_r = 0$$

genau $n - r$ linear unabhängige Lösungen, die wir mit $\mathfrak{x}'_{r+1}, \ldots, \mathfrak{x}'_n$ bezeichnen. Aus einer linearen Beziehung

$$c_1 \mathfrak{x}'_1 + \cdots + c_n \mathfrak{x}'_n = 0$$

folgt dann durch Multiplikation mit $\bar{\mathfrak{y}}_\beta$ $(\beta = 1, \ldots, r)$, daß $c_1 = \cdots = c_r = 0$ ist, und alsdann muß auch $c_{r+1} = \cdots = c_n = 0$ sein, da die Vektoren $\mathfrak{x}'_{r+1}, \ldots, \mathfrak{x}'_n$ linear unabhängig sind. Also sind auch die n Vektoren $\mathfrak{x}_1, \ldots, \mathfrak{x}_n$ linear unabhängig und die Determinante ihrer Koeffizienten ist von Null verschieden. Bezeichnen wir die Reziproke ihrer Matrix $\boldsymbol{a}$ mit $\boldsymbol{r}$ und deren Spalten mit $\bar{\mathfrak{y}}^*_1, \ldots, \bar{\mathfrak{y}}^*_n$, so gilt wegen $\boldsymbol{a}\,\boldsymbol{r} = \boldsymbol{e}$ offenbar

$$\mathfrak{x}'_\alpha \bar{\mathfrak{y}}^*_\beta = \delta_{\alpha\beta} \qquad (\alpha, \beta = 1, \ldots, n).$$

Hierin ist $\bar{\mathfrak{y}}^*_1, \ldots, \bar{\mathfrak{y}}^*_r$ jeweils gleich $\bar{\mathfrak{y}}_1, \ldots, \bar{\mathfrak{y}}_r$, denn es gilt ja ersichtlich

$$\mathfrak{x}'_\alpha (\bar{\mathfrak{y}}_\beta - \bar{\mathfrak{y}}^*_\beta) = 0. \qquad \begin{pmatrix}\alpha = 1, \ldots, n\\ \beta = 1, \ldots, r\end{pmatrix}$$

oder, was dasselbe ist,

$$\boldsymbol{a}(\bar{\mathfrak{y}}_\beta - \bar{\mathfrak{y}}^*_\beta) = 0 \qquad (\beta = 1, \ldots, r),$$

und dies liefert $\bar{\mathfrak{y}}_\beta - \bar{\mathfrak{y}}^*_\beta = 0$, $\bar{\mathfrak{y}}_\beta = \bar{\mathfrak{y}}^*_\beta$. Daher bilden in der Tat die Vektoren $\mathfrak{x}_1, \ldots, \mathfrak{x}_n; \mathfrak{y}_1, \ldots, \mathfrak{y}_r, \mathfrak{y}^*_{r+1}, \ldots, \mathfrak{y}^*_n$ ein vollständiges Biorthogonalsystem.

Wir gehen jetzt zur Aufstellung der gesuchten Normalform einer beliebigen Matrix $\boldsymbol{a}$ mit Hilfe von Ähnlichkeitstransformationen über[1]).

Es sei λ_1 ein Eigenwert von $\boldsymbol{a}$. Dann hat das Gleichungssystem

$$\boldsymbol{a}\,\bar{\mathfrak{y}} = \lambda_1 \bar{\mathfrak{y}}$$

bzw.

$$\mathfrak{x}' \boldsymbol{a} = \lambda_1 \mathfrak{x}'$$

jeweils einen von Null verschiedenen Lösungsvektor $\bar{\mathfrak{y}}$ bzw. $\mathfrak{x}'$. Es sind jetzt zwei Fälle denkbar:

1. *Fall:* Für je zwei Lösungsvektoren $\mathfrak{x}'$ und $\bar{\mathfrak{y}}$ gilt $\mathfrak{x}' \bar{\mathfrak{y}} = 0$.
2. *Fall:* Es gibt ein Paar von Lösungsvektoren $\mathfrak{x}'$ und $\bar{\mathfrak{y}}$, für die

$$\mathfrak{x}' \bar{\mathfrak{y}} \neq 0,$$

also bei geeigneter Normierung der Vektoren $= 1$ ist.

Wir beginnen mit der Untersuchung des *zweiten Falles* und bezeichnen die beiden Lösungsvektoren jetzt mit $\mathfrak{x}'_1$ und $\bar{\mathfrak{y}}_1$. Dann können wir $\mathfrak{x}_1$ und $\mathfrak{y}_1$ als ein unvollständiges Biorthogonalsystem auffassen und durch Hinzufügung geeigneter Vektoren $\mathfrak{x}_2, \ldots, \mathfrak{x}_n; \mathfrak{y}_2, \ldots, \mathfrak{y}_n$ zu einem vollständigen Biorthogonal-

---

[1]) Das folgende ist eine sinngemäße, an einer Stelle vereinfachte Übertragung der bei Integralgleichungen von *D. Enskog* angegebenen Methode.

system ergänzen. Wir erhalten dann eine Ähnlichkeitstransformation für $\boldsymbol{a}$ von der Form:

$$\begin{pmatrix} \mathfrak{x}_1' - \cdots \\ \mathfrak{x}_2' \\ \cdots\cdots\cdots \\ \mathfrak{x}_n' \end{pmatrix} \boldsymbol{a} \begin{pmatrix} \bar{\mathfrak{y}}_1 & \bar{\mathfrak{y}}_2 & & \bar{\mathfrak{y}}_n \\ | & | & \cdots & \end{pmatrix} = \begin{pmatrix} \mathfrak{x}_1' \boldsymbol{a} \bar{\mathfrak{y}}_1 & \mathfrak{x}_1' \boldsymbol{a} \bar{\mathfrak{y}}_2 & \cdots & \mathfrak{x}_1' \boldsymbol{a} \bar{\mathfrak{y}}_n \\ \mathfrak{x}_2' \boldsymbol{a} \bar{\mathfrak{y}}_1 & & & \\ \vdots & & \boldsymbol{a}_1 & \\ \mathfrak{x}_n' \boldsymbol{a} \bar{\mathfrak{y}}_1 & & & \end{pmatrix}$$

$$= \begin{pmatrix} \lambda_1 & \lambda_1 \mathfrak{x}_1' \bar{\mathfrak{y}}_2 & \cdots & \lambda_1 \mathfrak{x}_1' \bar{\mathfrak{y}}_n \\ \lambda_1 \mathfrak{x}_2' \bar{\mathfrak{y}}_1 & & & \\ \vdots & & \boldsymbol{a}_1 & \\ \lambda_1 \mathfrak{x}_n' \bar{\mathfrak{y}}_1 & & & \end{pmatrix} = \begin{pmatrix} \lambda_1 & 0 \cdots 0 \\ 0 & \\ \vdots & \boldsymbol{a}_1 \\ 0 & \end{pmatrix}$$

Hierin bedeutet $\boldsymbol{a}_1$ eine Matrix von $n - 1$ Zeilen und Spalten. Wenn wir annehmen, daß wir die Zurückführung auf die Normalform bereits für alle Matrizen von weniger als n Zeilen und Spalten geleistet haben, so gibt es für $\boldsymbol{a}_1$ eine Ähnlichkeitstransformation mit Hilfe einer $(n - 1)$-reihigen Transformationsmatrix, die durch Hinzufügung einer ersten Zeile und Spalte, welche nur im ersten Element eine Eins und sonst lauter Nullen enthalten, zu einer n-reihigen Transformationsmatrix wird; diese liefert dann mit der zuerst genannten zusammengesetzt die Zurückführung von $\boldsymbol{a}$ auf die Normalform.

Man erkennt, daß als Normalform wieder eine Diagonalmatrix entsteht, falls bei jeder der geschilderten Reduktionen der zweite Fall eintritt.

Was geschieht nun im *ersten Falle*?

Wir gehen wieder aus von einem Lösungsvektor $\bar{\mathfrak{y}}_1$ für die Gleichung

$$(\boldsymbol{a} - \lambda_1 \boldsymbol{e}) \bar{\mathfrak{y}}_1 = 0$$

und wissen nun, daß für alle Lösungsvektoren $\mathfrak{x}'$ der Gleichung

$$\mathfrak{x}' (\boldsymbol{a} - \lambda_1 \boldsymbol{e}) = 0$$

die Bedingung $\mathfrak{x}' \bar{\mathfrak{y}}_1 = 0$ erfüllt ist. Dann hat nach Satz XVIa die Gleichung

$$(\boldsymbol{a} - \lambda_1 \boldsymbol{e}) \bar{\mathfrak{y}}_2 = \bar{\mathfrak{y}}_1$$

stets eine Lösung $\bar{\mathfrak{y}}_2$. Sollte auch für $\bar{\mathfrak{y}}_2$ noch die Bedingung bestehen, daß stets $\mathfrak{x}' \bar{\mathfrak{y}}_2 = 0$ ist, so können wir weiter schließen, daß auch die Gleichung

$$(\boldsymbol{a} - \lambda_1 \boldsymbol{e}) \bar{\mathfrak{y}}_3 = \bar{\mathfrak{y}}_2$$

eine Lösung $\bar{\mathfrak{y}}_3$ besitzt, und so fort. Dies Verfahren kann solange fortgesetzt werden, als der zuletzt gefundene Vektor $\bar{\mathfrak{y}}_{k-1}$ noch die Bedingung erfüllt, daß stets $\mathfrak{x}' \bar{\mathfrak{y}}_{k-1} = 0$ ist; wir behaupten, daß die Vektoren $\bar{\mathfrak{y}}_1, \ldots, \bar{\mathfrak{y}}_k$ linear unabhängig sind. In der Tat folgt aus einer Beziehung

$$c_1 \bar{\mathfrak{y}}_1 + c_2 \bar{\mathfrak{y}}_2 + \cdots + c_l \bar{\mathfrak{y}}_l = 0 \qquad (l \leq k,\ c_l \neq 0)$$

durch Multiplikation mit $\boldsymbol{a} - \lambda_1 \boldsymbol{e}$ notwendig

$$c_2 \bar{\mathfrak{y}}_1 + \cdots + c_l \bar{\mathfrak{y}}_{l-1} = 0$$

und hieraus auf dieselbe Weise

$$c_3 \bar{\mathfrak{y}}_1 + \cdots + c_l \bar{\mathfrak{y}}_{l-2} = 0$$

und so fort, bis man schließlich $c_l \bar{\mathfrak{y}}_1 = 0$ findet, also $c_l = 0$, was ein Widerspruch ist.

Daher findet das Verfahren bei einem bestimmten Werte $k \leq n$ sein Ende. Für $\mathfrak{y}_k$ gibt es dann ein bestimmtes $\mathfrak{x}' = \mathfrak{x}_1'$, so daß $\mathfrak{x}_1' \bar{\mathfrak{y}}_k = 1$ ist.

Es gibt demnach zu jeder Lösung $\bar{\mathfrak{y}}_1$ von $(\boldsymbol{a} - \lambda_1 \boldsymbol{e}) \mathfrak{y} = 0$ eine abgeleitete Kette von Vektoren $\bar{\mathfrak{y}}_1, \bar{\mathfrak{y}}_2, \ldots, \bar{\mathfrak{y}}_k$, deren Länge k mindestens gleich 2 und höchstens gleich n ist. Je nach dem Range von $\boldsymbol{a} - \lambda_1 \boldsymbol{e}$ kann es einen oder mehrere linear unabhängige Ausgangsvektoren $\bar{\mathfrak{y}}_1$ geben; *wir wählen einen solchen Ausgangsvektor $\bar{\mathfrak{y}}_1$, daß die Länge der von ihm abgeleiteten Kette möglichst klein sei.* Mit dem zugehörigen Vektor $\mathfrak{x}_1$, für den $\mathfrak{x}_1' \bar{\mathfrak{y}}_k = 1$ ist, bilden wir dann die Gleichung

$$\mathfrak{x}_2' (\boldsymbol{a} - \lambda_1 \boldsymbol{e}) = \mathfrak{x}_1'.$$

Diese hat eine Lösung $\mathfrak{x}_2'$, weil $\mathfrak{x}_1' \bar{\mathfrak{y}} = 0$ ist für jedes $\bar{\mathfrak{y}}$, daß der Bedingung $(\boldsymbol{a} - \lambda_1 \boldsymbol{e}) \bar{\mathfrak{y}} = 0$ genügt. Dies folgt wieder aus Satz XVI a, wenn man ihn entsprechend für Gleichungssysteme $\mathfrak{x}' \boldsymbol{a} = \mathfrak{z}'$ formuliert. Sollte jetzt auch für $\mathfrak{x}_2$ die Bedingung $\mathfrak{x}_2' \bar{\mathfrak{y}} = 0$ für jedes $\bar{\mathfrak{y}}$ gelten, das der Bedingung $(\boldsymbol{a} - \lambda_1 \boldsymbol{e}) \bar{\mathfrak{y}} = 0$ genügt, so können wir weiter schließen, daß auch die Gleichung

$$\mathfrak{x}_3' (\boldsymbol{a} - \lambda_1 \boldsymbol{e}) = \mathfrak{x}_2'$$

eine Lösung besitzt, und dies Verfahren kann wieder bis zu einem bestimmten Vektor $\mathfrak{x}_m'$ $(m \leq n)$ fortgesetzt werden, solange für die vorangehenden Vektoren noch die entsprechende Bedingung besteht. Für diese Vektoren gilt nun allgemein

$$\mathfrak{x}_{\alpha+1}' (\boldsymbol{a} - \lambda_1 \boldsymbol{e}) \bar{\mathfrak{y}}_\beta = \mathfrak{x}_\alpha' \bar{\mathfrak{y}}_\beta = \mathfrak{x}_{\alpha+1}' \bar{\mathfrak{y}}_{\beta-1} \qquad \begin{pmatrix} 1 \leq \alpha < m \\ 2 \leq \beta \leq k \end{pmatrix},$$

also wird für $\alpha + \beta - 1 \leq k$:

$$\mathfrak{x}_\alpha' \bar{\mathfrak{y}}_\beta = \mathfrak{x}_{\alpha+1}' \bar{\mathfrak{y}}_{\beta+1} = \cdots = \mathfrak{x}_1' \bar{\mathfrak{y}}_{\alpha+\beta-1},$$

und der letzte Wert ist Null, wenn $\alpha + \beta - 1 < k$, $\alpha + \beta < k + 1$ ist. Insbesondere ist also für $k > 2$:

$$\mathfrak{x}_2' \bar{\mathfrak{y}}_1 = \mathfrak{x}_3' \bar{\mathfrak{y}}_1 = \cdots = \mathfrak{x}_{k-1}' \bar{\mathfrak{y}}_1 = 0,$$

und dasselbe gilt, wenn $\bar{\mathfrak{y}}_1$ durch irgend einen andern Ausgangsvektor $\bar{\mathfrak{y}}_1^*$ ersetzt wird, weil die Länge der zugehörigen Kette für $\bar{\mathfrak{y}}_1^*$ höchstens größer sein kann. Hieraus ergibt sich, daß die Zahl m mindestens gleich k ist; da ferner $\mathfrak{x}_1' \bar{\mathfrak{y}}_k = 1$, also allgemein $\mathfrak{x}_\alpha' \bar{\mathfrak{y}}_\beta = 1$ für $\alpha + \beta = k + 1$ ist, so ist insbesondere $\mathfrak{x}_k' \bar{\mathfrak{y}}_1 = 1$, und die Zahl m ist genau gleich k. Dies gilt aber auch für $k = 2$.

Endlich können wir die Bestimmung von $\mathfrak{x}_2', \ldots, \mathfrak{x}_k'$, ohne an der Gültigkeit der vorangehenden Überlegungen etwas zu ändern, jeweils um $c\,\mathfrak{x}_1'$ vermehren und damit erreichen, daß auch

$$\mathfrak{x}_2' \bar{\mathfrak{y}}_k = 0, \ldots, \mathfrak{x}_k' \bar{\mathfrak{y}}_k = 0$$

wird.

Alsdann bilden die Vektoren

$$\begin{matrix} \mathfrak{x}_k, \ldots, \mathfrak{x}_1 \\ \bar{\mathfrak{y}}_1, \ldots, \bar{\mathfrak{y}}_k \end{matrix}$$

ein Biorthogonalsystem in dem Sinne, daß

$$\mathfrak{x}_\alpha' \bar{\mathfrak{y}}_{k-\alpha+1} = 1, \quad \text{sonst} \quad \mathfrak{x}_\alpha' \bar{\mathfrak{y}}_\beta = 0 \qquad (\alpha, \beta = 1, \ldots, k \leq n)$$

ist. Wir fügen der Übersichtlichkeit halber die gefundenen Gleichungen nochmals an:

$$\begin{aligned} \boldsymbol{a}\, \bar{\mathfrak{y}}_\alpha &= \bar{\mathfrak{y}}_{\alpha-1} + \lambda_1 \bar{\mathfrak{y}}_\alpha \\ \mathfrak{x}_\alpha' \boldsymbol{a} &= \mathfrak{x}_{\alpha-1}' + \lambda_1 \mathfrak{x}_\alpha' \end{aligned} \qquad (\alpha = 1, 2, \ldots, k) \qquad \begin{matrix} (\mathfrak{y}_0 = 0) \\ (\mathfrak{x}_0 = 0). \end{matrix}$$

Wir können nun das gefundene Biorthogonalsystem, falls $k < n$ ist, zu einem vollständigen ergänzen, indem wir etwa die Vektoren $\mathfrak{x}_{k+1}, \ldots, \mathfrak{x}_n; \mathfrak{y}_{k+1}, \ldots, \mathfrak{y}_n$ hinzufügen. Jetzt bilden wir das Matrizenprodukt

$$\begin{pmatrix} \mathfrak{x}'_k & \text{———} \\ \vdots & \\ \mathfrak{x}'_1 & \text{———} \\ \mathfrak{x}'_{k+1} & \text{———} \\ \cdots & \cdots \\ \mathfrak{x}'_n & \text{———} \end{pmatrix} \boldsymbol{a} \begin{pmatrix} \overline{\mathfrak{y}}_1 \cdots \overline{\mathfrak{y}}_k & \overline{\mathfrak{y}}_{k+1} \cdots \overline{\mathfrak{y}}_n \\ \cdots & \cdots \end{pmatrix}$$

$$= \begin{pmatrix} \mathfrak{x}'_k \boldsymbol{a} \overline{\mathfrak{y}}_1 & \cdots \mathfrak{x}'_k \boldsymbol{a} \overline{\mathfrak{y}}_k & \mathfrak{x}'_k \boldsymbol{a} \overline{\mathfrak{y}}_{k+1} \cdots \mathfrak{x}'_k \boldsymbol{a} \overline{\mathfrak{y}}_n \\ \cdots & \cdots & \cdots \\ \mathfrak{x}'_1 \boldsymbol{a} \overline{\mathfrak{y}}_1 & \cdots \mathfrak{x}'_1 \boldsymbol{a} \overline{\mathfrak{y}}_k & \mathfrak{x}'_1 \boldsymbol{a} \overline{\mathfrak{y}}_{k+1} \cdots \mathfrak{x}'_1 \boldsymbol{a} \overline{\mathfrak{y}}_n \\ \mathfrak{x}'_{k+1} \boldsymbol{a} \overline{\mathfrak{y}}_1 & \cdots \mathfrak{x}'_{k+1} \boldsymbol{a} \overline{\mathfrak{y}}_k & \\ \cdots & \cdots & \boldsymbol{a}_1 \\ \mathfrak{x}'_n \boldsymbol{a} \overline{\mathfrak{y}}_1 & \cdots \mathfrak{x}'_n \boldsymbol{a} \overline{\mathfrak{y}}_k & \end{pmatrix} = \begin{pmatrix} \lambda_1 \; 1 \cdots 0 & \\ 0 \; \lambda_1 \cdots 0 & 0 \\ \cdots\cdots 1 & \\ 0 \; 0 \cdots \lambda_1 & \\ 0 & \boldsymbol{a}_1 \end{pmatrix}.$$

Die Ausrechnung liefert mit Hilfe der angegebenen Gleichungen und mit Hilfe der Biorthogonalitätsrelationen für die Matrix rechts den *Elementarbestandteil*

$$\begin{pmatrix} \lambda_1 & 1 & 0 \cdots & 0 \\ 0 & \lambda_1 & 1 \cdots & 0 \\ \cdots & \cdots & \cdots & \\ 0 & & \cdots \lambda_1 & 1 \\ 0 & & \cdots 0 & \lambda_1 \end{pmatrix}$$

von der Ordnung k, und außerdem abgesehen von Nullen eine Matrix $\boldsymbol{a}_1$ von $n - k$ Zeilen und Spalten, auf die alsdann ein ähnliches Verfahren angewandt werden kann. Denken wir uns die zugehörigen Transformationsmatrizen sinngemäß zu n-reihigen Matrizen ergänzt, so finden wir schließlich folgenden Satz:

XXXIII. *Jede Matrix* $\boldsymbol{a}$ *ist zu einer Normalform* $\boldsymbol{n}$ *ähnlich, die aus Elementarbestandteilen der Form*

$$\begin{pmatrix} \lambda_\alpha & 1 & 0 \cdots & 0 \\ 0 & \lambda_\alpha & 1 \cdots & 0 \\ \cdots & \cdots & \cdots & \\ 0 & & \cdots \lambda_\alpha & 1 \\ 0 & & \cdots 0 & \lambda_\alpha \end{pmatrix}$$

zusammengesetzt ist, die in der Diagonale auftreten, während außerhalb Nullen stehen. Jeder Elementarbestandteil k*-ter Ordnung enthält für* $k > 1$ *einen Eigenwert in der Diagonale und in der darüberliegenden Schrägzeile Einsen, sonst Nullen. Für* $k = 1$ *bedeutet der Elementarbestandteil einfach die Zahl* λ_α.

Die Summe der Ordnungen aller Elementarbestandteile mit demselben Eigenwert λ_α ist die Vielfachheit von λ_α in der charakteristischen Determinante von $\boldsymbol{a}$. Es können also Elementarbestandteile höherer als erster Ordnung nur bei solchen Eigenwerten λ_α auftreten, deren Vielfachheit größer als 1 ist.

Die Elementarbestandteile der Normalform sind durch die gegebene Matrix $\boldsymbol{a}$ *eindeutig bestimmt.* Um dies zu zeigen, betrachten wir den Rang r_s von $(\boldsymbol{a} - \lambda_\alpha \boldsymbol{e})^s$; dieser stimmt überein mit dem von $(\boldsymbol{n} - \lambda_\alpha \boldsymbol{e})^s$. Sind $k_1, \ldots, k_p$ die Ordnungen der Elementarbestandteile bezüglich λ_α, so überzeugt man sich unmittelbar, daß unter ihnen die Zahl k so oft auftritt, als die Anzahl $r_{k-1} - 2\, r_k + r_{k+1}$ angibt. Ist nämlich z. B. nur ein einziger Elementarbestandteil für λ_α vorhanden, und ist dieser von der Ordnung k, so ist $r_\beta - r_{\beta+1} = 1$ für $\beta < k$, dagegen $r_k - r_{k+1} = 0$[1]; also ist $r_{\beta-1} - r_\beta - (r_\beta - r_{\beta+1}) = 0$ für $1 \leqq \beta < k$, und $r_{k-1} - r_k - (r_k - r_{k+1}) = 1$ in Übereinstimmung mit der Behauptung. Ebenso sieht man ein, daß bei zwei Elementarbestandteilen der Ordnung k $r_{\beta-1} - 2\, r_\beta + r_{\beta+1} = 0$ ist für $\beta < k$, und $= 2$ für $\beta = k$. In ähnlicher Weise überzeugt man sich allgemein, daß die zweiten Differenzen $r_{\beta-1} - 2\, r_\beta + r_{\beta+1}$ stets $\geqq 0$ sind und die Anzahl angeben, wie oft die Zahl β unter den Zahlen $k_1, \ldots, k_p$ auftritt. Da die Rangzahlen r_s durch $\boldsymbol{a}$ eindeutig bestimmt sind, gilt dies demnach auch von den Elementarbestandteilen bezüglich jedes einzelnen Eigenwertes. Zwei verschiedene Normalformen sind daher nicht ähnlich, und wir können folgenden Satz aussprechen:

XXXIII a. *Zwei Matrizen* $\boldsymbol{a}$ *und* $\boldsymbol{b}$ *derselben Ordnung* n *sind dann und nur dann zueinander ähnlich, wenn die Rangzahlen der Potenzen* $(\boldsymbol{a} - \lambda\, \boldsymbol{e})^s$ *und* $(\boldsymbol{b} - \lambda\, \boldsymbol{e})^s$ *für jeden Wert* λ *und für jedes* $s = 1, 2, \ldots$ *miteinander entsprechend übereinstimmen. Beide lassen sich dann auf dieselbe Normalform ähnlich transformieren.*

Man bezeichnet die charakteristischen Determinanten der Elementarbestandteile, die Teiler der charakteristischen Determinante von $\boldsymbol{a}$ bzw. $\boldsymbol{b}$ sind, als *Elementarteiler* dieser Determinanten. Die Normalform selbst bezeichnen wir auch kurz als „Aggregat" ihrer Elementarbestandteile. —

Der Sonderfall von lauter *linearen Elementarbestandteilen* soll noch kurz hervorgehoben werden. Er umfaßt, wie früher schon bemerkt, die Hermiteschen, normalen, symmetriesierbaren und normalisierbaren Matrizen, die sämtlich zu einer Diagonalmatrix ähnlich sind. Jetzt wollen wir zeigen, daß auch die Umkehrung hiervon gilt, nämlich insgesamt der Satz:

XXXIII b. *Jede Matrix, die zu einer Diagonalmatrix ähnlich ist, ist normalisierbar (und umgekehrt).*

Zum Beweise sei $\boldsymbol{a} = \boldsymbol{q}\, \boldsymbol{h}\, \boldsymbol{q}^{-1}$ gesetzt, wo $\boldsymbol{h}$ eine Diagonalmatrix sei. Dann ist $\bar{\boldsymbol{a}}' = \bar{\boldsymbol{q}}'^{-1}\, \bar{\boldsymbol{h}}'\, \bar{\boldsymbol{q}}'$. Wir setzen $\boldsymbol{d} = \boldsymbol{q}\, \bar{\boldsymbol{q}}'$ und $\boldsymbol{l} = \boldsymbol{d}^{-1}\, \boldsymbol{a}$, so daß $\boldsymbol{a} = \boldsymbol{d}\boldsymbol{l}$ wird. Dann ist $\boldsymbol{d}$ eigentlich definit positiv und Hermitesch; ferner gilt

$$\boldsymbol{l} = \bar{\boldsymbol{q}}'^{-1}\, \boldsymbol{q}^{-1} \cdot \boldsymbol{q}\, \boldsymbol{h}\, \boldsymbol{q}^{-1} = \bar{\boldsymbol{q}}'^{-1}\, \boldsymbol{h}\, \boldsymbol{q}^{-1}$$

$$\bar{\boldsymbol{l}}' = \bar{\boldsymbol{q}}'^{-1}\, \bar{\boldsymbol{h}}'\, \boldsymbol{q}^{-1}$$

und daher

$$\boldsymbol{l}\, \bar{\boldsymbol{d}}\, \bar{\boldsymbol{l}}' = \bar{\boldsymbol{q}}'^{-1}\, \boldsymbol{h}\, \boldsymbol{q}^{-1}\, \boldsymbol{q}\, \boldsymbol{q}'\, \bar{\boldsymbol{q}}'^{-1}\, \bar{\boldsymbol{h}}'\, \boldsymbol{q}^{-1} = \bar{\boldsymbol{q}}'^{-1}\, \boldsymbol{h}\, \bar{\boldsymbol{h}}'\, \boldsymbol{q}^{-1} = \boldsymbol{q}'^{-1}\, \bar{\boldsymbol{h}}'\, \boldsymbol{h}\, \boldsymbol{q}^{-1} = \bar{\boldsymbol{l}}'\, \boldsymbol{d}\, \boldsymbol{l},$$

weil ja $\boldsymbol{h}\, \bar{\boldsymbol{h}}' = \bar{\boldsymbol{h}}'\, \boldsymbol{h}$ ist. Dies sind aber gerade die Bedingungen für die Normalisierbarkeit von a, womit der Satz bewiesen ist.

Wir bemerken noch, daß nicht etwa jede normalisierbare Matrix auch normal ist. Setzen wir z. B. bei reellen a, b

$$\boldsymbol{a} = \begin{pmatrix} a & 2b \\ -\frac{b}{2} & a \end{pmatrix},$$

so ist $|\boldsymbol{a} - \lambda\, \boldsymbol{e}| = \lambda^2 - 2a\,\lambda + a^2 + b^2$, die Eigenwerte werden also $a \pm i\, b$. Für

[1] Man vergleiche die nachfolgende Übung 2 (S. 82).

$b \neq 0$ hat die Matrix daher verschiedene Eigenwerte, jeden von der Vielfachheit 1, also ist sie normalisierbar. In der Tat ist

$$\boldsymbol{a} = \begin{pmatrix} a & \frac{b}{2} \\ -\frac{b}{2} & a \end{pmatrix} \begin{pmatrix} 1 & 0 \\ 0 & 4 \end{pmatrix} = \boldsymbol{l}\,\boldsymbol{d}$$

und $\boldsymbol{l}$ genügt der Bedingung $\boldsymbol{l}\,\boldsymbol{d}\bar{\boldsymbol{l}}' = \bar{\boldsymbol{l}}'\,\boldsymbol{d}\boldsymbol{l}$. Andererseits ist $\boldsymbol{a}$ nicht normal, weil sonst $\frac{\boldsymbol{a} + \bar{\boldsymbol{a}}'}{2}$ und $\frac{\boldsymbol{a} - \bar{\boldsymbol{a}}'}{2}$ vertauschbar sein müßten. Man stellt aber durch Rechnung fest, daß dies nicht der Fall ist.

Übungen zum fünften Vortrag

1. Als Beispiel für die Stabilitätsprobleme der Mechanik besprechen wir im folgenden eine *Anwendung auf die Theorie der Regelung der Kraftmaschinen*, wobei wir auf das Werk von *M. Tolle*, Regelung der Kraftmaschinen, Berlin 1922, Springer-Verlag, hinweisen.

Indem wir die Anordnung eines Reglers etwa der Tourenzahl oder einer andern Betriebsgröße einer Kraftmaschine im großen und ganzen als bekannt voraussetzen, bezeichnen wir mit φ das Verhältnis der Geschwindigkeitsabweichung des Reglers von der mittleren Geschwindigkeit relativ zu dieser, mit σ die Steuerungsverstellung des Hilfsmotors im Verhältnis zur größten Ausweichung der Steuerung, mit η die Reglerabweichung, d. h. das Verhältnis des Abstandes der Muffe von der anzustrebenden Muffenstellung zum ganzen Muffenhub, mit μ die Motorabweichung, gemessen an der Stellung des Hilfsmotorkolbens relativ zum ganzen Weg des Hilfsmotorkolbens. Ferner seien T_a, T_r, T_s, T_k gewisse Konstanten der Maschine, die sämtlich die Dimension einer Zeit haben (T_a bedeutet die Anlaufzeit der Kraftmaschine, T_r die halbe Fallzeit des Reglers, T_s die Zeit, in der der Hilfsmotorkolben den ganzen Hub durchläuft, T_k die halbe Kataraktzeit des Reglers), endlich sei δ das vorgegebene Verhältnis der gegebenen zur angestrebten Geschwindigkeit des Reglers relativ zu dieser. Unter diesen Annahmen gelten folgende Differentialgleichungen:

a) die Motorgleichung: $\mu = T_a\,\varphi'$,
b) die Hilfsmotorgleichung: $\sigma = T_a\,T_s\,\varphi''$,
c) die Steuerungsgleichung: $\eta = \mu + \sigma = T_a\,\varphi' + T_a\,T_s\,\varphi''$,
d) die Reglergleichung: $T_r^2\,\eta'' + T_k\,\eta' + \delta\,\eta + \varphi = 0$.

Durch Einsetzen erhält man für φ die Differentialgleichung:

$$T_a\,T_s\,T_r^2\,\varphi^{IV} + (T_a\,T_r^2 + T_a\,T_s\,T_k)\,\varphi''' + (\delta\,T_a\,T_s + T_a\,T_k)\,\varphi'' + \delta\,T_a\varphi' + \varphi = 0.$$

Diese Gleichung darf nun, wenn die Regelung stabil sein, d. h. für $t \to \infty$ zu Null abklingende Werte φ liefern soll, für die entsprechende charakteristische Gleichung

$$a_0 + a_1\,z + a_2\,z^2 + a_3\,z^3 + a_4\,z^4 = 0$$

nur Wurzeln mit negativen Realteilen liefern. Die Koeffizienten a_0, a_1, a_2, a_3, a_4 haben im vorliegenden Falle die Werte:

$$\begin{aligned} a_0 &= 1 \\ a_1 &= \delta\,T_a \\ a_2 &= \delta\,T_a\,T_s + T_a\,T_k \\ a_3 &= T_a\,T_r^2 + T_a\,T_s\,T_k \\ a_4 &= T_a\,T_s\,T_r^2. \end{aligned}$$

Unsere oben angegebenen Bedingungen liefern im Falle $n = 4$:

$$a_1 > 0, \quad a_1 a_2 - a_0 a_3 > 0, \quad a_1 a_2 a_3 - a_1^2 a_4 - a_0 a_3^2 > 0, \quad a_4 > 0.$$

Da alle Koeffizienten der Gleichung von selbst positiv sind, ist die erste und letzte Bedingung erfüllt; schreibt man die dritte in der Form

$$a_3 (a_1 a_2 - a_0 a_3) > a_1^2 a_4,$$

so sieht man, daß mit ihrer Erfüllung die zweite ebenfalls von selbst befriedigt ist. Es bleibt daher nur die eine wesentliche Bedingung:

$$a_1 (a_2 a_3 - a_1 a_4) - a_0 a_3^2 > 0$$

$$\delta T_a [(T_a T_r^2 + T_a T_s T_k)(\delta T_a T_s + T_a T_k) - T_a T_s T_r^2 \delta T_a] - (T_a T_r^2 + T_a T_s T_k^2)^2 > 0.$$

Diese Bedingung für die fünf Kenngrößen kann dazu dienen, um bei vier vorgegebenen die fünfte zu bestimmen oder wenigstens abzugrenzen. So erhält man beispielsweise aus $T_a = 10$, $T_s = 2$, $T_r = 0{,}02$, $\delta = 0{,}05$ die Bedingung:

$$T_k > 0{,}025,$$

was eine konstruktive Forderung für den Regler enthält. Mit diesen Andeutungen müssen wir uns hier begnügen.

Als zweites Beispiel dieser Art betrachten wir nach *H. Winkelnkemper* (Theoretische Untersuchungen über schwingungsfreie Frequenzregelung, Dissertation T. H. Berlin 1940) den Fall der Frequenzregelung eines elektrischen Netzes, wobei man nach ähnlichen Methoden unter Berücksichtigung der sog. Nachregelung für die Frequenzabweichung φ die Differentialgleichung erhält:

$$\varphi''' + \frac{1}{T_s} \varphi'' + \frac{1}{\delta T_s T_a} \varphi' + \frac{1}{T_s T_a T_n} \varphi = 0.$$

Hierin haben T_s, T_a und δ die schon erwähnte Bedeutung, T_n bedeutet die Nachregelungszeit. Die zugehörige charakteristische Gleichung

$$z^3 + \frac{1}{T_s} z^2 + \frac{1}{\delta T_s T_a} z + \frac{1}{T_s T_a T_n} = 0$$

liefert lauter Wurzeln mit negativen Realteilen, wenn

$$\frac{1}{T_s} \cdot \frac{1}{\delta T_s T_a} - \frac{1}{T_s T_a T_n} > 0$$

oder

$$T_n > \delta T_a$$

gilt. Man kann auch, wie es *Winkelnkemper* tut, die schärfere Forderung aufstellen, daß die Regelung „schwingungsfrei" sei, d. h. daß sämtliche Nullstellen reell negativ seien. Die Bedingungen hierfür lassen sich ganz allgemein bei Gleichungen beliebigen Grades in ähnlicher Weise aufstellen, wie dies früher in den andern Fällen geschah. Wir beschränken uns hier auf den vorliegenden Fall $n = 3$ und erkennen leicht, daß die Zusatzbedingung einfach darin besteht, daß die Diskriminante der Gleichung (vgl. Übung 5 zum ersten Vortrag) $D \geq 0$ sei. Die Berechnung von D ergibt:

$$D = \frac{1}{\delta^2 T_s^4 T_a^2} + \frac{18}{\delta T_s^3 T_a^2 T_n} - \frac{4}{T_s^4 T_a T_n} - \frac{4}{\delta^3 T_s^3 T_a^3} - \frac{27}{T_s^2 T_a^2 T_n^2} \geq 0.$$

Mit den Abkürzungen

$$\frac{\delta T_a}{T_n} = \varepsilon, \quad \frac{T_n}{\delta T_s} = \varkappa$$

wird daraus

$$\varkappa^2(\varepsilon - 4) + \varkappa\,\varepsilon\,(18 - 4\,\varepsilon) - 27\varepsilon \geq 0\,.$$

Die graphische Darstellung dieser Gleichung in einer $\varepsilon, \varkappa$-Ebene gibt dann einen Bereich für die schwingungsfreie Regelung. Über weitere Einzelheiten hierzu vgl. die angegebene Arbeit. —

Zur Ähnlichkeitstheorie der Matrizen stellen wir noch folgende Sätze auf, die der Leser auf Grund der gegebenen Andeutungen selbst herleiten möge:

2. *Jede Teilmatrix $\boldsymbol{b}_\varkappa$ der Normalform $\boldsymbol{n}$, die alle Elementarbestandteile zum Eigenwert $\lambda_\varkappa$ zusammenfaßt, genügt die Gleichung*

$$(\boldsymbol{b}_\varkappa - \lambda_\varkappa\,\boldsymbol{e})^f = 0 \qquad (\boldsymbol{e} \text{ zugehörige Einheitsmatrix}).$$

Hierbei bedeutet f die Ordnung des größten darin auftretenden Elementarbestandteils. Zugleich ist dies die Gleichung niedrigsten Grades für $\boldsymbol{b}_\varkappa$.

Es gilt nämlich für einen Elementarbestandteil $\boldsymbol{\varepsilon}$ der Ordnung f:

$$(\boldsymbol{\varepsilon} - \lambda_\varkappa\boldsymbol{e}) = \begin{pmatrix} 0 & 1 & 0 & \cdots & 0 \\ 0 & 0 & 1 & \cdots & 0 \\ \cdot & \cdot & \cdot & \cdot & \cdot \\ 0 & & & \cdots & 1 \\ 0 & & & \cdots & 0 \end{pmatrix}, \quad (\boldsymbol{\varepsilon} - \lambda_\varkappa\boldsymbol{e})^2 = \begin{pmatrix} 0 & 0 & 1 & & \cdots & 0 \\ 0 & 0 & 0 & 1 & \cdots & 0 \\ \cdot & \cdot & \cdot & \cdot & \cdot & \cdot \\ 0 & & & & \cdots & 1 \\ 0 & & & & \cdots & 0 \\ 0 & & & & \cdots & 0 \end{pmatrix},$$

$$\cdots (\boldsymbol{\varepsilon} - \lambda_\varkappa\boldsymbol{e})^{f-1} = \begin{pmatrix} 0 & \cdots & 1 \\ 0 & \cdots & 0 \\ \cdot & \cdot & \cdot \\ 0 & \cdots & 0 \end{pmatrix}.$$

3. *Ist $f_\varkappa$ die Ordnung des größten Elementarbestandteils von $\boldsymbol{b}_\varkappa$ mit Eigenwert $\lambda_\varkappa$, so ist*

$$\psi(\boldsymbol{n}) = (\boldsymbol{n} - \lambda_1\,\boldsymbol{e})^{f_1} \cdots (\boldsymbol{n} - \lambda_p\,\boldsymbol{e})^{f_p} = 0$$

die Gleichung niedrigsten Grades für $\boldsymbol{n}$.

Daß die Gleichung erfüllt ist, erkennt man sofort auf Grund von 2. Ist ferner $\chi(\boldsymbol{n}) = 0$ eine Gleichung niedrigsten Grades für $\boldsymbol{n}$, so gilt auch $\chi(\boldsymbol{b}_\varkappa) = 0$ für jedes $\varkappa$. Demnach muß $\chi(\lambda)$ durch $(\lambda - \lambda_\varkappa)^{f_\varkappa}$ teilbar sein. Denn sonst fände man durch Division

$$\chi(\lambda) = q(\lambda)\,(\lambda - \lambda_\varkappa)^{f_\varkappa} + r(\lambda),$$

worin $r(\lambda)$ von niedrigerem Grade als f_α ist. Diese Gleichung ergibt dann $r(\boldsymbol{b}_\varkappa) = 0$ im Widerspruch zu 2. Wenn aber $\chi(\lambda)$ durch alle $(\lambda - \lambda_\varkappa)^{f_\varkappa}$ teilbar ist, so ist es auch durch $\psi(\lambda)$ teilbar, also nicht von kleinerem, sondern von demselben Grade wie $\psi(\lambda)$ und daher bis auf einen Zahlenfaktor mit $\psi(\lambda)$ identisch.

4. *Auch die gegebene Matrix $\boldsymbol{a}$ genügt der Gleichung des Grades $m = f_1 + \cdots + f_p$:*

$$\psi(\boldsymbol{a}) = 0$$

und dies ist die Gleichung niedrigsten Grades für $\boldsymbol{a}$.

Dies folgt sofort aus der Ähnlichkeit von $\boldsymbol{a}$ und $\boldsymbol{n}$.

5. *Es gibt einen Vektor $\mathfrak{x}_0$, so daß $\mathfrak{x}_0, \boldsymbol{a}\,\mathfrak{x}_0, \ldots, \boldsymbol{a}^{m-1}\,\mathfrak{x}_0$ linear unabhängige Vektoren sind.*

Man erkennt leicht, daß die Behauptung bewiesen ist, wenn sie für die Normalform $\boldsymbol{n}$ gezeigt ist. Ist zunächst $\boldsymbol{n}$ selbst ein Elementarbestandteil $\boldsymbol{\varepsilon}$, so findet man leicht, daß für den Vektor

$$\mathfrak{x}_0 = \begin{pmatrix} 0 \\ \vdots \\ 0 \\ 1 \end{pmatrix}$$

die Vektoren $\mathfrak{x}_0, (\varepsilon - \lambda_1 \boldsymbol{e}) \mathfrak{x}_0, \ldots, (\varepsilon - \lambda_1 \boldsymbol{e})^{n-1} \mathfrak{x}_0$ linear unabhängig sind, also auch $\mathfrak{x}_0, \varepsilon \mathfrak{x}_0, \ldots, \varepsilon^{n-1} \mathfrak{x}_0$. Allgemein kann man für jeden Bestandteil $\boldsymbol{b}_k$ einen Vektor $\mathfrak{x}_\varkappa$ angeben, so daß $\mathfrak{x}_\varkappa, (\boldsymbol{b}_\varkappa - \lambda_\varkappa \boldsymbol{e}) \mathfrak{x}_\varkappa, \ldots, (\boldsymbol{b}_\varkappa - \lambda_\varkappa \boldsymbol{e})^{f_\varkappa - 1} \mathfrak{x}_\varkappa$ linear unabhängige Vektoren sind; diese enthalten von Null verschiedene Elemente nur an den Stellen, die dem Diagonalbestandteil $\boldsymbol{b}_\varkappa$ entsprechen, sind also untereinander linear unabhängig. Setzen wir jetzt

$$\mathfrak{x}_0 = \mathfrak{x}_1 + \cdots + \mathfrak{x}_p,$$

so müssen die Vektoren $\mathfrak{x}_0, \boldsymbol{n} \mathfrak{x}_0, \ldots, \boldsymbol{n}^{m-1} \mathfrak{x}_0$ sämtlich linear unabhängig sei. Denn es gilt:

$$(\boldsymbol{n} - \lambda_1 \boldsymbol{e})^{\alpha_1} \mathfrak{x}_0 = (\boldsymbol{n} - \lambda_1 \boldsymbol{e})^{\alpha_1} \mathfrak{x}_1 + \cdots + (\boldsymbol{n} - \lambda_1 \boldsymbol{e})^{\alpha_1} \mathfrak{x}_p \qquad (\alpha_1 = 0, 1, \ldots, f_1 - 1)$$

$$(\boldsymbol{n} - \lambda_2 \boldsymbol{e})^{\alpha_2} (\boldsymbol{n} - \lambda_1 \boldsymbol{e})^{f_1} \mathfrak{x}_0 =$$
$$(\boldsymbol{n} - \lambda_2 \boldsymbol{e})^{\alpha_2} (\boldsymbol{n} - \lambda_1 \boldsymbol{e})^{f_1} \mathfrak{x}_2 + \cdots + (\boldsymbol{n} - \lambda_2 \boldsymbol{e})^{\alpha_2} (\boldsymbol{n} - \lambda_1 \boldsymbol{e})^{f_1} \mathfrak{x}_p \quad (\alpha_2 = 0, 1, \ldots, f_2 - 1)$$

. . . .

$$(\boldsymbol{n} - \lambda_p \boldsymbol{e})^{\alpha_p} (\boldsymbol{n} - \lambda_{p-1} \boldsymbol{e})^{f_{p-1}} \cdots (\boldsymbol{n} - \lambda_1 \boldsymbol{e})^{f_1} \mathfrak{x}_0$$
$$= (\boldsymbol{n} - \lambda_p \boldsymbol{e})^{\alpha_p} (\boldsymbol{n} - \lambda_{p-1} \boldsymbol{e})^{f_{p-1}} \cdots (\boldsymbol{n} - \lambda_1 \boldsymbol{e})^{f_1} \mathfrak{x}_p \quad (\alpha_p = 0, 1, \ldots, f_p - 1)$$

und hierin sind die Vektoren links linear unabhängig. Denn in den rechts auftretenden Summanden ist jeder mit $\mathfrak{x}_\varkappa$ multiplizierte Bestandteil so beschaffen, daß nur an den dem Diagonalbestandteil $\boldsymbol{b}_\varkappa$ entsprechenden Stellen von Null verschiedene Elemente vorkommen. Eine lineare Beziehung würde daher zunächst für die f_1 Koeffizienten der in der ersten Zeile stehenden Vektoren Nullen liefern, dann für die in der zweiten Zeile stehenden f_2 Koeffizienten, und so fort. Wenn aber die Vektoren links linear unabhängig sind, gilt dies auch für $\mathfrak{x}_0, \boldsymbol{n} \mathfrak{x}_0, \ldots, \boldsymbol{n}^{m-1} \mathfrak{x}_0$, da jene aus diesen linear zusammengesetzt sind.

6. *Sonderfälle von Ähnlichkeitstransformationen* sind die unitären und orthogonalen Transformationen. Aus der Hauptachsentransformation folgt, daß alle symmetrischen und Hermiteschen Matrizen lauter einfache Elementarbestandteile haben, und das gleiche gilt von den normalen und normalisierbaren Matrizen. Ferner kann man zeigen, daß die symmetriesierbaren Matrizen von der Form $\boldsymbol{d}\,\boldsymbol{l}$ oder $\boldsymbol{l}\,\boldsymbol{d}$, wo $\boldsymbol{d}$ und $\boldsymbol{l}$ Hermitesche Matrizen sind, deren erste eigentlich definit positiv ist, zu einer Hermiteschen Matrix ähnlich sind. Es gibt dann nämlich eine positive Diagonalmatrix $\boldsymbol{d}_0 = \boldsymbol{u}' \boldsymbol{d} \bar{\boldsymbol{u}} = \delta_0^2$, worin δ_0 eine reelle Diagonalmatrix ist, und wir finden

$$\boldsymbol{a} = \boldsymbol{d}\,\boldsymbol{l} = \bar{\boldsymbol{u}}\, \delta_0\, \delta_0 \boldsymbol{u}'\, \boldsymbol{l} = \bar{\boldsymbol{u}}\, \delta_0\, (\delta_0 \boldsymbol{u}'\, \boldsymbol{l}\, \bar{\boldsymbol{u}}\, \delta_0)\, \delta_0^{-1} \boldsymbol{u}',$$

oder mit $\boldsymbol{c} = \delta_0^{-1} \boldsymbol{u}'$ und daher $\boldsymbol{c}^{-1} = \bar{\boldsymbol{u}}\, \delta_0$:

$$\boldsymbol{a} = \boldsymbol{c}^{-1} (\delta_0 \boldsymbol{u}'\, \boldsymbol{l}\, \bar{\boldsymbol{u}}\, \delta_0) \boldsymbol{c}.$$

Ebenso gilt für $\boldsymbol{a} = \boldsymbol{l}\,\boldsymbol{d}$:

$$\boldsymbol{a} = \boldsymbol{l}\, \bar{\boldsymbol{u}}\, \delta_0\, \delta_0 \boldsymbol{u}' = \bar{\boldsymbol{u}}\, \delta_0^{-1} (\delta_0 \boldsymbol{u}'\, \boldsymbol{l}\, \bar{\boldsymbol{u}}\, \delta_0)\, \delta_0 \boldsymbol{u}',$$

also mit $\boldsymbol{c} = \mathfrak{d}_0 \boldsymbol{u}'$ und daher $\boldsymbol{c}^{-1} = \bar{\boldsymbol{u}}\, \mathfrak{d}_0^{-1}$:

$$\boldsymbol{a} = \boldsymbol{c}^{-1} (\mathfrak{d}_0 \boldsymbol{u}' \boldsymbol{l}\, \bar{\boldsymbol{u}}\, \mathfrak{d}_0)\, \boldsymbol{c}.$$

Die in Klammern stehende Matrix ist aber eine Hermitesche. Also enthalten auch alle symmetriesierbaren Matrizen nicht nur lineare Elementarbestandteile, was wir früher schon allgemein für normalisierbare Matrizen bewiesen haben, sondern haben auch stets reelle Eigenwerte. — Im Anschluß hieran behaupten wir:

Zwei Hermitesche Matrizen von n Variablen, deren zweite eigentlich definit positiv ist, lassen sich durch eine gemeinsame lineare Transformation auf je eine Diagonalform bringen.

Zum Beweise bringen wir zunächst die zweite Form durch eine unitäre Transformation auf eine positive Diagonalform $\boldsymbol{d}_0 = \mathfrak{d}^2$. Ist jetzt $\boldsymbol{a}$ die Hermitesche Matrix der ersten Form nach Ausführung der genannten unitären Transformation, so bringen wir die Hermitesche Matrix $\mathfrak{d}_0^{-1} \boldsymbol{a}\, \mathfrak{d}_0^{-1}$ durch eine unitäre Transformation $\boldsymbol{v}$ auf die Gestalt

$$\boldsymbol{v}' \mathfrak{d}_0^{-1} \boldsymbol{a}\, \mathfrak{d}_0^{-1} \bar{\boldsymbol{v}} = \boldsymbol{d}_1,$$

wobei $\boldsymbol{d}_1$ wiederum eine Diagonalform ist. Dann wird überdies

$$\boldsymbol{e} = \boldsymbol{v}' \mathfrak{d}_0^{-1} \boldsymbol{d}_0\, \mathfrak{d}_0^{-1} \bar{\boldsymbol{v}}.$$

Setzt man also $\boldsymbol{c} = \mathfrak{d}_0^{-1} \boldsymbol{v}$, so ist

$$\begin{aligned} \boldsymbol{c}' \boldsymbol{a}\, \bar{\boldsymbol{c}} &= \boldsymbol{d}_1, \\ \boldsymbol{c}' \boldsymbol{d}_0\, \bar{\boldsymbol{c}} &= \boldsymbol{e}, \end{aligned}$$

womit die gemeinsame Transformation geleistet ist.

Insbesondere gilt die Behauptung für zwei reelle quadratische Formen, deren zweite eigentlich definit positiv ist. Die gemeinsame Transformation wird dann ebenfalls reell. Natürlich handelt es sich hierbei i. allg. nicht um eine Ähnlichkeitstransformation, da $\boldsymbol{c}$ nicht unitär bzw. nicht orthogonal zu sein braucht.

Ein analoger Satz gilt, wenn die zweite Hermitesche Form eigentlich negativ definit ist.

6. VORTRAG

Praktische Behandlung von linearen Gleichungssystemen. Iterationsverfahren. Bedingungen für die Konvergenz des Iterationsverfahrens. Obere Grenze einer Bilinearform und ihrer Potenzen. Iteration in Einzelschritten. Fall einer eigentlich definiten Hermiteschen Matrix. Zurückführung des allgemeinen auf diesen Sonderfall. Fehlerabschätzung beim Iterationsverfahren in Einzelschritten. Übungen

In den früheren Vorträgen haben wir gesehen, daß die Lösung eines beliebigen Systems von linearen Gleichungen in allen Fällen letzten Endes auf ein System von n linearen Gleichungen in n Unbekannten zurückgeführt werden kann, deren Determinante ungleich Null ist. Die Behandlung dieses Falles mit Hilfe der Cramerschen Regel verlangt die Berechnung hochgradiger Determinanten, ist daher numerisch i. allg. sehr unhandlich. Wir wollen uns daher jetzt systematisch mit der Frage beschäftigen, wie man praktisch am einfachsten ein solches Gleichungssystem auflösen kann.

Wenn zunächst im Koeffizientenschema $(a_{\alpha\beta})$ des Gleichungssystems

$$\boldsymbol{a}\,\mathfrak{x} = \mathfrak{r}$$

die Diagonalglieder $a_{\alpha\alpha}$ alle übrigen Koeffizienten ihrem Betrage nach stark überwiegen, so empfiehlt sich die *Methode der Iteration.* Diese besteht darin, daß man zunächst alle außerhalb der Diagonale stehenden Glieder überhaupt wegläßt und eine Näherungslösung mit Hilfe der Gleichungen

$$\begin{gathered} a_{11}\, x_1^{(1)} = r_1 \\ \cdots\cdots\cdots \\ a_{nn}\, x_n^{(1)} = r_n \end{gathered}$$

bestimmt. Selbstverständlich müssen dazu alle $a_{\alpha\alpha} \neq 0$ sein. Dividiert man also alle Gleichungen vorweg mit dem betreffenden Diagonalglied, so erhält man an Stelle der gegebenen eine Vektorgleichung der Form

$$(\boldsymbol{e} + \boldsymbol{b})\,\mathfrak{x} = \mathfrak{q}\,,$$

worin in $\boldsymbol{b}$ alle Diagonalglieder verschwinden, und der erste Schritt der Näherungsmethode besteht darin, daß man

$$\mathfrak{x}^{(1)} = \mathfrak{q}$$

setzt. Der zweite Schritt erstrebt eine Verbesserung des gefundenen Näherungsvektors dadurch, daß man jetzt auf der linken Seite für $\boldsymbol{b}\,\mathfrak{x}$ den Näherungswert $\boldsymbol{b}\,\mathfrak{x}^{(1)}$ einsetzt, also die Gleichung

$$\mathfrak{x} + \boldsymbol{b}\,\mathfrak{x}^{(1)} = \mathfrak{q}$$

auflöst, wodurch man als zweite Näherung den Vektor

$$\mathfrak{x}^{(2)} = \mathfrak{q} - \boldsymbol{b}\,\mathfrak{x}^{(1)} = (\boldsymbol{e} - \boldsymbol{b})\,\mathfrak{q}$$

findet. Drittens setzen wir wieder für $\boldsymbol{b}\,\mathfrak{x}$ auf der linken Seite jetzt den Wert $\boldsymbol{b}\,\mathfrak{x}^{(2)}$, erhalten also

$$\mathfrak{x} + \boldsymbol{b}\,\mathfrak{x}^{(2)} = \mathfrak{q}.$$

und als dritte Näherungslösung den Vektor

$$\mathfrak{x}^{(2)} = \mathfrak{q} - \boldsymbol{b}\,\mathfrak{x}^{(2)} = (\boldsymbol{e} - \boldsymbol{b} + \boldsymbol{b}^2)\,\mathfrak{q}\,.$$

Allgemein gewinnen wir den m-ten Näherungsvektor aus dem vorher bestimmten $(m-1)$-ten auf Grund der Gleichung

$$\mathfrak{x}^{(m)} + \boldsymbol{b}\,\mathfrak{x}^{(m-1)} = \mathfrak{q}\,,$$

und finden damit durch vollständige Induktion

$$\mathfrak{x}^{(m)} = (\boldsymbol{e} - \boldsymbol{b} + \boldsymbol{b}^2 + \cdots + (-1)^{m-1}\boldsymbol{b}^{m-1})\,\mathfrak{q}\,.$$

Wenn jetzt der Grenzwert

$$\lim_{m\to\infty}(\boldsymbol{e} - \boldsymbol{b} + \boldsymbol{b}^2 - \cdots + (-1)^m\,\boldsymbol{b}^m) = \boldsymbol{s}$$

existiert, so behaupten wir, daß

$$\mathfrak{x} = \boldsymbol{s}\,\mathfrak{q}$$

das gegebene Gleichungssystem löst. In der Tat ist dann

$$\boldsymbol{b}\,\mathfrak{x} = \boldsymbol{b}\,\boldsymbol{s}\,\mathfrak{q}$$

und

$$\begin{aligned}\boldsymbol{b}\,\boldsymbol{s} = \boldsymbol{b}\lim_{m\to\infty}(\boldsymbol{e} - \boldsymbol{b} + \boldsymbol{b}^2 - \cdots + (-1)^m\,\boldsymbol{b}^m) &= \lim_{m\to\infty}(\boldsymbol{b} - \boldsymbol{b}^2 + \cdots + (-1)^m\,\boldsymbol{b}^{m+1})\\ &= \boldsymbol{e} - \boldsymbol{s}\,,\end{aligned}$$

d. h.

$$\begin{aligned}\boldsymbol{b}\,\mathfrak{x} &= (\boldsymbol{e} - \boldsymbol{s})\,\mathfrak{q} = \mathfrak{q} - \mathfrak{x}\,,\\ (\boldsymbol{e} + \boldsymbol{b})\,\mathfrak{x} &= \mathfrak{q}\,.\end{aligned}$$

Der hier vollzogene Grenzübergang innerhalb einer Matrix bedeutet selbstverständlich, daß in jedem Element der Matrix die betreffende Folge einen Grenzwert hat und die Grenzmatrix dann durch die Matrix der Grenzwerte gegeben ist. In unserm Falle handelt es sich speziell um die Summe einer „geometrischen Reihe"

$$\boldsymbol{e} - \boldsymbol{b} + \boldsymbol{b}^2 - \cdots,$$

die ja bekanntlich für $n = 1$ dann und nur dann konvergiert, wenn der absolute Betrag von b kleiner als 1 ist. Nun gilt allgemein:

XXXIV. *Für das Gleichungssystem* $(\boldsymbol{e} + \boldsymbol{b})\,\mathfrak{x} = \mathfrak{q}$ *konvergiert das durch die Vorschrift*

$$\mathfrak{x}^{(m+1)} = -\,\boldsymbol{b}\,\mathfrak{x}^{(m)} + \mathfrak{q} \qquad (m = 1, 2, \cdots)$$

gegebene Iterationsverfahren bei einem beliebigen Anfangsvektor $\mathfrak{x}^{(1)}$ *dann und nur dann, wenn die Eigenwerte der Matrix* $\boldsymbol{b}$ *sämtlich vom absoluten Betrage kleiner als* 1 *sind.*

Zum Beweise dieses Satzes stellen wir zunächst fest, daß die Konvergenz der geometrischen Reihe eine Eigenschaft ist, die gegenüber Ähnlichkeitstransformationen invariant ist; anders ausgedrückt, mit

$$\boldsymbol{e} - \boldsymbol{b} + \boldsymbol{b}^2 - \cdots$$

konvergiert bzw. divergiert gleichzeitig auch jede Reihe

$$\boldsymbol{e} - \boldsymbol{c}^{-1}\boldsymbol{b}\,\boldsymbol{c} + (\boldsymbol{c}^{-1}\boldsymbol{b}\,\boldsymbol{c})^2 - \cdots = \boldsymbol{c}^{-1}(\boldsymbol{e} - \boldsymbol{b} + \boldsymbol{b}^2 - \cdots)\,\boldsymbol{c}.$$

Denn die vordere und hintere Multiplikation mit $\boldsymbol{c}^{-1}$ bzw. $\boldsymbol{c}$ kann gliedweise vollzogen werden. Wir können demnach die Übergangstransformation $\boldsymbol{c}$ so wählen, daß die im vorigen Vortrag behandelte Normalform herauskommt. Da für das Bestehen der Konvergenz offenbar die Bedingung $\lim\limits_{m\to\infty} \boldsymbol{b}^m = 0$ notwendig ist, so berechnen wir die m-te Potenz eines Elementarbestandteils und erhalten, wenn die Ordnung des Elementarbestandteils gleich f und der Eigenwert λ ist, ersichtlich

$$\begin{pmatrix} \lambda^m & \binom{m}{1}\lambda^{m-1} & \binom{m}{2}\lambda^{m-2}\cdots & \binom{m}{f-1}\lambda^{m-f+1} \\ 0 & \lambda^m & \binom{m}{1}\lambda^{m-1}\cdots & \binom{m}{f-2}\lambda^{m-f+2} \\ \cdots & \cdots & \cdots & \cdots \\ 0 & \cdots & \cdots & \lambda^m \end{pmatrix}.$$

Soll nun $\lim\limits_{m\to\infty} \boldsymbol{b}^m = 0$ sein, so muß insbesondere für die Diagonalglieder gelten $\lim\limits_{m\to\infty} \lambda^m = 0$, und das ist nur der Fall, wenn $|\lambda| < 1$ ist. Daher ist die Bedingung des Satzes notwendig.

Ist sie andererseits für jeden Eigenwert erfüllt, so zeigt die angeschriebene Formel für die m-te Potenz eines Elementarbestandteils, daß sein limes für $m \to \infty$ Null ist, weil

$$\binom{m}{\alpha}|\lambda|^{m-\alpha} < m^\alpha |\lambda|^{m-\alpha} = e^{\alpha \ln m + (m-\alpha)\ln|\lambda|}$$

für $|\lambda| < 1$ mit $m \to \infty$ den Grenzwert Null besitzt. Also ist in diesem Falle für die ganze Matrix $\lim\limits_{m\to\infty} \boldsymbol{b}^m = 0$. Nun gilt aber für jedes m

$$(\boldsymbol{e} - \boldsymbol{b} + \boldsymbol{b}^2 - \cdots + (-1)^m \boldsymbol{b}^m)(\boldsymbol{e} + \boldsymbol{b}) = \boldsymbol{e} + (-1)^m \boldsymbol{b}^{m+1},$$

und außerdem hat die Matrix $\boldsymbol{e} + \boldsymbol{b}$ eine Reziproke, weil ihre Eigenwerte die Zahlen $\lambda_\alpha + 1$ sind, falls $\boldsymbol{b}$ die Eigenwerte λ_α besitzt, und weil diese Zahlen unter unserer Voraussetzung sämtlich ungleich Null sind, also auch ihr Produkt, d. h. die Determinante von $\boldsymbol{e} + \boldsymbol{b}$. Demnach gilt

$$\boldsymbol{e} - \boldsymbol{b} + \boldsymbol{b}^2 - \cdots + (-1)^m \boldsymbol{b}^m = (\boldsymbol{e} + (-1)^m \boldsymbol{b}^{m+1})(\boldsymbol{e} + \boldsymbol{b})^{-1},$$

und hierin können wir jetzt den Grenzübergang $m \to \infty$ vollziehen und erhalten

$$\lim_{m\to\infty} (\boldsymbol{e} - \boldsymbol{b} + \boldsymbol{b}^2 - \cdots + (-1)^m \boldsymbol{b}^m = (\boldsymbol{e} + \boldsymbol{b})^{-1},$$

womit der Satz bewiesen ist. Mit Hilfe der im vorigen Vortrag aufgestellten Bedingungen für die Koeffizienten der charakteristischen Gleichung, damit die Eigenwerte sämtlich vom Betrage kleiner als 1 sind, kann man die Konvergenz also an der gegebenen Matrix $\boldsymbol{b}$ erkennen.

Neben diesem Satz, der die allgemeine Einsicht in den vorliegenden Sachverhalt vermittelt, aber praktisch nicht immer leicht anwendbar ist, weil er die vorherige Berechnung der charakteristischen Determinante von $\boldsymbol{b}$ verlangt, ist es von Bedeutung, *einfache hinreichende Kriterien* für die Anwendbarkeit des Iterationsverfahrens kennenzulernen. Hierzu wollen wir das Iterationsverfahren selbst zunächst noch etwas allgemeiner formulieren.

Wir schreiben dazu die gegebenen Gleichungen in der Form

$$L_1(\mathfrak{x}) = a_{11} x_1 + \cdots + a_{1n} x_n - r_1 = 0$$
$$\dots\dots\dots\dots$$
$$L_n(\mathfrak{x}) = a_{n1} x_1 + \cdots + a_{nn} x_n - r_n = 0$$

und bilden dann mit Hilfe fester Konstanten $c_1, \dots, c_n$ die Iterationsvorschrift

$$x_1^{(m+1)} = x_1^{(m)} + c_1 L_1(\mathfrak{x}^{(m)})$$
$$\dots\dots\dots\dots \qquad (m = 1, 2, \dots),$$
$$x_n^{(m+1)} = x_n^{(m)} + c_n L_n(\mathfrak{x}^{(m)})$$

wobei wir von irgend einem geeignet erscheinenden Näherungsvektor $\mathfrak{x}^{(1)}$ ausgehen. Dies Verfahren geht in das vorher besprochene über, wenn wir speziell $c_\alpha = -\frac{1}{a_{\alpha\alpha}}$ wählen. Denn dann wird ja ersichtlich

$$\mathfrak{x}^{(m+1)} = \mathfrak{x}^{(m)} - (\boldsymbol{b} + \boldsymbol{e})\,\mathfrak{x}^{(m)} + \mathfrak{q} = -\boldsymbol{b}\,\mathfrak{x}^{(m)} + \mathfrak{q}\,,$$

also ergibt sich dieselbe Vorschrift wie früher.

Zur Formulierung einer hinreichenden Bedingung für die Konvergenz des Verfahrens sei jetzt $\mathfrak{x}$ der gesuchte Vektor, der dem gegebenen Gleichungssystem $L_\alpha(\mathfrak{x}) = 0$ $(\alpha = 1, \dots, n)$ genügt. Wir führen dann den Fehlervektor $\mathfrak{x}^{(m)} - \mathfrak{x} = \mathfrak{z}^{(m)}$ für die m-te Näherung ein und finden für die Komponenten von $\mathfrak{z}^{(m+1)}$ bzw. $\mathfrak{z}^{(m)}$, indem wir links x_α, rechts $x_\alpha + c_\alpha L_\alpha(\mathfrak{x})$ subtrahieren:

$$z_1^{(m+1)} = (1 + c_1 a_{11})\, z_1^{(m)} + \cdots + c_1 a_{1n}\, z_n^{(m)}$$
$$\dots\dots\dots\dots$$
$$z_n^{(m+1)} = c_n a_{n1}\, z_1^{(m)} \qquad + \cdots + (1 + c_n a_{nn})\, z_n^{(m)}\,.$$

Wenn jetzt die spaltenweise genommene Summe der absoluten Beträge kleiner als ein echter Bruch μ wird,

$$|1 + c_1 a_{11}| + \cdots + |c_n a_{n1}| \leq \mu < 1$$
$$\dots\dots\dots\dots$$
$$|c_1 a_{1n}| \qquad + \cdots + |1 + c_n a_{nn}| \leq \mu < 1\,,$$

so ergibt sich durch Addition

$$|z_1^{(m+1)}| + \cdots + |z_n^{(m+1)}| \leq \mu\,(|z_1^{(m)}| + \cdots + |z_n^{(m)}|) \leq \cdots \leq \mu^m\,(|z_1^{(1)}| + \cdots + |z_n^{(1)}|),$$

und dies wird bei wachsendem m beliebig klein.

In dem Sonderfall $c_\alpha = -\frac{1}{a_{\alpha\alpha}}$ findet man also als hinreichende Bedingung für die Konvergenz des Iterationsverfahrens:

$$\sum_{\alpha=1}^{n}{}' \left|\frac{a_{\alpha\beta}}{a_{\alpha\alpha}}\right| \leq \mu < 1 \qquad (\beta = 1, \dots, n) \quad \Big(\sum{}' = \sum_{\alpha \neq \beta}\Big).$$

XXXV. *Für das Gleichungssystem* $(\boldsymbol{e} + \boldsymbol{b})\,\mathfrak{x} = \mathfrak{q}$ *konvergiert das durch die Vorschrift*

$$\mathfrak{x}^{(m+1)} = -\boldsymbol{b}\,\mathfrak{x}^{(m)} + \mathfrak{q} \qquad (m = 1, 2, \dots)$$

gegebene Iterationsverfahren bei beliebigem Anfangsvektor $\mathfrak{x}^{(1)}$ *sicher dann, wenn in der Matrix* $\boldsymbol{b}$, *deren Diagonalglieder verschwinden, die Summe der Beträge der Elemente jeder Spalte* $\leq \mu < 1$ *ist.*

Eine weitere hinreichende Konvergenzbedingung ergibt sich auf Grund der folgenden Überlegung:

In unserm Gleichungssystem $(\boldsymbol{e} + \boldsymbol{b})\ \mathfrak{x} = \mathfrak{q}$ mit der Iterationsvorschrift

$$\mathfrak{x}^{(m+1)} = -\boldsymbol{b}\,\mathfrak{x}^{(m)} + \mathfrak{q}$$

wird der Fehlervektor

$$\mathfrak{z}^{(m+1)} = -\boldsymbol{b}\,\mathfrak{z}^{(m)} = \cdots = (-\boldsymbol{b})^m\,\mathfrak{z}^{(1)},$$

und dies liefert für die Norm von $\mathfrak{z}^{(m+1)}$ den Wert

$$|\mathfrak{z}^{(m+1)}|^2 = \mathfrak{z}^{(m+1)\prime}\,(-\boldsymbol{b})^m\,\mathfrak{z}^{(1)}$$

Auf der rechten Seite steht ein Wert der Bilinearform mit der Matrix $(-\boldsymbol{b})^m$, und es handelt sich darum, diesen Wert abzuschätzen.

Wir fassen zu diesem Zweck zunächst eine beliebige Matrix $\boldsymbol{a}$ ins Auge und betrachten die zugehörige Bilinearform $\mathfrak{x}'\,\boldsymbol{a}\,\mathfrak{y}$. Hat $\mathfrak{x}$ die Norm 1 und gilt das gleiche von $\mathfrak{y}$, so ist die Gesamtheit aller Werte der Bilinearform unter diesen Nebenbedingungen beschränkt, da die Form eine stetige Funktion der $2n$ Variablen $x_1, \ldots, x_n,\ y_1, \ldots, y_n$ ist. Es gibt dann also eine positive Zahl A, wir nennen sie kurz eine *obere Grenze der Matrix* $\boldsymbol{a}$, so daß unter den genannten Nebenbedingungen

$$|\mathfrak{x}'\,\boldsymbol{a}\,\mathfrak{y}| \leq A$$

ist. Sind $\mathfrak{x}$ und $\mathfrak{y}$ zwei beliebige Vektoren, so sind die Vektoren $\frac{\mathfrak{x}}{|\mathfrak{x}|}$ und $\frac{\mathfrak{y}}{|\mathfrak{y}|}$ normiert, es gilt daher

$$\frac{|\mathfrak{x}'\,\boldsymbol{a}\,\mathfrak{y}|}{|\mathfrak{x}|\,|\mathfrak{y}|} \leq A$$

oder

$$|\mathfrak{x}'\,\boldsymbol{a}\,\mathfrak{y}| \leq A\,|\mathfrak{x}|\,|\mathfrak{y}|.$$

Für $\mathfrak{y} = \bar{\mathfrak{x}}$ liefert dies

$$|\mathfrak{x}'\,\boldsymbol{a}\,\bar{\mathfrak{x}}| \leq A\,|\mathfrak{x}|^2.$$

Man sieht nun leicht, daß A auch für $\bar{\boldsymbol{a}}'$ eine obere Grenze ist, denn wir finden ja auch

$$|\bar{\mathfrak{y}}'\,\bar{\boldsymbol{a}}'\,\bar{\mathfrak{x}}| \leq A\,|\bar{\mathfrak{x}}|\,|\bar{\mathfrak{y}}|$$

für zwei beliebige Vektoren $\bar{\mathfrak{y}}$ und $\bar{\mathfrak{x}}$, und hieraus folgt auch wieder rückwärts die Ausgangsrelation.

Wir bilden jetzt $\mathfrak{x}'\,\boldsymbol{a}\,\bar{\boldsymbol{a}}'\,\bar{\mathfrak{x}}$ und finden mit $\mathfrak{y} = \bar{\boldsymbol{a}}'\,\bar{\mathfrak{x}}$ wegen $|\mathfrak{y}| = \sqrt{\mathfrak{x}'\,\boldsymbol{a}\,\bar{\boldsymbol{a}}'\,\bar{\mathfrak{x}}}$:

$$\mathfrak{x}'\,\boldsymbol{a}\bar{\boldsymbol{a}}'\,\bar{\mathfrak{x}} \leq A\,|\mathfrak{x}|\,|\mathfrak{y}| = A\,|\mathfrak{x}|\,\sqrt{\mathfrak{x}'\,\boldsymbol{a}\,\bar{\boldsymbol{a}}'\,\bar{\mathfrak{x}}},$$

$$\sqrt{\mathfrak{x}'\,\boldsymbol{a}\bar{\boldsymbol{a}}'\,\bar{\mathfrak{x}}} \leq A\,|\mathfrak{x}|,$$

$$\mathfrak{x}'\,\boldsymbol{a}\,\bar{\boldsymbol{a}}'\,\bar{\mathfrak{x}} \leq A^2\,|\mathfrak{x}|^2.$$

Ebenso findet man für jeden Vektor $\mathfrak{y}$: $\bar{\mathfrak{y}}'\,\bar{\boldsymbol{a}}'\,\boldsymbol{a}\,\mathfrak{y} \leq A^2|\mathfrak{y}|^2$.

Sind jetzt $\boldsymbol{a}$ und $\boldsymbol{b}$ zwei beliebige Matrizen, so gilt nach der Schwarzschen Ungleichung[1])

$$|\mathfrak{x}'\,\boldsymbol{a}\,\boldsymbol{b}\,\mathfrak{y}| \leq |\mathfrak{x}'\,\boldsymbol{a}|\,|\boldsymbol{b}\,\mathfrak{y}| = \sqrt{\mathfrak{x}'\,\boldsymbol{a}\,\bar{\boldsymbol{a}}'\,\bar{\mathfrak{x}}\cdot\bar{\mathfrak{y}}'\,\bar{\boldsymbol{b}}'\,\boldsymbol{b}\,\mathfrak{y}}.$$

---

[1]) Diese gilt für $2n$ beliebige komplexe Zahlen und lautet

$$|\Sigma\, x_\alpha\, y_\alpha| \leq \sqrt{\Sigma\,|x_\alpha|^2 \cdot \Sigma\,|y_\alpha|^2}.$$

Zum Beweise betrachten wir die positiv definite Hermitesche Form in zwei Variablen λ und μ:

$$\sum_{\alpha=1}^{n} |\lambda\, x_\alpha + \mu\, \bar{y}_\alpha|^2 = \sum_{\alpha=1}^{n} (\lambda\, x_\alpha + \mu\, \bar{y}_\alpha)(\bar{\lambda}\,\bar{x}_\alpha + \bar{\mu}\, y_\alpha),$$

Sind daher A und B obere Grenzen von $\boldsymbol{a}$ und $\boldsymbol{b}$, so gilt:

$$|\mathfrak{x}' \boldsymbol{a} \boldsymbol{b} \mathfrak{y}| \leq A\, B\, |\mathfrak{x}|\, |\mathfrak{y}|\,.$$

Das Produkt zweier oberer Grenzen von $\boldsymbol{a}$ *und* $\boldsymbol{b}$ *ist eine obere Grenze für die Produktmatrix* $\boldsymbol{a}\,\boldsymbol{b}$.

Speziell ist A^2 eine obere Grenze für $\boldsymbol{a}^2$, allgemeiner A^m eine obere Grenze für $\boldsymbol{a}^m$.

Hieraus folgt nun für unser Iterationsverfahren, wenn B eine obere Grenze von $\boldsymbol{b}$ ist, notwendig

$$|\mathfrak{z}^{(m+1)}|^2 \leq B^m\, |\mathfrak{z}^{(m+1)}| \cdot |\mathfrak{z}^{(1)}|\,,$$

also

$$|\mathfrak{z}^{(m+1)}| \leq B^m\, |\mathfrak{z}^{(1)}|\,.$$

Ist also $B < 1$, so strebt $\mathfrak{z}^{(m+1)}$ mit wachsendem m gegen Null, das Verfahren ist also konvergent.

Eine einfache Methode zur Bestimmung einer oberen Grenze einer Bilinearform findet man mit Hilfe der Schwarzschen Ungleichung. Es gilt ja

$$|\mathfrak{x}' \boldsymbol{a}\, \mathfrak{y}| = \left|\sum_{\alpha,\beta=1}^{n} a_{\alpha\beta}\, x_\alpha\, y_\beta\right| \leq \sqrt{\sum_{\alpha=1}^{n} \left|\sum_{\beta=1}^{n} a_{\alpha\beta}\, y_\beta\right|^2 \cdot \sum_{\alpha=1}^{n} |x_\alpha|^2}\,,$$

$$\left|\sum_{\beta=1}^{n} a_{\alpha\beta}\, y_\beta\right|^2 \leq \sum_{\beta=1}^{n} |a_{\alpha\beta}|^2 \cdot \sum_{\beta=1}^{n} |y_\beta|^2\,,$$

$$|\mathfrak{x}' \boldsymbol{a}\, \mathfrak{y}| \leq \sqrt{\sum_{\alpha,\beta=1}^{n} |a_{\alpha\beta}|^2 \cdot \sum_{\alpha=1}^{n} |x_\alpha|^2 \cdot \sum_{\beta=1}^{n} |y_\beta|^2}\,.$$

Demnach ist die Quadratwurzel aus der Absolutquadratsumme aller Elemente einer Matrix eine obere Grenze für die Matrix. Wir haben damit im ganzen folgendes bewiesen:

XXXVI. *Für das Gleichungssystem* $(\boldsymbol{e} + \boldsymbol{b})\, \mathfrak{x} = \mathfrak{q}$, *worin in* $\boldsymbol{b}$ *alle Diagonalelemente verschwinden, konvergiert das durch die Vorschrift*

$$\mathfrak{x}^{(m+1)} = -\, \boldsymbol{b} \cdot \mathfrak{x}^{(m)} + \mathfrak{q} \qquad (m = 1, 2, \ldots)$$

gegebene Iterationsverfahren sicher dann, wenn eine obere Grenze von $\boldsymbol{b}$ *kleiner als* 1 *ist. Insbesondere gilt dies dann, wenn die Absolutquadratsumme aller Elemente von* $\boldsymbol{b}$ *kleiner als* 1 *ist.*

Für die Matrix

$$\boldsymbol{b} = \begin{pmatrix} 0 & \frac{2}{3} & \frac{1}{3} \\ \frac{1}{2} & 0 & 0 \\ 0 & \frac{1}{3} & 0 \end{pmatrix}$$

---

deren Matrix lautet:

$$\begin{pmatrix} \Sigma\, |x_\alpha|^2 & \Sigma\, x_\alpha\, y_\alpha \\ \Sigma\, \bar{x}_\alpha\, \bar{y}_\alpha & \Sigma\, |y_\alpha|^2 \end{pmatrix}$$

Ist die Form eigentlich definitiv positiv, so ist die Determinante der Matrix > 0, also $\Sigma\, |x_\alpha|^2 \cdot \Sigma\, |y_\alpha|^2 > |\Sigma\, x_\alpha y_\alpha|^2$, daher gilt die Schwarzsche Ungleichung mit dem Zeichen $<$. Ist aber für ein Wertsystem λ, μ, das nicht 0, 0 ist, die Form gleich Null, so ist

$$\lambda\, x_\alpha + \mu\, \bar{y}_\alpha = 0 \qquad (\alpha = 1, \ldots, n),$$

und dann ist die Determinante gleich Null. Also gilt die Behauptung in jedem Falle. In Vektorsprache lautet sie $|\mathfrak{x}'\, \mathfrak{y}| \leq |\mathfrak{x}|\, |\mathfrak{y}|$.

folgt die Konvergenz des Iterationsverfahrens nach diesem Satze, da die Quadratsumme aller Elemente gleich $\frac{11}{12} < 1$ ist. Dagegen wäre Satz XXXV. hier nicht anwendbar, weil die Spaltensumme für die zweite Spalte gleich 1 ist. Andererseits ist für das Beispiel

$$\boldsymbol{b} = \begin{pmatrix} 0 & \frac{3}{4} \\ \frac{3}{4} & 0 \end{pmatrix}$$

die Quadratsumme der Elemente $\frac{18}{16} > 1$, während die Spaltensummen beide $\frac{3}{4} < 1$ sind, so daß XXXV. anwendbar ist, aber nicht XXXVI.

Von Interesse ist ferner noch das Iterationsverfahren, bei dem alle Faktoren c_α übereinstimmend gleich c angenommen werden. Dies bedeutet also für die Näherungen die Vorschrift

$$\mathfrak{x}^{(m+1)} = \mathfrak{x}^{(m)} + c\,(\boldsymbol{a}\,\mathfrak{x}^{(m)} - \mathfrak{r}) = (\boldsymbol{e} + c\,\boldsymbol{a})\,\mathfrak{x}^{(m)} - c\,\mathfrak{r} \qquad (m = 1, 2, \cdots)$$
$$\mathfrak{z}^{(m+1)} = (\boldsymbol{e} + c\,\boldsymbol{a})^m\,\mathfrak{z}^{(1)}.$$

Für die Konvergenz des Verfahrens ist, wie man hieraus in Verbindung mit den früheren Überlegungen über den Grenzwert der m-ten Potenz einer Matrix ohne weiteres erkennt, notwendig und hinreichend, daß $\boldsymbol{e} + c\,\boldsymbol{a}$ lauter Eigenwerte vom absoluten Betrage kleiner als 1 besitzt. Ist λ' ein Eigenwert dieser Matrix, also die Determinante von $\boldsymbol{e} + c\,\boldsymbol{a} - \lambda'\,\boldsymbol{e}$ gleich Null, so ist wegen $c \neq 0$ die Determinante von $\boldsymbol{a} - \lambda\,\boldsymbol{e}$ für $\lambda = \frac{\lambda' - 1}{c}$ gleich Null. Für jeden Eigenwert λ der gegebenen Matrix $\boldsymbol{a}$ muß also bei geeigneter Wahl einer einzigen festen Konstanten c die Bedingung $|c\,\lambda + 1| < 1$ gelten, damit das Iterationsverfahren bei dieser Wahl von c konvergieren kann.

Sind z. B. alle Eigenwerte von $\boldsymbol{a}$ positiv, so gibt es sicher ein solches c, nämlich z. B. $c = -\frac{1}{2\lambda_1}$, wenn λ_1 der größte Eigenwert ist. Ebenso kann, wenn alle Eigenwerte negativ sind und λ_1 der absolut größte ist, $c = -\frac{1}{2\lambda_1}$ gewählt werden. Kennt man beispielsweise eine obere Grenze A von $\boldsymbol{a}$, so ist diese stets größer oder mindestens gleich dem absoluten Betrage des größten Eigenwertes, weil für jeden Eigenwert die Gleichung

$$(\boldsymbol{a} - \lambda\,\boldsymbol{e})\,\bar{\mathfrak{x}} = 0$$

eine normierte Lösung $\mathfrak{x}$ besitzt, für die also

$$\mathfrak{x}'\,\boldsymbol{a}\,\bar{\mathfrak{x}} = \lambda, \quad |\lambda| \leq A$$

ist. Dann genügt es, im ersten Falle $c = -\frac{1}{2A}$, im zweiten $c = \frac{1}{2A}$ zu wählen.

XXXVII. *Für das Gleichungssystem $\boldsymbol{a}\,\mathfrak{x} = \mathfrak{r}$ konvergiert das durch die Vorschrift*

$$\mathfrak{x}^{(m+1)} = (\boldsymbol{e} + c\,\boldsymbol{a})\,\mathfrak{x}^{(m)} - c\,\mathfrak{r} \qquad (m = 1, 2, \ldots)$$

gegebene Iterationsverfahren dann und nur dann, wenn alle Eigenwerte der Bedingung $|c\,\lambda + 1| < 1$ entsprechen. Insbesondere gibt es stets ein solches c, wenn alle Eigenwerte von $\boldsymbol{a}$ positiv, oder wenn sie alle negativ sind. Dasselbe gilt auch, wenn alle Eigenwerte von $\boldsymbol{a}$ positiven, oder alle negativen Realteil haben.

Um die letzte Behauptung zu beweisen, zeichnen wir beispielsweise für den Fall negativer Realteile einen Kreis, dessen Mittelpunkt auf der reellen Achse liegt, der durch den Nullpunkt geht und alle Eigenwerte im Innern enthält. Nennen wir die x-Koordinate seines Mittelpunktes $-\frac{1}{c}$, so ist $\left|\lambda + \frac{1}{c}\right| < \frac{1}{|c|}$, $|c\lambda + 1| < 1$.

Entsprechend kann man im Falle positiver Realteile der Eigenwerte verfahren.

Bei den bisher besprochenen Iterationsverfahren wird bei jedem Schritt der bisher gefundene Näherungsvektor durch einen verbesserten Näherungsvektor ersetzt. Es wird also jedesmal ein „Gesamtschritt" in allen Komponenten zugleich vollzogen. Eine naheliegende Verfeinerung erhält man, wenn man die Gesamtschritte in Einzelschritte für die einzelnen Komponenten auflöst und dabei jedesmal für die vorangehenden Komponenten die zuletzt gefundenen Näherungswerte benutzt.

Handelt es sich also wieder um die Gleichungen

$$L_\alpha(\mathfrak{x}) = \sum_{\beta=1}^{n} a_{\alpha\beta}\, x_\beta - r_\alpha = 0 \qquad (\alpha = 1, \ldots, n) \qquad (a_{\alpha\alpha} \neq 0)$$

und hat man einen Näherungsvektor $\mathfrak{x}^{(m)}$ gefunden, so setze man jetzt entsprechend dem früheren Verfahren, bei dem $c_\alpha = -\frac{1}{a_{\alpha\alpha}}$ gewählt war:

$$x_1^{(m+1)} = x_1^{(m)} - \frac{1}{a_{11}}\left(\sum_{\beta=1}^{n} a_{1\beta}\, x_\beta^{(m)} - r_1\right)$$

$$x_2^{(m+1)} = x_2^{(m)} - \frac{1}{a_{22}}\left(a_{21}\, x_1^{(m+1)} + \sum_{\beta=2}^{n} a_{2\beta}\, x_\beta^{(m)} - r_2\right)$$

$$\cdots\cdots\cdots\cdots\cdots\cdots\cdots\cdots$$

$$x_\alpha^{(m+1)} = x_\alpha^{(m)} - \frac{1}{a_{\alpha\alpha}}\left(\sum_{\beta=1}^{\alpha-1} a_{\alpha\beta}\, x_\beta^{(m+1)} + \sum_{\beta=\alpha}^{n} a_{\alpha\beta}\, x_\beta^{(m)} - r_\alpha\right)$$

$$\cdots\cdots\cdots\cdots\cdots\cdots\cdots\cdots$$

$$x_n^{(m+1)} = x_n^{(m)} - \frac{1}{a_{nn}}\left(\sum_{\beta=1}^{n-1} a_{\alpha\beta}\, x_\beta^{(m+1)} + a_{nn}\, x_n^{(m)} - r_n\right),$$

oder kürzer

$$x_\alpha^{(m+1)} = \frac{1}{a_{\alpha\alpha}}\left(r_\alpha - \sum_{\beta=1}^{\alpha-1} a_{\alpha\beta}\, x_\beta^{(m+1)} - \sum_{\beta=\alpha+1}^{n} a_{\alpha\beta}\, x_\beta^{(m)}\right) \qquad (\alpha = 1, \ldots, n).$$

Dies nennen wir das *Iterationsverfahren in Einzelschritten.*

Wir machen jetzt für unser gegebenes Gleichungssystem die Voraussetzung, daß die *Matrix* $\mathfrak{a}$ *Hermitesch und überdies eigentlich positiv definit* sei. Dann ist stets $a_{\alpha\alpha} > 0$, denn von a_{11} ist uns dies bekannt und eine Vertauschung der Variablen x_1 und x_α kann den eigentlich definit positiven Charakter der Matrix nicht ändern. Wir behaupten dann, daß das Iterationsverfahren in Einzelschritten unter diesen Voraussetzungen stets konvergiert.

Zum Beweise setzen wir $a_{\alpha\beta} = a'_{\alpha\beta} + i\, a''_{\alpha\beta}$, $x_\alpha = x'_\alpha + i\, x''_\alpha$, $r_\alpha = r'_\alpha + i\, r''_\alpha$. Dann ist das gegebene Gleichungssystem gleichbedeutend mit den beiden Bedingungen

$$\begin{aligned} \sum_{\beta=1}^{n} (a'_{\alpha\beta}\, x'_\beta - a''_{\alpha\beta}\, x''_\beta) &= r'_\alpha \\ \sum_{\beta=1}^{n} (a''_{\alpha\beta}\, x'_\beta + a'_{\alpha\beta}\, x''_\beta) &= r''_\alpha \end{aligned} \qquad (\alpha = 1, \ldots, n) \qquad \begin{pmatrix} a'_{\alpha\beta} = a'_{\beta\alpha} \\ a''_{\alpha\beta} = -a''_{\beta\alpha} \end{pmatrix}$$

Nun betrachten wir die quadratische Funktion

$$F = \frac{1}{2} \sum_{\alpha,\beta=1}^{n} a_{\alpha\beta} \bar{x}_\alpha x_\beta - \sum_{\alpha=1}^{n} r_\alpha \bar{x}_\alpha$$

und berechnen ihren Realteil; er lautet:

$$\Re(F) = \frac{1}{2} \sum_{\alpha,\beta=1}^{n} a'_{\alpha\beta} (x'_\alpha x'_\beta + x''_\alpha x''_\beta) - \frac{1}{2} \sum_{\alpha,\beta=1}^{n} a''_{\alpha\beta} (x'_\alpha x''_\beta - x''_\alpha x'_\beta) - \sum_{\alpha=1}^{n} (r'_\alpha x'_\alpha + r''_\alpha x''_\alpha).$$

Die quadratischen Glieder dieses Realteils stimmen mit den Werten der Hermiteschen Form $\frac{1}{2} \bar{\mathfrak{x}}' a \mathfrak{x}$, die ja selbst reell sind, überein, sind also stets positiv. Da sie für genügend große Werte der Variablen den linearen Betandteil übertreffen, so ist der Realteil für genügend große absolute Beträge der x' und x'' stets positiv und zwar beliebig groß. Fragt man ferner nach den Extremwerten von $\Re(F)$, so liefert die Differentialrechnung dafür die Bedingungen:

$$\frac{\partial}{\partial x'_\alpha} (\Re(F)) = 0, \quad \frac{\partial}{\partial x''_\alpha} (\Re(F)) = 0;$$

diese stimmen aber genau mit unsern gegebenen Gleichungen überein. Da die Determinante unseres Gleichungssystems ungleich Null ist, so gibt es demnach nur ein Lösungssystem, also nur einen Extremwert, dieser aber muß nach dem Gesagten notwendig ein Minimum sein. *Unser gesuchtes Lösungssystem macht also die Funktion $\Re(F)$ zum Minimum.*

Wir untersuchen nun, in welcher Weise sich bei unserm Iterationsverfahren der Wert von $\Re(F)$ ändert. Es seien also die Werte $x_1^{(m+1)}, \ldots, x_{\alpha-1}^{(m+1)}$ bereits berechnet und es folgt jetzt die Berechnung von $x_\alpha^{(m+1)}$. Bei diesem Einzelschritt ändert sich F nur in den Gliedern die von x_α abhängen, und zwar wird der Zuwachs von F:

$$\Delta F = \frac{1}{2} a_{\alpha\alpha} \{|x_\alpha^{(m+1)}|^2 - |x_\alpha^{(m)}|^2\} + \left\{\sum_{\beta=1}^{\alpha-1} a_{\alpha\beta} x_\beta^{(m+1)} + \sum_{\beta=\alpha+1}^{n} a_{\alpha\beta} x_\beta^{(m)} - r_\alpha\right\} (\bar{x}_\alpha^{(m+1)} - \bar{x}_\alpha^{(m)}),$$

also nach unserer Iterationsvorschrift

$$\begin{aligned} \Delta F &= \frac{1}{2} a_{\alpha\alpha} \{|x_\alpha^{(m+1)}|^2 - |x_\alpha^{(m)}|^2\} - a_{\alpha\alpha} x_\alpha^{(m+1)} (\bar{x}_\alpha^{(m+1)} - \bar{x}_\alpha^{(m)}) \\ &= -\frac{1}{2} a_{\alpha\alpha} \{|x_\alpha^{(m+1)}|^2 + |x_\alpha^{(m)}|^2 - 2\, x_\alpha^{(m+1)} \cdot \bar{x}_\alpha^{(m)}\}. \end{aligned}$$

Demnach wird der Zuwachs des Realteils:

$$\begin{aligned} \Delta \Re(F) = \Re(\Delta F) &= -\frac{1}{2} a_{\alpha\alpha} \big((x_\alpha^{(m+1)'})^2 + (x_\alpha^{(m+1)''})^2 + (x_\alpha^{(m)'})^2 + (x_\alpha^{(m)''})^2 \\ &\qquad - 2\, x_\alpha^{(m+1)'} \cdot x_\alpha^{(m)'} - 2\, x_\alpha^{(m+1)''} \cdot x_\alpha^{(m)''}\big) \\ &= -\frac{1}{2} a_{\alpha\alpha} [(x_\alpha^{(m+1)'} - x_\alpha^{(m)'})^2 + (x_\alpha^{(m+1)''} - x_\alpha^{(m)''})^2] \\ &= -\frac{1}{2} a_{\alpha\alpha} |x_\alpha^{(m+1)} - x_\alpha^{(m)}|^2 < 0. \end{aligned}$$

Bei jedem Einzelschritt wird somit der Wert von $\Re(F)$ verkleinert. Da aber, wie wir gesehen haben, $\Re(F)$ ein endliches Minimum besitzt, so kann diese Verkleinerung bei der Fortsetzung des Verfahrens nicht unbeschränkt weiterlaufen, es muß also $\Delta \Re(F)$ mit wachsendem m gegen Null gehen. Dann gilt aber für jedes α:

$$\lim_{m\to\infty} |x_\alpha^{(m+1)} - x_\alpha^{(m)}|^2 = 0,$$
$$\lim_{m\to\infty} (x_\alpha^{(m+1)} - x_\alpha^{(m)}) = 0.$$

Dies gibt auf Grund der Definition von $x_\alpha^{(m+1)}$:

$$\lim_{m\to\infty} \left(r_\alpha - \sum_{\beta=1}^{\alpha-1} a_{\alpha\beta} x_\beta^{(m+1)} - \sum_{\beta=\alpha}^{n} a_{\alpha\beta} x_\beta^{(m)} \right) = 0,$$
$$\lim_{m\to\infty} L_\alpha(\mathfrak{x}^{(m)}) = 0.$$

Bezeichnet nun $\mathfrak{x}$ das eindeutig bestimmte Lösungssystem der Gleichungen $L_\alpha(\mathfrak{x}) = 0$, so gilt demnach $\lim_{m\to\infty} \boldsymbol{a}(\mathfrak{x} - \mathfrak{x}^{(m)}) = 0$. Hieraus folgt durch vordere Multiplikation mit $\boldsymbol{a}^{-1}$ notwendig $\lim_{m\to\infty} (\mathfrak{x} - \mathfrak{x}^{(m)}) = 0$, womit die Konvergenz des Iterationsverfahrens in Einzelschritten bewiesen ist.

XXXVIII. *Für das Gleichungssystem $\boldsymbol{a}\,\mathfrak{x} = \mathfrak{r}$ konvergiert das Iterationsverfahren in Einzelschritten jedenfalls dann, wenn $\boldsymbol{a}$ eine eigentlich definit positive Hermitesche Matrix ist.*

Die besondere Bedeutung dieses Satzes liegt nun darin, daß man ihn leicht dazu verwenden kann, um ein beliebiges Gleichungssystem $\boldsymbol{a}\,\mathfrak{x} = \mathfrak{r}$ durch Iteration in Einzelschritten zu lösen, wenn nur $\boldsymbol{a}$ eine nichtverschwindende Determinante besitzt. Man braucht nämlich zu diesem Zwecke nur mit $\bar{\boldsymbol{a}}'$ zu multiplizieren und erhält mit $\bar{\boldsymbol{a}}'\boldsymbol{a} = \boldsymbol{b}$:

$$\boldsymbol{b}\,\mathfrak{x} = \bar{\boldsymbol{a}}'\,\mathfrak{r} = \mathfrak{q}.$$

Hierin ist jetzt $\boldsymbol{b}$ eine eigentlich definit positive Hermitesche Matrix, denn es ist ja $\mathfrak{x}'\boldsymbol{b}\bar{\mathfrak{x}} = \mathfrak{x}'\bar{\boldsymbol{a}}'\boldsymbol{a}\bar{\mathfrak{x}} = |\boldsymbol{a}\bar{\mathfrak{x}}|^2 > 0$ außer für $\mathfrak{x} = 0$.

XXXIX. *Ein beliebiges Gleichungssystem $\boldsymbol{a}\,\mathfrak{x} = \mathfrak{r}$ wird durch vordere Multiplikation mit $\bar{\boldsymbol{a}}'$ in ein solches verwandelt, auf das auf Grund von* XXXVIII. *das Iterationsverfahren in Einzelschritten anwendbar ist.*

Wir schließen diesen Abschnitt über Iterationsverfahren durch folgenden, von *L. Collatz* herrührenden Satz über eine Fehlerabschätzung des Iterationsverfahrens in Einzelschritten:

XXXX. *Ist bei einem Gleichungssystem $\boldsymbol{a}\,\mathfrak{x} = \mathfrak{r}$ die Bedingung*

$$b_\alpha = \sum_{(\beta)}{}' |a_{\alpha\beta}| < |a_{\alpha\alpha}| \qquad \left(\sum{}' = \sum_{\beta\neq\alpha}\right)$$

für alle α erfüllt, so gilt für die nach der Vorschrift des Iterationsverfahrens in Einzelschritten berechneten Näherungen $\mathfrak{x}^{(m)}$ die Fehlerabschätzung

$$|x_\alpha^{(m+1)} - x_\alpha| \leq \varrho\,\delta_m.$$

Dabei ist $\varrho = \operatorname{Max} \dfrac{b_\alpha}{|a_{\alpha\alpha}| - b_\alpha}$ *und δ_m der Betrag der maximalen Änderung beim letzten Iterationsschritt:*

$$\delta_m = \operatorname{Max} |x_\alpha^{(m+1)} - x_\alpha^{(m)}|.$$

Hier wird also im Gegensatz zu der in XXXV. auftretenden Spaltensumme die Summe der absoluten Beträge einer Zeile, kurz die Zeilensumme b_α verwendet. Die Konvergenz des Verfahrens folgt so:

Es sei $Z^{(m)}$ der größte Betrag der n Fehler $\varepsilon_\alpha^{(m)} = x_\alpha^{(m)} - x_\alpha$

$$Z^{(m)} = \operatorname{Max} |\varepsilon_\alpha^{(m)}|.$$

Für den Fehler gilt nach der Iterationsvorschrift:

$$\varepsilon_\alpha^{(m+1)} = -\frac{1}{a_{\alpha\alpha}}\left(\sum_{\beta=1}^{\alpha-1} a_{\alpha\beta}\,\varepsilon_\beta^{(m+1)} + \sum_{\beta=\alpha+1}^{n} a_{\alpha\beta}\,\varepsilon_\beta^{(m)}\right).$$

Setzt man nun $\mu = \frac{\varrho}{1+\varrho} < 1$, so ist nach Voraussetzung wegen

$$\varrho \geq \frac{b_\alpha}{|a_{\alpha\alpha}| - b_\alpha}, \quad b_\alpha(1+\varrho) \leq |a_{\alpha\alpha}|\,\varrho: \;\cdot\; b_\alpha \leq \mu\,|a_{\alpha\alpha}|\,.$$

Weiterhin gilt $|\varepsilon_\alpha^{(m+1)}| \leq \mu\, Z^{(m)}$. Denn für $\alpha = 1$ ergibt sich unmittelbar

$$|\varepsilon_1^{(m+1)}| \leq Z^{(m)} \frac{b_1}{|a_{11}|} \leq \mu\, Z^{(m)}.$$

Für die weiteren Werte α kann man, wenn die Behauptung bis zum Index $\alpha - 1$ bereits bewiesen ist, in dem Ausdruck für $\varepsilon_\alpha{}^{(m+1)}$ in der ersten Summe rechts für $\varepsilon_\beta^{(m+1)}$ die Abschätzung $|\varepsilon_\beta^{(m+1)}| \leq \mu\, Z^{(m)} < Z^{(m)}$ einsetzen und erhält dann wieder

$$|\varepsilon_\alpha^{(m+1)}| \leq Z^{(m)} \frac{b_\alpha}{|a_{\alpha\alpha}|} \leq \mu\, Z^{(m)}.$$

Da $Z^{(m+1)}$ das Maximum der n Zahlen $|\varepsilon_\alpha^{(m+1)}|$ ist, so gilt demnach auch

$$Z^{(m+1)} \leq \mu\, Z^{(m)},$$

und somit allgemein

$$Z^{(m+1)} \leq \mu^m\, Z^{(1)}.$$

Hiermit ist wegen $\mu < 1$ die Konvergenz des Verfahrens bewiesen.

Es sei nun δ_m der größte Betrag, der beim Übergang von der m-ten zur $(m+1)$-ten Näherung aufgetretenen Änderungen

$$\delta_m = \operatorname{Max} |x_\alpha^{(m+1)} - x_\alpha^{(m)}| = \operatorname{Max} |\varepsilon_\alpha^{(m+1)} - \varepsilon_\alpha^{(m)}|,$$

und es sei x_σ diejenige Unbekannte, für die $|\varepsilon_\sigma^{(m)}|$ den Maximalwert $Z^{(m)}$ annimmt: $|\varepsilon_\sigma^{(m)}| = Z^{(m)}$. Dann gilt

$$\delta_m \geq |\varepsilon_\sigma^{(m)} - \varepsilon_\sigma^{(m+1)}| \geq \big||\varepsilon_\sigma^{(m)}| - |\varepsilon_\sigma^{(m+1)}|\big| \geq Z^{(m)} - Z^{(m+1)} \geq Z^{(m+1)}\left(\frac{1}{\mu} - 1\right) = \frac{1}{\varrho} Z^{(m+1)},$$

$$Z^{(m+1)} \leq \varrho\, \delta_m.$$

Hiermit ist der Satz bewiesen.

Man sieht aus diesem Satze, daß für die praktische Ausführung der Rechnung ein möglichst starkes Überwiegen der Hauptdiagonalglieder wesentlich ist. Ob dies im Einzelfalle auf Grund von XXXIX. erzielt wird, oder von vornherein durch geeignete Zusammenfassung bzw. Umordnung der gegebenen Gleichungen erreicht wird, hängt von dem Einzelfall und damit weitgehend von der Übersicht und Geschicklichkeit des Rechners ab. Die aufgestellten Sätze ergeben in jedem Falle die Grundlagen, deren Beachtung die numerische Behandlung eines beliebig vorgegebenen Gleichungssystems von nichtverschwindender Determinante gestattet.

Übungen zum sechsten Vortrag

Vorgelegt sei das Gleichungssystem:

$$
\begin{aligned}
5x - 3y + 2z - 14t + 7u &= 2 \\
2x + y - 3z + t - 12u &= 4 \\
-x + y + 2z - 13t + u &= 1 \\
x + 3y - 17z - 12t + 3u &= 3 \\
-4x - 7y - 12z + t + 4u &= -1.
\end{aligned}
$$

Das Verfahren des Satzes XXXIX verlangt die Berechnung der Matrix $\boldsymbol{a}'\boldsymbol{a}$ und darnach das Iterationsverfahren in Einzelschritten. Es wird:

$$
\boldsymbol{a}'\boldsymbol{a} = \begin{pmatrix} 47 & 17 & 33 & -71 & -3 \\ 17 & 69 & 26 & -13 & -51 \\ 33 & 26 & 450 & 135 & -47 \\ -71 & -13 & 135 & 511 & -155 \\ -3 & -51 & -47 & -155 & 219 \end{pmatrix}.
$$

Man sieht aber hier schon ohne Rechnung, daß das Iterationsverfahren mit dieser Matrix sicherlich außerordentlich langsam konvergieren wird, da die Diagonalglieder keineswegs in allen Zeilen die übrigen Glieder beträchtlich übertreffen. Es empfiehlt sich deshalb im vorliegenden Falle, die Gleichungen zunächst durch Kombination so umzugestalten, daß ein erhebliches Überwiegen der Diagonalglieder vorliegt. Dabei können wir die beiden Gleichungen 2 und 3 als letzte und vorletzte Gleichung bestehen lassen. Ferner ergibt die Subtraktion von Gleichung 3 minus Gleichung 4:

$$-2x - 2y + 19z - t - 2u = -2.$$

Diese Gleichung ist jetzt als neue Gleichung 3 brauchbar. Ferner liefert Subtraktion der Gleichungen 1 und 3:

$$6x - 4y \qquad - t + 6u = 1.$$

Addiert man dazu die mit $\frac{1}{2}$ multiplizierte Gleichung 2, so entsteht:

$$(*) \qquad 7x - 3{,}5y - 1{,}5z - 0{,}5t = 3.$$

Subtraktion der Gleichung 5 liefert

$$11x + 3{,}5y + 10{,}5z - 1{,}5t - 4u = 4.$$

Multiplikation mit 18 ergibt

$$198x + 63y + 189z - 27t - 72u = 72.$$

Andererseits ist wegen der neuen Gleichung 3:

$$20x + 20y - 190z + 10t + 20u = 20.$$

Dies gibt zusammen:

$$218x + 83y - z - 17t - 52u = 92.$$

Diese Gleichung kann als neue Gleichung 1 verwendet werden. Endlich bilden wir das -20-fache der Gleichung 5:

$$80x + 140y + 240z - 20t - 80u = 20,$$

und fügen dazu das — 10-fache der neuen dritten Gleichung:

$$20x + 20y - 190z + 10t + 20u = 20\,.$$

Dies liefert dann:

$$100x + 160y + 50z - 10t - 60u = 40\,.$$

Andererseits ergibt die mit 15 multiplizierte Gleichung (*):

$$105x - 52{,}5y - 22{,}5z - 7{,}5t = 45\,.$$

Subtraktion der beiden letzten Gleichungen ergibt:

$$-5x + 212{,}5y + 72{,}5z - 2{,}5t - 60u = -5\,.$$

Dies kann als neue Gleichung 2 verwendet werden.

Wir erhalten somit folgendes zum gegebenen *gleichwertige Gleichungssystem*:

$$(**)\qquad \begin{cases} 218x + 83y - z - 17t - 52u = 92 \\ -5x + 212{,}5y + 72{,}5z - 2{,}5t - 60u = -5 \\ -2x - 2y + 19z - t - 2u = -2 \\ x - y - 2z + 13t - u = -1 \\ -2x - y + 3z - t + 12u = -4\,. \end{cases}$$

Division durch die Diagonalglieder liefert:

$$\begin{aligned} x + 0{,}3807y - 0{,}0046z - 0{,}0780t - 0{,}2385u &= 0{,}4220 \\ -0{,}0235x + y + 0{,}3412z - 0{,}0118t - 0{,}2823u &= -0{,}0235 \\ -0{,}1052x - 0{,}1052y + z - 0{,}0526t - 0{,}1052u &= -0{,}1052 \\ 0{,}0769x - 0{,}0769y - 0{,}1538z + t - 0{,}0769u &= -0{,}0769 \\ -0{,}1667x - 0{,}0833y + 0{,}2500z - 0{,}0833t + u &= -0{,}3333\,. \end{aligned}$$

Wir berechnen nach XXXX. zunächst die Konstanten b_α und finden

$$\begin{aligned} b_1 &= 0{,}7018 < 0{,}71 \\ b_2 &= 0{,}6588 < 0{,}71 \\ b_3 &= 0{,}36\cdots < 0{,}71 \\ b_4 &= 0{,}38\cdots < 0{,}71 \\ b_5 &= 0{,}58\cdots < 0{,}71 \end{aligned}$$

Demnach wird $\varrho = \operatorname{Max} \frac{b_\alpha}{1-b_\alpha} = \frac{0{,}7018}{0{,}2982} = 2{,}3534.$

Die aufeinanderfolgenden Werte des Iterationsverfahrens in Einzelschritten sind:

$$\begin{array}{lll} x_1 = 0{,}4220 & x_2 = 0{,}3449 & x_3 = 0{,}3744 \\ y_1 = -0{,}0235 & y_2 = -0{,}0747 & y_3 = -0{,}0516 \\ z_1 = -0{,}1052 & z_2 = -0{,}1160 & z_3 = -0{,}1072 \\ t_1 = -0{,}0769 & t_2 = -0{,}1523 & t_3 = -0{,}1466 \\ u_1 = -0{,}3333 & u_2 = -0{,}2658 & u_3 = -0{,}2876\,. \end{array}$$

Man sieht, daß das Iterationsverfahren nicht gut konvergiert; das Überwiegen der Diagonalglieder muß noch ausgesprochener werden. Es stören vor allem noch die ersten beiden Gleichungen (**), die noch durch bessere ersetzt werden können. Wir multiplizieren die erste Gleichung mit 3 und subtrahieren von ihr die zweite. Dann erhalten wir:

$$659x + 36{,}5y - 75{,}5z - 48{,}5t - 96u = 281$$

oder

$$x + 0{,}0557y - 0{,}1146z - 0{,}0736t - 0{,}1457u = 0{,}4264\,.$$

Um die zweite Gleichung (**) zu verbessern, subtrahieren wir von ihr die mit 4 multiplizierte dritte Gleichung und erhalten:

$$3x + 220{,}5y - 3{,}5z + 1{,}5t - 52u = 3$$

oder

$$0{,}0136x + y - 0{,}0159z + 0{,}0068t - 0{,}2358u = 0{,}0136\,.$$

Endlich kann auch die letzte Gleichung (**) noch verbessert werden; wir multiplizieren sie mit 6 und subtrahieren die dritte Gleichung von ihr, dann entsteht:

$$-10x - 4y - z - 5t + 74u = -22\,,$$

oder

$$-0{,}1351x - 0{,}0641y - 0{,}0135z - 0{,}0676t + u = -0{,}2973\,.$$

Hiernach lautet unser Gleichungssystem jetzt:

$$\begin{aligned}
x \quad + 0{,}0554y - 0{,}1146z - 0{,}0736t - 0{,}1457u &= 0{,}4264\\
0{,}0136x \quad + y \quad - 0{,}0159z + 0{,}0068t - 0{,}2358u &= 0{,}0136\\
-0{,}1052x - 0{,}1052y \quad + z \quad - 0{,}0526t - 0{,}1052u &= -0{,}1052\\
0{,}0769x - 0{,}0769y - 0{,}1538z \quad + t \quad - 0{,}0769u &= -0{,}0769\\
-0{,}1351x - 0{,}0641y - 0{,}0135z - 0{,}0676t \quad + u \quad &= -0{,}2973\,.
\end{aligned}$$

Die Werte der Konstanten b_α ergeben sich jetzt wie folgt:

$$\begin{aligned}
b_1 &= 0{,}3893\\
b_2 &= 0{,}2721\\
b_3 &= 0{,}3682 \qquad \varrho = \operatorname{Max}\frac{b_\alpha}{1-b_\alpha} = \frac{0{,}3893}{0{,}6107} = 0{,}6374\,.\\
b_4 &= 0{,}3845\\
b_5 &= 0{,}2803\,.
\end{aligned}$$

Das Iterationsverfahren in Einzelschritten ergibt dann nacheinander die Werte:

$x_1 = 0{,}4264$	$x_2 = 0{,}3648$	$x_3 = 0{,}3682$	$x_4 = 0{,}3681$	$x = 0{,}368$
$y_1 = 0{,}0136$	$y_2 = -0{,}0627$	$y_3 = -0{,}0541$	$y_4 = -0{,}0540$	$y = -0{,}054$
$z_1 = -0{,}1052$	$z_2 = -0{,}1087$	$z_3 = -0{,}1078$	$z_4 = -0{,}1076$	$z = -0{,}108$
$t_1 = -0{,}0769$	$t_2 = -0{,}1492$	$t_3 = -0{,}1462$	$t_4 = -0{,}1463$	$t = -0{,}146$
$u_1 = -0{,}2973$	$u_2 = -0{,}2634$	$u_3 = -0{,}2625$	$u_4 = -0{,}2624$	$u = -0{,}262$.

Nach der Fehlerabschätzung des Satzes XXXX. sind damit die auf drei Stellen genauen Werte der Unbekannten ermittelt.

7. VORTRAG

Praktische Bestimmung der Eigenwerte und Eigenvektoren einer Hermiteschen Matrix. Eingrenzung des größten Eigenwertes. Der Fall einer symmetrisierbaren Matrix. Ausdehnung auf den Fall einer normalen Matrix. Die praktische Bestimmung der Eigenwerte für eine beliebige Matrix. Übungen

Neben der im vorigen Vortrag ausführlich behandelten Frage der praktischen Lösung linearer Gleichungssysteme steht die für die Anwendungen ebenso wichtige Aufgabe der *Berechnung der Eigenwerte und Eigenvektoren einer Matrix.* Dieser Aufgabe wenden wir uns jetzt zu. Wir beginnen dabei mit dem wichtigen Sonderfall, wo die Matrix reellsymmetrisch oder allgemeiner eine Hermitesche Matrix ist.

Es sei also $\boldsymbol{a} = \bar{\boldsymbol{a}}'$. Wir untersuchen das Gleichungssystem

$$(\boldsymbol{a} - \lambda\, \boldsymbol{e})\, \mathfrak{x} = 0, \tag{7·1}$$

bei dem nicht nur die Lösung $\mathfrak{x}$, sondern auch die Zahl λ zunächst unbekannt ist. Da die Berechnung der charakteristischen Determinante und die Bestimmung ihrer Nullstellen i. allg. ziemlich mühevoll ist, suchen wir einen andern Weg, der uns auf einen Schlag die Kenntnis eines Eigenwertes und des zugehörigen Eigenvektors liefern wird.

Wir beginnen mit einem beliebigen Anfangsvektor $\mathfrak{x}_0$ und setzen der Reihe nach:

$$\begin{aligned} \mathfrak{x}_1 &= \boldsymbol{a}\, \mathfrak{x}_0 \\ \mathfrak{x}_2 &= \boldsymbol{a}\, \mathfrak{x}_1 = \boldsymbol{a}^2\, \mathfrak{x}_0 \\ &\ldots\ldots\ldots\ldots \\ \mathfrak{x}_s &= \boldsymbol{a}^s\, \mathfrak{x}_0 \qquad (s = 1, 2, \ldots). \end{aligned}$$

Im vierten Vortrag haben wir festgestellt, daß unsere Gleichung (7·1) für gewisse (verschiedene oder z. T. gleiche) Werte $\lambda_1, \lambda_2, \ldots, \lambda_n$ Lösungsvektoren $\mathfrak{q}_1, \mathfrak{q}_2, \ldots, \mathfrak{q}_n$ besitzt, die zueinander orthogonal und normiert gewählt werden können, so daß also

$$(\boldsymbol{a} - \lambda_\alpha\, \boldsymbol{e})\, \mathfrak{q}_\alpha = 0, \quad \bar{\mathfrak{q}}'_\alpha\, \mathfrak{q}_\beta = \delta_{\alpha\beta} \qquad (\alpha, \beta = 1, \ldots, n)$$

gilt. Die Matrix

$$\boldsymbol{c} = \begin{pmatrix} \bar{\mathfrak{q}}_1 & \bar{\mathfrak{q}}_2 & \bar{\mathfrak{q}}_n \\ | & | \ldots & | \end{pmatrix}$$

ist dann unitär und es gilt die Hauptachsentransformation:

$$\boldsymbol{c}'\, \boldsymbol{a}\, \bar{\boldsymbol{c}} = \begin{pmatrix} \lambda_1 & 0 & \cdots & 0 \\ 0 & \lambda_2 & \cdots & 0 \\ \cdots & \cdots & \cdots & \cdots \\ 0 & \cdots & & \lambda_n \end{pmatrix} = \boldsymbol{b}\,.$$

Hieraus folgt zunächst umgekehrt wegen $\bar{\boldsymbol{c}}\,\boldsymbol{c}' = \boldsymbol{c}'\,\bar{\boldsymbol{c}} = \boldsymbol{e}$:

$$\boldsymbol{a} = \bar{\boldsymbol{c}}\,\boldsymbol{b}\,\boldsymbol{c}',$$

und dies liefert für die s-te Potenz:

$$\boldsymbol{a}^s = \bar{\boldsymbol{c}}\,\boldsymbol{b}^s\,\boldsymbol{c}' \qquad (s = 1, 2, \ldots).$$

Schreiben wir nun ausführlicher

$$\mathfrak{q}_\alpha = \begin{pmatrix} q_{1\alpha} \\ q_{2\alpha} \\ \vdots \\ q_{n\alpha} \end{pmatrix},$$

so erhalten wir

$$\boldsymbol{a}^s = \begin{pmatrix} q_{11}\, q_{12} \cdots q_{1n} \\ q_{21}\, q_{22} \cdots q_{2n} \\ \cdots\cdots\cdots \\ q_{n1}\, q_{n2} \cdots q_{nn} \end{pmatrix} \cdot \begin{pmatrix} \lambda_1^s\; 0 \;\cdots\; 0 \\ 0\;\lambda_2^s \cdots\; 0 \\ \cdots\cdots \\ 0 \;\cdots\; \lambda_n^s \end{pmatrix} \begin{pmatrix} \bar{q}_{11}\, \bar{q}_{21} \cdots \bar{q}_{n1} \\ \bar{q}_{12}\, \bar{q}_{22} \cdots \bar{q}_{n2} \\ \cdots\cdots\cdots \\ \bar{q}_{1n}\, \bar{q}_{2n} \cdots \bar{q}_{nn} \end{pmatrix}$$

$$= \begin{pmatrix} q_{11}\lambda_1^s\; q_{12}\lambda_2^s \cdots q_{1n}\lambda_n^s \\ q_{21}\lambda_1^s\; q_{22}\lambda_2^s \cdots q_{2n}\lambda_n^s \\ \cdots\cdots\cdots\cdots \\ q_{n1}\lambda_1^s\; q_{n2}\lambda_2^s \cdots q_{nn}\lambda_n^s \end{pmatrix} \begin{pmatrix} \bar{q}_{11}\, \bar{q}_{21} \cdots \bar{q}_{n1} \\ \bar{q}_{12}\, \bar{q}_{22} \cdots \bar{q}_{n2} \\ \cdots\cdots\cdots \\ \bar{q}_{1n}\, \bar{q}_{2n} \cdots \bar{q}_{nn} \end{pmatrix}.$$

$$= \lambda_1^s \begin{pmatrix} q_{11}\bar{q}_{11}\; q_{11}\bar{q}_{21} \cdots q_{11}\bar{q}_{n1} \\ q_{21}\bar{q}_{11}\; q_{21}\bar{q}_{21} \cdots q_{21}\bar{q}_{n1} \\ \cdots\cdots\cdots\cdots \\ q_{n1}\bar{q}_{11}\; q_{n1}\bar{q}_{21} \cdots q_{n1}\bar{q}_{n1} \end{pmatrix} + \cdots + \lambda_n^s \begin{pmatrix} q_{1n}\bar{q}_{1n}\; q_{1n}\bar{q}_{2n} \cdots q_{1n}\bar{q}_{nn} \\ q_{2n}\bar{q}_{1n}\; q_{2n}\bar{q}_{2n} \cdots q_{2n}\bar{q}_{nn} \\ \cdots\cdots\cdots\cdots \\ q_{nn}\bar{q}_{1n}\; q_{nn}\bar{q}_{2n} \cdots q_{nn}\bar{q}_{nn} \end{pmatrix}.$$

Bilden wir jetzt den Vektor $\mathfrak{x}_s = \boldsymbol{a}^s\,\mathfrak{x}_0$, so ergibt sich, falls

$$\mathfrak{x}_0 = \begin{pmatrix} x_1 \\ x_2 \\ \vdots \\ x_n \end{pmatrix}, \quad \mathfrak{x}_s = \begin{pmatrix} x_1^{(s)} \\ x_2^{(s)} \\ \vdots \\ x_n^{(s)} \end{pmatrix}$$

gesetzt wird,

$$(7\cdot 2) \qquad x_\alpha^{(s)} = \sum_{r=1}^{n} \lambda_r^s\, q_{\alpha r} \sum_{\beta=1}^{n} \bar{q}_{\beta r}\, x_\beta \qquad (\alpha = 1, \ldots n).$$

In dieser Summe denken wir uns die Werte $\lambda_1, \ldots, \lambda_n$ nach der Größe ihrer absoluten Beträge geordnet; es sei also etwa

$$|\lambda_1| = |\lambda_2| = \cdots = |\lambda_\varkappa| > |\lambda_{\varkappa+1}| \cdots.$$

Alsdann treten in der Summe die Glieder mit $r = \varkappa + 1, \ldots, n$ in ihrer numerischen Bedeutung um so mehr in den Hintergrund, je größer s wird. Da nämlich die Eigenwerte, wie wir wissen, sämtlich reell sind, so können wir etwa für gerades $s = 2\sigma$ schreiben:

$$x_\alpha^{(s)} = \lambda_1^s \left(\sum_{r=1}^{\varkappa} q_{\alpha r} \sum_{\beta=1}^{n} \bar{q}_{\beta r}\, x_\beta + \sum_{r=\varkappa+1}^{n} \left(\frac{\lambda_r}{\lambda_1}\right)^s q_{\alpha r} \sum_{\beta=1}^{n} \bar{q}_{\beta r}\, x_\beta \right) = \lambda_1^s \left(\sum_{r=1}^{\varkappa} q_{\alpha r} \sum_{\beta=1}^{n} \bar{q}_{\beta r}\, x_\beta + \delta_s \right),$$

und hierin wird δ_s beliebig klein, wenn s genügend groß ist. Man sieht jetzt, daß der Quotient

$$\frac{x_\alpha^{(2\sigma+2)}}{x_\alpha^{(2\sigma)}} = \lambda_1^2 + \varepsilon_\sigma \quad (\varepsilon_\sigma \to 0 \text{ für } \sigma \to \infty) \quad (\alpha = 1, \ldots, n)$$

wird, wenn nicht zufälligerweise die Doppelsumme rechts gleich Null ist. Dies kann dann durch anderweitige Wahl des Anfangsvektors vermieden werden. *Man erhält also auf diese Weise das Quadrat des absolut größten Eigenwertes und damit seinen absoluten Betrag beliebig genau.*

Wir können das Verfahren verfeinern, wenn wir etwa annehmen, daß die ersten ϱ Werte $\lambda_1, \ldots, \lambda_\varrho$ einander gleich und die nächsten $\varkappa - \varrho$ Werte $\lambda_{\varrho+1}, \ldots, \lambda_\varkappa$ gleich $-\lambda_1$ seien. Dann gilt mit $\sum_{\beta=1}^{n} \bar{q}_{\beta r}\, x_\beta = y_r$ wie vorher

$$x_\alpha^{(2\sigma)} = \lambda_1^{2\sigma}\left(\sum_{r=1}^{\varrho} q_{\alpha r}\, y_r + \sum_{r=\varrho+1}^{\varkappa} q_{\alpha r}\, y_r\right) + \delta_1 \qquad (\delta_1 \to 0)$$

und ferner gilt

$$x_\alpha^{(2\sigma+1)} = \lambda_1^{2\sigma+1}\left(\sum_{r=1}^{\varrho} q_{\alpha r}\, y_r - \sum_{r=\varrho+1}^{\varkappa} q_{\alpha r}\, y_r\right) + \delta_2 \qquad (\delta_2 \to 0),$$

wo wieder δ_1 und δ_2 mit $\sigma \to \infty$ gegen Null gehen. Hieraus folgt aber

$$\frac{x_\alpha^{(2\sigma)}}{\lambda_1^{2\sigma}} + \frac{x_\alpha^{(2\sigma+1)}}{\lambda_1^{2\sigma+1}} = 2\sum_{r=1}^{\varrho} q_{\alpha r}\, y_r + \delta_3; \qquad \frac{x_\alpha^{(2\sigma)}}{\lambda_1^{2\sigma}} - \frac{x_\alpha^{(2\sigma+1)}}{\lambda_1^{2\sigma+1}} = 2\sum_{r=\varrho+1}^{\varkappa} q_{\alpha r}\, y_r + \delta_4;$$

$$(\delta_3, \delta_4 \to 0)$$

und jetzt steht rechts bis auf einen kleinen Fehler ein *Eigenvektor zum Eigenwerte λ_1 bzw. $-\lambda_1$*. Eine der beiden Summen rechts kann im Spezialfall Null sein, wenn nämlich ein Eigenwert des betreffenden Vorzeichens nicht vorkommt. Da aber mindestens ein Eigenwert vom Betrage $|\lambda_1|$ vorhanden ist, können nicht beide Summen verschwinden, weil $\mathfrak{q}_1, \ldots, \mathfrak{q}_\varkappa$ linear unabhängig sind und daher $y_1 = \cdots = y_\varkappa = 0$ sein müßte. Dies würde aber bedeuten, daß der Anfangsvektor zu $\mathfrak{q}_1, \ldots, \mathfrak{q}_\varkappa$ orthogonal wäre, und dies könnte durch eine andere Wahl des Anfangsvektors vermieden werden.

Wir fassen die bisherigen Ergebnisse wie folgt zusammen:

XLI. *Bildet man mit einer Hermiteschen Matrix $\boldsymbol{a} = \bar{\boldsymbol{a}}'$ für einen geeigneten Anfangsvektor $\mathfrak{x}_0$ die Vektoren $\boldsymbol{a}^s \mathfrak{x}_0 = \mathfrak{x}_s$ $(s = 1, 2, \ldots)$, so strebt mit wachsendem σ der Quotient zweier gleichnamigen Elemente von $\mathfrak{x}_{2\sigma+2}$ und $\mathfrak{x}_{2\sigma}$ gegen das Quadrat des absolut größten Eigenwertes λ_1 der Matrix. Ferner strebt $\frac{\mathfrak{x}_{2\sigma}}{\lambda_{2\sigma}} + \frac{\mathfrak{x}_{2\sigma+1}}{\lambda_{2\sigma+1}}$ und $\frac{\mathfrak{x}_{2\sigma}}{\lambda_{2\sigma}} - \frac{\mathfrak{x}_{2\sigma+1}}{\lambda_{2\sigma+1}}$ gegen einen zum Eigenwert λ_1 bzw. $-\lambda_1$ gehörenden Eigenvektor und gegen Null, falls die betreffende Zahl kein Eigenwert ist.*

Man erhält also auf diese Weise in jedem Falle den absolut größten Eigenwert und einen dazu gehörigen Eigenvektor. Ist die Matrix insbesondere definit positiv, sind also keine negativen Eigenwerte vorhanden, so strebt demnach $\frac{\mathfrak{x}_{2\sigma}}{\lambda_1^{2\sigma}} - \frac{\mathfrak{x}_{2\sigma+1}}{\lambda_1^{2\sigma+1}}$ gegen Null, man braucht sich dann also nicht auf die geraden Indizes zu beschränken, um den Eigenwert zu berechnen.

Für die praktische Rechnung kann man noch den Umstand ausnutzen, daß die Wahl des Elementes, für die man die Quotienten bilden soll, freisteht. Es empfiehlt sich deswegen, statt der einzelnen Elemente ihre Quadratsummen zu verwenden, also die absoluten Beträge $|\mathfrak{x}_{2\sigma}|$ und ihre Quotienten zu bilden. Denn es gilt natürlich auch

$$\frac{|\mathfrak{x}_{2\sigma+2}|}{|\mathfrak{x}_{2\sigma}|} = \lambda_1^2 + \delta .$$

Hat man somit einen Eigenwert und den dazugehörigen normierten Eigenvektor berechnet, so fragt sich, wie man jetzt am zweckmäßigsten die Berechnung der weiteren Eigenwerte und Eigenvektoren vornimmt. Wir nennen den bereits berechneten Eigenwert λ_1 und den dazu bestimmten normierten Eigenvektor $\mathfrak{q}_1$.

Jetzt beginnen wir unser Verfahren von neuem, aber mit einem zu $\mathfrak{q}_1$ orthogonalen Anfangsvektor $\mathfrak{x}_0$. Dann lautet die Gleichung (7·2), weil $\sum_{\beta=1}^{n} \bar{q}_{\beta 1}\, x_\beta = 0$ ist,

$$x_\alpha^{(s)} = \sum_{r=2}^{n} \lambda_r^s q_{\alpha r} \sum_{\beta=1}^{n} \bar{q}_r\, x_\beta \qquad (\alpha = 1, \ldots, n) \tag{7·3}$$

und man kann nun wieder genau dieselben Schlüsse ziehen, die einen Eigenwert von höchstem absoluten Betrage unter den Zahlen $\lambda_2, \ldots, \lambda_n$ und einen dazugehörigen Eigenvektor liefern. In dieser Weise könnte man fortfahren.

Es ist aber besser für die numerische Rechnung, beim zweiten Schritt nicht mehr mit der Matrix $\boldsymbol{a}$ selbst zu rechnen, sondern eine Matrix $\boldsymbol{b}$ einzuführen[1])

$$\boldsymbol{b} = \begin{pmatrix} 0 - \frac{\bar{q}_{21}}{\bar{q}_{11}} & \ldots - \frac{\bar{q}_{n1}}{\bar{q}_{11}} \\ 0 \quad 1 \quad 0 & \cdots - 0 \\ \cdots & \cdots \\ 0 & \cdots \quad 1 \end{pmatrix},$$

wobei wir $q_{11} \neq 0$ angenommen haben, was evtl. durch Umnumerierung der Variablen erreicht werden kann. Dann ist nämlich für jeden zu $\mathfrak{q}_1$ orthogonalen Vektor $\mathfrak{x}_0$ wegen $x_1 = -\frac{\bar{q}_{21}}{\bar{q}_{11}} x_2 - \cdots - \frac{\bar{q}_{n1}}{\bar{q}_{11}} x_n$:

$$\boldsymbol{b}\, \mathfrak{x}_0 = \mathfrak{x}_0 ,$$

also

$$\mathfrak{x}_1 = \boldsymbol{a}\, \mathfrak{x}_0 = \boldsymbol{a}\, \boldsymbol{b}\, \mathfrak{x}_0 .$$

Wir behaupten allgemein

$$\mathfrak{x}_s = (\boldsymbol{a}\, \boldsymbol{b})^s\, \mathfrak{x}_0 .$$

Um dies zu zeigen, beachten wir zunächst, daß auch $\boldsymbol{a}\, \mathfrak{x}_0$ zu $\mathfrak{q}_1$ orthogonal ist, denn es gilt $\bar{\mathfrak{q}}_1' \boldsymbol{a}\, \mathfrak{x}_0 = \lambda_1 \bar{\mathfrak{q}}_1' \mathfrak{x}_0 = 0$. Also ist auch $\boldsymbol{b}\, \boldsymbol{a}\, \mathfrak{x}_0 = \boldsymbol{a}\, \mathfrak{x}_0$; $\boldsymbol{a}\, \boldsymbol{b}\, \boldsymbol{a}\, \mathfrak{x}_0 = \boldsymbol{a}^2 \mathfrak{x}_0$. Setzt man links für $\mathfrak{x}_0$ den damit übereinstimmenden Vektor $\boldsymbol{b}\, \mathfrak{x}_0$, so findet man $(\boldsymbol{a}\, \boldsymbol{b})^2 \mathfrak{x}_0 = \boldsymbol{a}^2 \mathfrak{x}_0$, also die Behauptung für $s = 2$. Nehmen wir an, daß die Behauptung bis $s - 1$ bereits bewiesen ist, so ist also $\mathfrak{x}_{s-1} = \boldsymbol{a}^{s-1} \mathfrak{x}_0 = (\boldsymbol{a}\, \boldsymbol{b})^{s-1} \mathfrak{x}_s$. Wegen $\bar{\mathfrak{q}}_1' \boldsymbol{a}^{s-1} \mathfrak{x}_0 = \lambda_1^{s-1} \bar{\mathfrak{q}}_1' \mathfrak{x}_0 = 0$ ist $\mathfrak{x}_{s-1}$ zu $\mathfrak{q}_1$ orthogonal, also ist $\boldsymbol{b}\, \mathfrak{x}_{s-1} = \mathfrak{x}_{s-1}$, $\boldsymbol{a}\, \boldsymbol{b}\, \mathfrak{x}_{s-1} = \boldsymbol{a}\, \mathfrak{x}_{s-1}$, d. h.

$$\boldsymbol{a}^s \mathfrak{x}_0 = (\boldsymbol{a}\, \boldsymbol{b})\, (\boldsymbol{a}\, \boldsymbol{b})^{s-1} \mathfrak{x}_0 = (\boldsymbol{a}\, \boldsymbol{b})^s \mathfrak{x}_0 ,$$

und dies ist die Behauptung für den Exponenten s, die damit allgemein bewiesen ist.

---

[1]) Dieser Gedanke rührt von *L. A. Pipes* her, der ihn für Matrizen mit lauter einfachen Eigenwerten verwendet hat.

Nun ist aber die Matrix $\boldsymbol{a}\,\boldsymbol{b}$ von der Form

$$\boldsymbol{a}\,\boldsymbol{b} = \begin{pmatrix} 0 & \cdots \\ 0 & \\ \vdots & \boldsymbol{a}_1 \\ 0 & \end{pmatrix},$$

worin $\boldsymbol{a}_1$ eine Matrix von $n - 1$ Zeilen und Spalten bedeutet, während in der ersten Spalte Nullen und in der ersten Zeile Elemente stehen, deren Werte uns nicht interessieren. In der Tat genügt es für das folgende, die Gleichung (7·3) nur für $\alpha = 2, \ldots, n$ zu berechnen, da sich x_1 dann sofort aus der Orthogonalitätsbedingung in der Form

$$x_1^{(s)} = -\frac{\bar{q}_{21}}{\bar{q}_{11}}\, x_2^{(s)} - \cdots - \frac{\bar{q}_{n1}}{\bar{q}_{11}}\, x_n^{(s)}$$

berechnen läßt. Wegen

$$(\boldsymbol{a}\,\boldsymbol{b})^s = \begin{pmatrix} 0 & \cdots \\ 0 & \\ \vdots & \boldsymbol{a}_1^s \\ 0 & \end{pmatrix}$$

haben wir es jetzt also nur noch mit einer Matrix von $n - 1$ Zeilen und Spalten und mit ihren Potenzen zu tun. Hierin liegt das Nützliche des Überganges von $\boldsymbol{a}$ zu $\boldsymbol{a}_1$.

Haben wir somit λ_2 und einen dazugehörigen Eigenvektor $\mathfrak{q}_2$ bestimmt, (selbstverständlich kann speziell auch $\lambda_2 = \lambda_1$ oder $= -\lambda_1$ werden), so wird jedenfalls $\mathfrak{q}_2$ zu $\mathfrak{q}_1$ orthogonal und kann außerdem normiert werden. Beim dritten Schritt gehen wir dann von einem zu $\mathfrak{q}_1$ und $\mathfrak{q}_2$ orthogonalen Anfangsvektor $\mathfrak{x}_0$ aus und begnügen uns bei der Berechnung der Komponenten von $\mathfrak{x}_s$ mit den Werten $\alpha = 3, \ldots, n$; dabei können wir jetzt außerdem die Berechnung der Potenzen einer $(n - 2)$-reihigen Matrix $\boldsymbol{a}_2$ benutzen, indem wir das frühere Verfahren statt auf $\boldsymbol{a}$ auf die Matrix $\boldsymbol{a}_1$ anwenden, und so fort.

Wir ergänzen diese Ausführungen noch dadurch, daß wir eine *Fehlerabschätzung unseres Näherungsverfahrens*[1]) vornehmen. Zu diesem Zwecke gehen wir wieder zum ersten Schritt zurück und betrachten neben den dort eingeführten Vektoren $\mathfrak{x}_s$ die skalaren Produkte

$$a_s = \bar{\mathfrak{x}}'_{s-m}\,\mathfrak{x}_m = \bar{\mathfrak{x}}'_0\,(\bar{\boldsymbol{a}}')^{s-m}\cdot \boldsymbol{a}^m\,\mathfrak{x}_0 = \bar{\mathfrak{x}}'_0\,\boldsymbol{a}^s\,\mathfrak{x}_0 \qquad (m \leqq 1)$$

die, wie man sieht, von m unabhängig sind. Insbesondere wird

$$a_{2\sigma} = \bar{\mathfrak{x}}'_0\,\bar{\boldsymbol{a}}'^{\sigma}\,\boldsymbol{a}^{\sigma}\,\mathfrak{x}_0 = |\boldsymbol{a}^{\sigma}\,\mathfrak{x}_0|^2 \geqq 0\,.$$

Da die Hermiteschen Formen in α, β:

$$|\alpha\,\mathfrak{x}_\sigma + \beta\,\mathfrak{x}_{\sigma+1}|^2 = |\alpha|^2 a_{2\sigma} + \alpha\bar{\beta}\,a_{2\sigma+1} + \bar{\alpha}\beta\,\bar{a}_{2\sigma+1} + |\beta|^2 a_{2\sigma+2}$$

und

$$|\alpha\,\mathfrak{x}_\sigma + \beta\,\mathfrak{x}_{\sigma+2}|^2 = |\alpha|^2 a_{2\sigma} + \alpha\bar{\beta}\,a_{2\sigma+2} + \bar{\alpha}\beta\,\bar{a}_{2\sigma+2} + |\beta|^2 a_{2\sigma+4}$$

positiv definit sind, so sind die Determinanten

$$a_{2\sigma}\,a_{2\sigma+2} - |a_{2\sigma+1}|^2 \geqq 0\,,$$
$$a_{2\sigma}\,a_{2\sigma+4} - |a_{2\sigma+2}|^2 \geqq 0\,.$$

---

[1]) Das im folgenden beschriebene Verfahren ist eine sinngemäße Übertragung der Methode von *L. Collatz* von den Integralgleichungen auf den hier vorliegenden Fall.

Hieraus folgt

$$\left|\frac{a_{2\sigma}}{a_{2\sigma+1}}\right| \geq \left|\frac{a_{2\sigma+1}}{a_{2\sigma+2}}\right|; \quad \frac{a_{2\sigma}}{a_{2\sigma+2}} \geq \frac{a_{2\sigma+2}}{a_{2\sigma+4}},$$

wobei selbstverständlich die Bildung der Quotienten nur dann einen Sinn hat, wenn die Nenner ungleich Null sind, was wir annehmen wollen.

Setzt man also

$$\frac{a_s}{a_{s+1}} = b_{s+1} \qquad (s = 0, 1, 2, \ldots),$$

so bedeutet dies

$$|b_{2\sigma+1}| \geq |b_{2\sigma+2}|; \quad b_{2\sigma+1}\, b_{2\sigma+2} \geq b_{2\sigma+3}\, b_{2\sigma+4};$$

d. h. die positiven Zahlen $b_{2\sigma+1} \cdot b_{2\sigma+2}$ genügen den Bedingungen:

$$b_1 b_2 \geq b_3 b_4 \geq \cdots \geq 0 .$$

Diese Zahlen streben also einem Grenzwerte zu, während die Beträge $|b_s|$ selbst nicht konvergent zu sein brauchen.

Im Sonderfalle einer definit positiven Matrix $\boldsymbol{a}$ ergibt sich ferner

$$\bar{\mathfrak{x}}'_\sigma\, \boldsymbol{a}\, \mathfrak{x}_0 = \bar{\mathfrak{x}}'_\sigma\, \mathfrak{x}_{\sigma+1} = a_{2\sigma+1} \geq 0,$$

und die positiv definite Hermitesche Form in α, β:

$$(\bar{\alpha}\, \bar{\mathfrak{x}}'_\sigma + \bar{\beta}\, \bar{\mathfrak{x}}'_{\sigma+1})\, \boldsymbol{a}\, (\alpha\, \mathfrak{x}_\sigma + \beta\, \mathfrak{x}_{\sigma+1}) = |\alpha|^2 a_{2\sigma+1} + (\alpha\, \bar{\beta} + \bar{\alpha}\, \beta)\, a_{2\sigma+2} + |\beta|^2 a_{2\sigma+3} \geq 0$$

liefert für die Determinante aus den sämtlich positiven Koeffizienten a:

$$a_{2\sigma+1}\, a_{2\sigma+3} - a_{2\sigma+2}^2 \geq 0,$$
$$b_{2\sigma+2} \geq b_{2\sigma+3}.$$

Jetzt sind also die sämtlichen b_s positiv und nehmen dauernd ab, bilden also eine konvergente Folge. Wir behaupten $b_s \geq \frac{1}{\lambda_1}$.

Um dies zu zeigen, bezeichnen wir mit $\mathfrak{x}(\lambda)$ den Lösungsvektor der Gleichung

$$(\boldsymbol{a} - \lambda\, \boldsymbol{e})\, \mathfrak{x} = \mathfrak{r},$$

in der λ kein Eigenwert von $\boldsymbol{a}$ und $\mathfrak{r} \neq 0$ sei. Dann ist

$$\mathfrak{x}(\lambda) = (\boldsymbol{a} - \lambda\, \boldsymbol{e})^{-1}\, \mathfrak{r}$$
$$\bar{\mathfrak{r}}'\, \mathfrak{x}(\lambda) = \bar{\mathfrak{r}}'\, (\boldsymbol{a} - \lambda\, \boldsymbol{e})^{-1}\, \mathfrak{r}.$$

Ist nun λ reell positiv und größer als der größte Eigenwert λ_1 von $\boldsymbol{a}$, so ist jeder Eigenwert von $\boldsymbol{a} - \lambda \boldsymbol{e}$ negativ. Dasselbe gilt von den Eigenwerten von $(\boldsymbol{a} - \lambda \boldsymbol{e})^{-1}$, die ja die reziproken Werte von $\lambda_\alpha - \lambda$ sind. Also ist auch $\bar{\mathfrak{r}}'\, (\boldsymbol{a} - \lambda\, \boldsymbol{e})^{-1}\, \mathfrak{r} = \bar{\mathfrak{r}}'\, \mathfrak{x}(\lambda) < 0$. Jetzt setzen wir speziell $\lambda = \frac{1}{b_{2s-1}}$ und nehmen an, es sei im Gegensatz zu unserer Behauptung $\frac{1}{b_{2s-1}} > \lambda_1$. Dann ist $\mathfrak{r} = \mathfrak{x}_s - \frac{1}{b_{2s-1}}\, \mathfrak{x}_{s-1} = (\boldsymbol{a} - 1/b_{2s-1} \cdot \boldsymbol{e})\, \mathfrak{x}_{s-1}$ nicht Null, weil sonst $1/b_{2s-1}$ ein größerer Eigenwert als λ_1 sein würde. Also ist, wie gezeigt, $\bar{\mathfrak{r}}'\, \mathfrak{x}\, (1/b_{2s-1}) < 0$.

Andererseits ist aber $\left(\boldsymbol{a} - \frac{1}{b_{2s-1}} \cdot \boldsymbol{e}\right) \mathfrak{x}_{s-1} = \mathfrak{r}$, also $\mathfrak{x}\left(\frac{1}{b_{2s-1}}\right) = \mathfrak{x}_{s-1}$, und daher

$$\bar{\mathfrak{r}}'\, \mathfrak{x}\left(\frac{1}{b_{2s-1}}\right) = \bar{\mathfrak{x}}'_{s-1}\left(\boldsymbol{a} - \frac{1}{b_{2s-1}} \cdot \boldsymbol{e}\right) \mathfrak{x}_{s-1} = a_{2s-1} - \frac{1}{b_{2s-1}}\, a_{2s-2} = 0.$$

Dies ist aber ein Widerspruch, und daher muß $\frac{1}{b_{2s-1}} \leqq \lambda_1$, $b_{2s-1} \geqq \frac{1}{\lambda_1}$ sein. Wenn dies aber für alle ungeraden Indizes gilt, so muß es auch für die geraden gelten, da die b_s eine monotone Folge bilden. Also ist $b_s \geqq \frac{1}{\lambda_1}$.

Ist nun wieder $\boldsymbol{a}$ eine *beliebige* Hermitesche Matrix, so ist $\boldsymbol{a}^2$ eine definit positive Hermitesche Matrix, deren Eigenwerte, wie aus der Hauptachsentransformation folgt, die Werte $\lambda_1^2, \ldots, \lambda_n^2$ sind. Die zugehörigen Konstanten a_s^* ergeben sich mit demselben Anfangsvektor $\mathfrak{x}_0$ zu

$$a_s^* = \bar{\mathfrak{x}}_0' (\boldsymbol{a}^2)^s \mathfrak{x}_0 = \bar{\mathfrak{x}}_0' \boldsymbol{a}^{2s} \mathfrak{x}_0 = a_{2s}$$

und ferner wird

$$b_s^* = \frac{a_{s-1}^*}{a^*} = \frac{a_{2s-2}}{a_{2s}} = b_{2s-1} b_{2s}.$$

Folglich ergibt sich für eine beliebige Hermitesche Matrix für den größten Eigenwert die Abschätzung $b_{2s-1} b_{2s} \geqq \frac{1}{\lambda_1^2}$ *oder auch*

$$\frac{a_{2s}}{a_{2s-2}} \leqq \lambda_1^2. \tag{7·4}$$

Es sei jetzt wieder zunächst $\boldsymbol{a}$ als definit positiv vorausgesetzt, und ferner sei der größte Eigenwert $\lambda_1 = \cdots = \lambda_r$ ein r-facher Eigenwert. Dann gehen wir aus von einem beliebigen Anfangsvektor $\mathfrak{x}_0$, der zu den zum Eigenwert λ_1 bestimmten orthogonalen Eigenvektoren $\mathfrak{q}_1, \ldots, \mathfrak{q}_r$ orthogonal ist und berechnen wieder die Konstanten a_s und b_s. Letztere sind wieder positiv und nehmen dauernd ab. Wir behaupten dann, daß sogar $b_s \geqq \frac{1}{\lambda_{r+1}}$ ist. Dazu betrachten wir die Gleichung

$$(\boldsymbol{a} - \lambda \boldsymbol{e}) \mathfrak{x} = \mathfrak{r},$$

in der λ größer als alle Eigenwerte $\lambda_{r+1}, \ldots, \lambda_n$ und $\mathfrak{r} \neq 0$, aber orthogonal zu $\mathfrak{q}_1, \ldots, \mathfrak{q}_r$ sei. Den Lösungsvektor $\mathfrak{x} = \mathfrak{x}(\lambda)$ können wir nun, wenn allgemein $\mathfrak{q}_\alpha$ der zum Eigenwert λ_α gehörige Eigenvektor ist, in der Form schreiben

$$\mathfrak{x}(\lambda) = \sum_{\alpha=r+1}^{n} \frac{1}{\lambda_\alpha - \lambda} \mathfrak{q}_\alpha \cdot (\bar{\mathfrak{q}}_\alpha' \mathfrak{r}),$$

weil dann wegen $\boldsymbol{a}\, \mathfrak{q}_\alpha = \lambda_\alpha \mathfrak{q}_\alpha$ der Ausdruck

$$(\boldsymbol{a} - \lambda \boldsymbol{e}) \mathfrak{x}^{(\lambda)} = \sum_{\alpha=r+1}^{n} \mathfrak{q}_\alpha \cdot (\bar{\mathfrak{q}}_\alpha' \mathfrak{r})$$

wird, und dies ist die Darstellung des Vektors $\mathfrak{r}$ durch das Orthogonalsystem $\mathfrak{q}_1, \ldots, \mathfrak{q}_n$. In der Tat gibt es ja wegen der Vollständigkeit dieses Orthogonalsystems eine eindeutige Darstellung

$$\mathfrak{r} = \sum_{\alpha=1}^{n} c_\alpha \mathfrak{q}_\alpha$$

und hieraus folgt durch skalare Multiplikation mit $\bar{\mathfrak{q}}_\alpha'$:

$$\bar{\mathfrak{q}}_\alpha' \mathfrak{r} = c_\alpha.$$

Nun ist für uns $\bar{\mathfrak{q}}_1' \mathfrak{r} = 0, \ldots, \bar{\mathfrak{q}}_r' \mathfrak{r} = 0$, also in der Tat

$$\mathfrak{x}(\lambda) = \sum_{\alpha=r+1}^{n} \frac{1}{\lambda_\alpha - \lambda} \mathfrak{q}_\alpha \cdot (\bar{\mathfrak{q}}_\alpha' \mathfrak{r}),$$

und damit

$$\bar{\mathfrak{r}}'\,\mathfrak{x}(\lambda) = \sum_{\alpha=r+1}^{n} \frac{1}{\lambda_\alpha - \lambda} |\bar{\mathfrak{q}}'_\alpha \mathfrak{r}|^2 < 0 .$$

Setzen wir jetzt speziell $\lambda = \frac{1}{b_{2s-1}}$ und nehmen an, es sei im Gegensatz zu unserer Behauptung $\frac{1}{b_{2s-1}} > \lambda_{r+1}$. Dann ist der Vektor $\mathfrak{r} = \mathfrak{x}_s - \frac{1}{b_{2s-1}} \mathfrak{x}_{s-1} \neq 0$ und zu $\mathfrak{q}_1, \ldots, \mathfrak{q}_r$ orthogonal. Letzteres ist klar, weil $\mathfrak{x}_0$ und damit $\mathfrak{x}_{s-1}$ und $\mathfrak{x}_s$ zu diesen Vektoren orthogonal ist. Ersteres folgt, weil sonst die Gleichung $\left(\boldsymbol{a} - \frac{1}{b_{2s-1}} \boldsymbol{e}\right) \mathfrak{x} = 0$ eine nichtverschwindende Lösung $\mathfrak{x} = \mathfrak{x}_{s-1}$ hätte, die zu $\mathfrak{q}_1, \ldots, \mathfrak{q}_r$ orthogonal wäre und zu einem Eigenwert $> \lambda_{r+1}$ gehörte, was unmöglich ist. Also ist für dieses $\mathfrak{r}$: $\bar{\mathfrak{r}}'\,\mathfrak{x}\left(\frac{1}{b_{2s-1}}\right) < 0$. Andererseits ist aber

$$\mathfrak{r} = \left(\boldsymbol{a} - \frac{1}{b_{2s-1}} \boldsymbol{e}\right) \mathfrak{x}_{s-1}, \quad \mathfrak{x}_{s-1} = \mathfrak{x}\left(\frac{1}{b_{2s-1}}\right),$$

$$\bar{\mathfrak{r}}'\,\mathfrak{x}\left(\frac{1}{b_{2s-1}}\right) = \bar{\mathfrak{x}}'_{s-1}\left(\boldsymbol{a} - \frac{1}{b_{2s-1}} \boldsymbol{e}\right) \mathfrak{x}_{s-1} = 0 .$$

Dieser Widerspruch löst sich nur, wenn $\frac{1}{b_{2s-1}} \leq \lambda_{r+1}$, $b_{2s-1} \geq \frac{1}{\lambda_{r+1}}$ ist. Hieraus folgt wieder allgemein $b_s \geq \frac{1}{\lambda_{r+1}}$.

Wenn wir nun wieder von einem *beliebigen* Anfangsvektor $\mathfrak{x}_0$ ausgehen, dessen zugehörige Konstanten a_s und b_s seien, so ist

$$\mathfrak{x}_0^* = \mathfrak{x}_0 - \mathfrak{q}_1 \cdot (\bar{\mathfrak{q}}_1' \mathfrak{x}_0)$$

ein zu $\mathfrak{q}_1$ orthogonaler Vektor, dessen zugehörige Konstanten wir jetzt mit a_s^* und b_s^* bezeichnen, und für die $b_s^* \geq \frac{1}{\lambda_2}$ gilt. Es ist nun

$$\mathfrak{x}_s^* = \boldsymbol{a}^s \mathfrak{x}_0^* = \boldsymbol{a}^s (\mathfrak{x}_0 - \mathfrak{q}_1 \cdot (\bar{\mathfrak{q}}_1' \mathfrak{x}_0)) = \mathfrak{x}_s - \lambda_1^s \mathfrak{q}_1 (\bar{\mathfrak{q}}_1' \mathfrak{x}_0),$$

$$\mathfrak{x}_{s+1}^* - \lambda_1 \mathfrak{x}_s^* = \mathfrak{x}_{s+1} - \lambda_1 \mathfrak{x}_s,$$

$$\begin{aligned} a_{s+1}^* - \lambda_1 a_s^* &= \bar{\mathfrak{x}}_0'^* \boldsymbol{a}^{s+1} \mathfrak{x}_0^* - \lambda_1 \bar{\mathfrak{x}}_0'^* \boldsymbol{a}^s \mathfrak{x}_0^* = \bar{\mathfrak{x}}_{s+1}'^* \mathfrak{x}_0^* - \lambda_1 \bar{\mathfrak{x}}_s'^* \mathfrak{x}_0^* \\ &= \overline{(\mathfrak{x}_{s+1}^* - \lambda_1 \mathfrak{x}_s^*)}' \mathfrak{x}_0^* = \overline{(\mathfrak{x}_{s+1} - \lambda_1 \mathfrak{x}_s)}' (\mathfrak{x}_0 - \mathfrak{q}_1(\bar{\mathfrak{q}}_1' \mathfrak{x}_0)) = \overline{(\mathfrak{x}_{s+1} - \lambda_1 \mathfrak{x}_s)}' \mathfrak{x}_0 \\ &= a_{s+1} - \lambda_1 a_s . \end{aligned}$$

Demnach ist[1])

$$b_{s+1} \cdot \frac{\lambda_1 b_s - 1}{\lambda_1 b_{s+1} - 1} = \frac{\lambda_1 a_{s-1} - a_s}{\lambda_1 a_s - a_{s+1}} = \frac{\lambda_1 a_{s-1}^* - a_s^*}{\lambda_1 a_s^* - a_{s+1}^*} = b_{s+1}^* \frac{\lambda_1 b_s^* - 1}{\lambda_1 b_{s+1}^* - 1} .$$

Den letzten Wert können wir in der Form schreiben:

$$\left(\frac{b_s^* - b_{s+1}^*}{b_{s+1}^* - \frac{1}{\lambda_1}} + 1 \right) b_{s+1}^*,$$

und dies ist wegen $b_s^* \geq b_{s+1}^* \geq \frac{1}{\lambda_1}$ größer als b_{s+1}^*, also $\geq \frac{1}{\lambda_{r+1}}$. Andererseits

[1]) Für $r > 1$ gilt dieselbe Gleichung auch, wenn $\mathfrak{x}_0^*$ zu $\mathfrak{q}_1, \ldots, \mathfrak{q}_r$ orthogonal gemacht ist.

ist der Ausdruck linker Hand gleich $\left(\frac{b_s - b_{s+1}}{b_{s+1} - \frac{1}{\lambda_1}} + 1\right) b_{s+1}$. *Also gilt*

$$\left(\frac{b_s - b_{s+1}}{b_{s+1} - \frac{1}{\lambda_1}} + 1\right) b_{s+1} \geq \frac{1}{\lambda_{r+1}} \qquad (\lambda_1 = \lambda_2 = \cdots = \lambda_r > \lambda_{r+1} \cdots)$$

für jede definit positive Matrix $\boldsymbol{a}$, *wobei die Konstanten* b_s *mit Hilfe eines beliebigen Anfangsvektors* $\mathfrak{x}_0$ *definiert sind.*

Wir können diese Ungleichung auch folgendermaßen schreiben:

$$\frac{(b_s - b_{s+1})\lambda_1}{\lambda_1 - \frac{1}{b_{s+1}}} + b_{s+1} = b_s + \frac{\frac{b_s}{b_{s+1}} - 1}{\lambda_1 - \frac{1}{b_{s+1}}} \geq \frac{1}{\lambda_{r+1}};$$

$$\frac{\frac{1}{b_{s+1}} - \frac{1}{b_s}}{\lambda_1 - \frac{1}{b_{s+1}}} \geq \frac{1}{b_s \lambda_{r+1}} - 1; \qquad \lambda_1 - \frac{1}{b_{s+1}} \leq \frac{\frac{1}{b_{s+1}} - \frac{1}{b_s}}{\frac{1}{b_s \lambda_{r+1}} - 1};$$

für die letzte Schreibweise muß $\frac{1}{\lambda_{r+1}} > b_s$ sein.

Ist nun wieder $\boldsymbol{a}$ eine beliebige Hermitesche Matrix, so ist $\boldsymbol{a}^2$ definit, und wir können das zuletzt gefundene Ergebnis auf diese Matrix $\boldsymbol{a}^2$ anwenden. Da alsdann für b_s, wieder $\frac{a_{2s-2}}{a_{2s}}$ gesetzt werden kann, wobei dies die zu einem beliebigen Anfangsvektor $\mathfrak{x}_0$ gehörigen Konstanten für die *gegebene* Matrix $\boldsymbol{a}$ sind, so gilt demnach

$$\lambda_1^2 - \frac{a_{2s+2}}{a_{2s}} \leq \frac{\frac{a_{2s+2}}{a_{2s}} - \frac{a_{2s}}{a_{2s-2}}}{\frac{a_{2s}}{a_{2s-2}\lambda_{r+1}^2} - 1},$$

und zwar nach dem früheren Resultat:

$$0 \leq \lambda_1^2 - \frac{a_{2s+2}}{a_{2s}} \leq \frac{\frac{a_{2s+2}}{a_{2s}} - \frac{a_{2s}}{a_{2s-2}}}{\frac{a_{2s}}{a_{2s-2}\lambda_{r+1}^2} - 1}.$$

Die hiermit gefundene Eingrenzung für den absolut größten Eigenwert einer beliebigen Hermiteschen Matrix $\boldsymbol{a}$ leidet noch unter dem Mißstand, daß auf der rechten Seite der zunächst unbekannte Wert λ_{r+1} vorkommt.

Um ihn zu vermeiden, kann man einen Satz benutzen, der nicht nur für Hermitesche, sondern allgemeiner auch für normale Matrizen gilt (vgl. Übung 2 zum vierten Vortrag) und der besagt, daß für jede normale Matrix mit den Eigenwerten $\lambda_1, \ldots, \lambda_n$: $\sum_{\alpha, \beta=1}^{n} |a_{\alpha\beta}|^2 = |\lambda_1|^2 + \cdots + |\lambda_n|^2$ ist.

Setzen wir

$$\sum_{\alpha, \beta=1}^{n} |a_{\alpha\beta}|^2 = k ,$$

so gilt hiernach also

$$|\lambda_{r+1}|^2 \leqq k - |\lambda_1|^2 \leqq k - \frac{a_{2s}}{a_{2s-2}}$$

unter Benutzung von (7·4).

Ersetzt man nun in unserer Abschätzung auf der rechten Seite λ_{r+1}^2 durch diesen größeren Wert, was zulässig ist, wenn noch

$$\frac{a_{2s}}{k\,a_{2s-2} - a_{2s}} > 1, \qquad \frac{k\,a_{2s-2}}{a_{2s}} - 1 < 1$$

ist, so ergibt sich schließlich folgendes einfache Ergebnis:

XLII. *Für den absolut größten Eigenwert einer beliebigen Hermiteschen Matrix gilt die Eingrenzung:*

$$0 \leqq |\lambda_1|^2 - \frac{a_{2s+2}}{a_{2s}} \leqq \frac{\dfrac{a_{2s+2}}{a_{2s}} - \dfrac{a_{2s}}{a_{2s-2}}}{\dfrac{a_{2s}}{k a_{2s-2} - a_{2s}} - 1} .$$

Hierbei bedeutet a_{2s} die Norm des Vektors $\mathfrak{a}^s \mathfrak{x}_0$, wobei $\mathfrak{x}_0$ ein Anfangsvektor ist, für den nur verlangt wird, daß stets $\mathfrak{a}^s \mathfrak{x}_0 \neq 0$ wird. Ferner bedeutet k die Absolutquadratsumme aller Elemente von $\mathfrak{a}$, und außerdem ist vorausgesetzt, daß $\dfrac{k\,a_{2s-2}}{a_{2s}} - 1 < 1$ wird.

Hiernach würde man also zur Berechnung des ersten Eigenwertes so zu verfahren haben, daß man nach Berechnung der Werte a_{2s} den *Näherungswert*

$$\frac{a_{2s+2}}{a_{2s}} + \frac{1}{2}\,\frac{\dfrac{a_{2s+2}}{a_{2s}} - \dfrac{a_{2s}}{a_{2s-2}}}{\dfrac{a_{2s}}{k a_{2s-2} - a_{2s}} - 1}$$

ermittelt. Dieser stellt den Wert von λ_1^2 mit einem Fehler dar, der höchstens gleich

$$\pm \frac{1}{2}\,\frac{\dfrac{a_{2s+2}}{a_{2s}} - \dfrac{a_{2s}}{a_{2s-2}}}{\dfrac{a_{2s}}{k a_{2s-2} - a_{2s}} - 1}$$

ist. Für $s \to \infty$ strebt der Fehler gegen Null, denn die Folge

$$\frac{a_{2s+2}}{a_{2s}} = \frac{a_{2s+2}}{a_{2s+1}} \cdot \frac{a_{2s+1}}{a_{2s}} = \frac{1}{b_{2s+2}\,b_{2s+1}}$$

hat einen endlichen Grenzwert.

Während also nach dem erstbeschriebenen Verfahren der Quotient

$$\frac{|\mathfrak{x}_{2s+2}|}{|\mathfrak{x}_{2s}|} = \frac{\sqrt{a_{4s+4}}}{\sqrt{a_{4s}}} = \sqrt{\frac{a_{4s+4}}{a_{4s+2}} \cdot \frac{a_{4s+2}}{a_{4s}}}$$

als Näherungswert benutzt wird, arbeitet man jetzt vor allem mit dem Quotienten $\frac{a_{2s+2}}{a_{2s}}$ selbst. Man sieht, daß beide Näherungsmethoden nicht wesentlich verschieden sind. Weiterhin verfährt man entsprechend unter Benutzung von $(n-1)$-reihigen Matrizen, wie oben geschildert wurde, und so fort.

Wir besprechen jetzt die *Ausdehnung des Verfahrens auf allgemeinere als Hermitesche Matrizen.*

Hier sind in erster Linie die *symmetriesierbaren Fälle* zu nennen, bei denen die Matrix als Produkt einer eigentlich positiv definiten Hermiteschen Matrix $\boldsymbol{d}$ und einer beliebigen Hermiteschen Matrix $\boldsymbol{l}$ dargestellt werden kann. Ist dann $\boldsymbol{d} = \bar{\boldsymbol{u}}\,\boldsymbol{d}_0\,\boldsymbol{u}'$, worin $\boldsymbol{u}$ unitär und $\boldsymbol{d}_0$ eine positive Diagonalmatrix ist, so gibt es eine ebenfalls positive Diagonalmatrix $\boldsymbol{\delta}_0$, für die $\boldsymbol{\delta}_0^2 = \boldsymbol{d}_0$ ist. Dann hat $\boldsymbol{dl}$ dieselben Eigenwerte wie die Hermitesche Matrix $\boldsymbol{\delta}_0\boldsymbol{u}'\,\boldsymbol{l}\,\bar{\boldsymbol{u}}\,\boldsymbol{\delta}_0$, und zu jedem Eigenvektor $\mathfrak{x}$ von $\boldsymbol{dl}$ ist $\mathfrak{y} = \boldsymbol{\delta}_0^{-1}\,\boldsymbol{u}'\,\mathfrak{x}$ der zu dem betreffenden Eigenwert gehörige Eigenvektor von $\boldsymbol{\delta}_0\boldsymbol{u}'\,\boldsymbol{l}\,\bar{\boldsymbol{u}}\,\boldsymbol{\delta}_0$. Hat man diesen also bestimmt, so gelangt man vermöge $\mathfrak{x} = \bar{\boldsymbol{u}}\,\boldsymbol{d}_0\mathfrak{y}$ zum gesuchten Eigenvektor von $\boldsymbol{dl}$.

Wesentlich ist nun aber hierbei, daß man die genannte Transformation und Zurückführung auf die Hermitesche Matrix gar nicht explizit durchzuführen braucht, sondern das Verfahren des Satzes XLI. gleich direkt an der gegebenen Matrix ausführen kann. Setzt man nämlich $\boldsymbol{a} = \boldsymbol{dl}$, so ist

$$\boldsymbol{a}^2 = \boldsymbol{d}\,\boldsymbol{l}\,\boldsymbol{d}\,\boldsymbol{l} = \bar{\boldsymbol{u}}\,\boldsymbol{d}_0\boldsymbol{u}'\,\boldsymbol{l}\,\bar{\boldsymbol{u}}\boldsymbol{d}_0\,\boldsymbol{u}'\,\boldsymbol{l} = \bar{\boldsymbol{u}}\,\delta_0(\delta_0\boldsymbol{u}'\,\boldsymbol{l}\,\bar{\boldsymbol{u}}\,\delta_0)^2\,\delta_0^{-1}\boldsymbol{u}',$$

und analog

$$\boldsymbol{a}^s = \bar{\boldsymbol{u}}\,\delta_0(\delta_0\boldsymbol{u}'\,\boldsymbol{l}\,\bar{\boldsymbol{u}}\,\delta_0)^s\,\delta_0^{-1}\boldsymbol{u}',$$

also

$$\boldsymbol{a}^s\,\mathfrak{x}_0 = \bar{\boldsymbol{u}}\,\delta_0(\delta_0\boldsymbol{u}'\,\boldsymbol{l}\,\bar{\boldsymbol{u}}_0\,\delta_0)^s\,\mathfrak{y}_0, \quad \mathfrak{y}_0 = \delta_0^{-1}\boldsymbol{u}'\,\mathfrak{x}_0.$$

Da nun für jedes Element $y_\alpha^{(2\sigma)}$ von $\mathfrak{y}_{2\sigma} = (\delta_0\boldsymbol{u}'\,\boldsymbol{l}\,\bar{\boldsymbol{u}}\,\delta_0)^{2\sigma}\,\mathfrak{y}$ gilt, daß

$$y_\alpha^{(2\sigma+2)} = \lambda_1^2\,y_\alpha^{(2\sigma)} + \delta_\alpha \qquad (\delta_\alpha \to 0 \text{ für } \sigma \to \infty)$$

ist, so ist auch für jedes Element $x_\alpha^{(2\sigma)}$ von $\mathfrak{x}_{2\sigma} = \boldsymbol{a}_\sigma^{2\sigma}\,\mathfrak{x}_0$ die Beziehung

$$x_\alpha^{(2\sigma+2)} = \lambda_1\,x_\alpha^{(2\sigma)} + \eta_\alpha \qquad (\eta_\alpha \to 0 \text{ für } \sigma \to \infty)$$

gültig, und da ferner aus jedem Eigenvektor $\mathfrak{y}$ der Hermiteschen Matrix $\boldsymbol{h} = \delta_0\,\boldsymbol{u}'\,\boldsymbol{l}\,\bar{\boldsymbol{u}}\,\delta_0$ durch vordere Multiplikation mit $\bar{\boldsymbol{u}}\,\delta_0$ ein Eigenvektor von $\boldsymbol{a}$ wird, so gilt Satz XLI. völlig unverändert auch für die symmetriesierbare Matrix $\boldsymbol{a}$. Es zeigt sich weiterhin, daß auch die Berechnung der späteren Eigenwerte und Eigenvektoren nach einem Verfahren erfolgt, das nur eine leichte Modifikation des bei Hermiteschen Matrizen geschilderten Verfahrens ist. Ist nämlich λ_1 der erste Eigenwert und $\mathfrak{q}_1$ ein zu ihm gehörender Eigenvektor von $\boldsymbol{a}$, so ist $\mathfrak{y}_1 = \delta_0^{-1}\,\boldsymbol{u}'\,\mathfrak{q}_1$ ein Eigenvektor der Hermiteschen Matrix $\boldsymbol{h}$, und die Bedingung, daß der neue Anfangsvektor $\mathfrak{y}_0$ für $\boldsymbol{h}$ zu $\mathfrak{y}_1$ orthogonal sein soll, bedeutet jetzt für den neuen Anfangsvektor $\mathfrak{x}_0 = \bar{\boldsymbol{u}}\,\delta_0\,\mathfrak{y}_0$ von $\boldsymbol{a}$ die Bedingung:

$$\bar{\mathfrak{q}}_1'\,\bar{\boldsymbol{u}}\,\delta_0^{-1}\,\delta_0^{-1}\boldsymbol{u}'\,\mathfrak{x}_0 = 0$$

oder

$$\bar{\mathfrak{q}}_1'\,\boldsymbol{d}^{-1}\,\mathfrak{x}_0 = 0$$

als neue „Orthogonalitätsbedingung".

Setzt man dann $\bar{\mathfrak{q}}_1' \boldsymbol{d}^{-1} = (\bar{q}_n \cdots \bar{q}_{n1})$, so geht jetzt das Verfahren mit der Matrix

$$\boldsymbol{b} = \begin{pmatrix} 0 - \frac{\bar{q}_{21}}{\bar{q}_n} & \cdots - \frac{\bar{q}_{n1}}{\bar{q}_n} \\ 0 & 1 \; 0 \cdots \quad 0 \\ \vdots & \cdots\cdots\cdots \\ & 0 \; \cdots \quad 1 \end{pmatrix}, \quad \boldsymbol{a}\,\boldsymbol{b} = \begin{pmatrix} 0 \cdots \\ 0 \\ \vdots \quad \boldsymbol{a}_1 \\ 0 \end{pmatrix}$$

bzw. mit $\boldsymbol{a}_1$ in derselben Weise weiter. — Ganz entsprechend kann man im Falle $\boldsymbol{a} = \boldsymbol{l}\,\boldsymbol{d}$ vorgehen. Dort lautet die neue Orthogonalitätsbedingung: $\bar{\mathfrak{q}}_1' \boldsymbol{d}\,\mathfrak{x}_0 = 0$.

XLIII. *Das Verfahren zur Bestimmung des absolut größten Eigenwertes und des dazu gehörigen Eigenvektors von Satz XLI. gilt unverändert auch für eine symmetriesierbare Matrix der Form $\boldsymbol{a} = \boldsymbol{d}\,\boldsymbol{l}$ oder $\boldsymbol{a} = \boldsymbol{l}\,\boldsymbol{d}$, wo $\boldsymbol{d}$ eine eigentlich definit positive Hermitesche und $\boldsymbol{l}$ eine beliebige Hermitesche Matrix ist. Auch die im Anschluß an Satz XLI. geschilderte Bestimmung der weiteren Eigenwerte und Eigenvektoren läßt sich in diesen Fällen mit einer leichten Modifikation der dabei auftretenden Orthogonalitätsbedingung entsprechend durchführen.*

Satz XLII. ist auf diese Fälle nicht mehr übertragbar, insbesondere braucht die Fehlerabschätzung nicht mehr gültig zu sein.

Wir kommen jetzt zu dem Fall, daß die Matrix $\boldsymbol{a}$ *normal* ist. Hier gilt zwar noch die unitäre Hauptachsentransformation, doch können die Eigenwerte selbst jetzt komplex sein.

Man kann aber die Berechnung der Eigenwerte trotzdem auf den Fall Hermitescher Matrizen zurückführen. Man überzeugt sich nämlich unmittelbar mit Hilfe der Hauptachsentransformation, daß die Realteile der Eigenwerte die Eigenwerte $h_1, \ldots, h_n$ von $\frac{\boldsymbol{a} + \bar{\boldsymbol{a}}'}{2}$, die Imaginärteile die Eigenwerte $k_1, \ldots, k_n$ von $\frac{\boldsymbol{a} - \bar{\boldsymbol{a}}'}{2i}$ sind (und dies sind beides Hermitesche Matrizen)[1]). Hat man sie berechnet, so sind bei geeigneter Zuordnung $h_1 + i\,k_1, \ldots, h_n + i\,k_n$ die gesuchten Eigenwerte von $\boldsymbol{a}$. Um die richtige Zuordnung leichter zu finden, kann man auch noch die Eigenwerte von $\boldsymbol{a}\,\bar{\boldsymbol{a}}'$ berechnen; dies sind die Zahlen $h_1^2 + k_1^2, \ldots, h_n^2 + k_n^2$.

XLIV. *Zur Lösung des Eigenwertproblems für eine normale Matrix $\boldsymbol{a}$ berechne man die Eigenwerte $h_1, \ldots, h_n$ von $\frac{\boldsymbol{a} + \bar{\boldsymbol{a}}'}{2}$ und $k_1, \ldots, k_n$ von $\frac{\boldsymbol{a} - \bar{\boldsymbol{a}}'}{2i}$ nach dem Verfahren für Hermitesche Matrizen. Dann sind bei geeigneter Zuordnung $h_1 + i\,k_1, \ldots, h_n + i\,k_n$ die Eigenwerte von $\boldsymbol{a}$. Um die Auffindung der richtigen Zuordnung zu erleichtern, kann man nach demselben Verfahren auch die (nichtnegativen) Eigenwerte von $\boldsymbol{a}\,\bar{\boldsymbol{a}}'$ berechnen; dies sind die Zahlen $h_1^2 + k_1^2, \ldots, h_n^2 + k_n^2$.*

Auch für normalisierbare, d. h. zu einer Diagonalform ähnliche Matrizen kann man in ähnlicher Weise vorgehen; doch gehen wir hierauf nicht näher ein.

Mit den geschilderten Fällen sind die wichtigsten Klassen von Matrizen genannt, in denen die Berechnung der Eigenwerte praktisch möglich ist, ohne daß vorher die charakteristische Gleichung selbst aufgestellt und nach den Regeln der praktischen Analysis aufgelöst zu werden braucht. Im allgemeinen Falle aber wird die Aufstellung der charakteristischen Gleichung $\varphi(\lambda) = 0$ oder der

---

[1]) Vgl. die Anmerkung S. 60.

Gleichung niedrigsten Grades $\psi(\lambda) = 0$ zur Notwendigkeit. Wie dies am praktischsten zu geschehen hat, soll jetzt besprochen werden.

Auf Grund des Cayley-Hamiltonschen Theorems gilt, wenn $\varphi(\lambda)$ die Determinante von $\boldsymbol{a} - \lambda\, \boldsymbol{e}$ ist, die Relation

$$\varphi(a) = k_0 + k_1\, \boldsymbol{a} + \cdots + k_n\, \boldsymbol{a}^n = 0 \qquad (k_n = (-1)^n).$$

Multipliziert man mit einem beliebigen Vektor $\mathfrak{z}_0$, so erhält man unter Benutzung der Bezeichnung $\mathfrak{z}_\alpha = \boldsymbol{a}^\alpha\, \mathfrak{z}_0$ die Vektorgleichung:

$$k_0\, \mathfrak{z}_0 + k_1\, \mathfrak{z}_1 + \cdots + k_n\, \mathfrak{z}_n = 0 \qquad k_n = (-1)^n.$$

Diese Gleichung stellt in Wirklichkeit n lineare Gleichungen für die unbekannten Koeffizienten $k_0, \ldots, k_{n-1}$ dar. Ist die Determinante des Gleichungssystems von Null verschieden, so können diese Gleichungen zur eindeutigen Bestimmung von $k_0, \ldots, k_{n-1}$ dienen. Die Auflösung dieses Gleichungssystems ist jedenfalls immer noch einfacher als die Berechnung der charakteristischen Determinante selbst.

Ob die Determinante verschwindet oder nicht, hängt natürlich davon ab, ob die Vektoren $\mathfrak{z}_0, \mathfrak{z}_1, \ldots, \mathfrak{z}_{n-1}$ linear abhängen oder nicht. Nun wissen wir aus der Übung 5 des fünften Vortrags, daß in jedem Falle die Vektoren $\mathfrak{z}_0, \mathfrak{z}_1, \ldots, \mathfrak{z}_{m-1}$ linear unabhängig sind, wenn m den Grad der Gleichung niedrigsten Grades $\psi(\boldsymbol{a}) = 0$ für die gegebene Matrix darstellt. Setzt man also

$$\psi(\lambda) = l_0 + l_1\,\lambda + \cdots + l_m\,\lambda^m,$$

so gilt wegen $\psi(\boldsymbol{a}) = 0$ auch

$$l_0\, \boldsymbol{e} + l_1\, \boldsymbol{a} + \cdots + l_m\, \boldsymbol{a}^m = \boldsymbol{0}$$

und damit auch

$$l_0\, \mathfrak{z}_0 + l_1\, \mathfrak{z}_1 + \cdots + l_m\, \mathfrak{z}_m = 0\,.$$

Nimmt man also für l_m einen beliebigen Zahlwert $\neq 0$ an, so können jetzt die Werte $l_0, \ldots, l_{m-1}$ eindeutig berechnet werden, da die Matrix

$$\begin{pmatrix} \mathfrak{z}_0 & \mathfrak{z}_1 & \cdots & \mathfrak{z}_{m-1} \\ | & | & & | \end{pmatrix}$$

genau den Rang m besitzt, also eine derartige Auswahl der Komponenten möglich ist, daß die m-reihige Determinante des Gleichungssystems von Null verschieden ist. Die damit berechnete Gleichung niedrigsten Grades $\psi(\lambda) = 0$ hat nun, wie wir wissen, ebenfalls genau die Eigenwerte $\lambda_1, \ldots, \lambda_n$ zu Wurzeln, während die Vielfachheiten der Eigenwerte nicht notwendig mit den Vielfachheiten von $\lambda_1, \ldots, \lambda_n$ als Wurzeln der Gleichung $\psi(\lambda) = 0$ übereinzustimmen brauchen, sondern größer sein können. Die letztgenannte Vielfachheit von λ_β als Wurzel von $\psi(\lambda) = 0$ ist gleich der Ordnung des höchsten Elementarbestandteils, der in der Normalform $\boldsymbol{n}$ mit dem Eigenwert λ_β vorkommt.

XLV. *Zur Berechnung der Eigenwerte einer beliebigen Matrix $\boldsymbol{a}$ geht man von einem genügend allgemeinen Vektor $\mathfrak{z}_0$ aus und bestimmt den Rang m der Matrix*

$$\begin{pmatrix} \mathfrak{z}_0 & \mathfrak{z}_1 & \cdots & \mathfrak{z}_{n-1} \\ | & | & \cdots & | \end{pmatrix} \qquad (\mathfrak{z}_\alpha = \boldsymbol{a}^\alpha\, \mathfrak{z}_0).$$

Ist dieser m, so sind die ersten m Spalten der Matrix linear unabhängig. Für die Koeffizienten $l_0, l_1, \ldots, l_m$ von $\psi(\lambda) = l_0 + l_1\,\lambda + \cdots + l_m\,\lambda^m$ gilt dann das Gleichungssystem

$$l_0\, \mathfrak{z}_0 + l_1\, \mathfrak{z}_1 + \cdots + l_m\, \mathfrak{z}_m = 0\,.$$

Dies kann nach beliebiger Festsetzung von $l_m \neq 0$ eindeutig aufgelöst werden. Die Wurzeln von $\psi(\lambda) = 0$ sind die Eigenwerte von $\mathfrak{a}$, jeder in einer Vielfachheit, die gleich der Ordnung des höchsten Elementarbestandteils ist, der in der Normalform mit dem betreffenden Eigenwert vorkommt. — Die Bestimmung des zu einem Eigenwert gehörenden Eigenvektors ergibt sich durch Auflösung des homogenen Systems:

$$(\mathfrak{a} - \lambda_\beta \mathfrak{e})\,\mathfrak{x} = 0 .$$

Nachzutragen ist noch, daß der Rang der n-reihigen Matrix nicht größer sein kann als der aus den m Spalten $\mathfrak{z}_0, \ldots, \mathfrak{z}_{m-1}$ gebildeten Matrix. Dies ist aber evident, weil auf Grund von $\psi(\mathfrak{a}) = 0$ die Spalte $\mathfrak{z}_m$ und damit auch jede Spalte $\mathfrak{z}_{m+1}, \ldots, \mathfrak{z}_n$ durch die ersten m Spalten linear dargestellt werden kann.

Übungen zum siebenten Vortrag

1. Gegeben sei eine selbstadjungierte lineare Differentialgleichung zweiter Ordnung von der Form:

$$\frac{d}{dx}\left(p(x)\,\frac{dy}{dx}\right) + \lambda\, k(x)\, y(x) = 0$$

und gesucht sei das Integral, welches den Bedingungen $y(0) = y(2\pi) = 0$ genügt, wobei gleichzeitig auch der zugehörige Eigenwert λ zu bestimmen ist[1]).

Wir nähern die gesuchte Funktion durch ein Fouriersches Polynom der Gestalt

$$y(x) = x_1 \sin x + x_2 \sin 2x + \cdots + x_n \sin n x$$

an, und suchen zunächst Gleichungen für die unbekannten Koeffizienten $x_1, \ldots, x_n$ aufzustellen. Setzen wir der Kürze halber $\sin \alpha x = \varphi_\alpha(x)$, so wird

$$\frac{dy}{dx} = \sum_{\alpha=1}^{n} x_\alpha \frac{d\varphi_\alpha}{dx}$$

$$\frac{d}{dx}\left(p(x)\,\frac{dy}{dx}\right) = \sum_{\alpha=1}^{n} x_\alpha \frac{d}{dx}\left(p\,\frac{d\varphi_\alpha}{dx}\right),$$

also muß

$$\sum_{\alpha=1}^{n} x_\alpha \frac{d}{dx}\left(p(x)\,\frac{d\varphi_\alpha}{dx}\right) + \lambda\, k(x) \sum_{\alpha=1}^{n} x_\alpha \varphi_\alpha(x)$$

für alle x im Intervall von 0 bis 2π der Null möglichst nahe kommen. Dies erreichen wir dadurch am besten, daß wir verlangen, daß die ersten n Fouriersinuskoeffizienten dieses Ausdruckes verschwinden, d. h. daß

$$\sum_{\alpha=1}^{n} x_\alpha \int_0^{2\pi} \frac{d}{dx}\left(p(x)\,\frac{d\varphi_\alpha}{dx}\right) \varphi_\beta(x)\,dx + \lambda \sum_{\alpha=1}^{n} x_\alpha \int_0^{2\pi} k(x)\,\varphi_\alpha(x)\,\varphi_\beta(x)\,dx = 0 \quad (\beta = 1, \ldots, n)$$

sein soll. Wegen

$$\int_0^{2\pi} \frac{d}{dx}\left(p(x)\,\frac{d\varphi_\alpha}{dx}\right) \varphi_\beta(x)\,dx = -\int_0^{2\pi} p(x)\,\frac{d\varphi_\alpha}{dx}\,\frac{d\varphi_\beta}{dx}\,dx$$

lauten also die Bedingungsgleichungen:

$$\sum_{\beta=1}^{n} (b_{\alpha\beta} - \lambda\, a_{\alpha\beta})\, x_\beta = 0; \qquad (\alpha = 1, \ldots, n)$$

[1]) Vgl. v. Mises/Pollaczek-Geiringer (Literaturverzeichnis).

hierin ist

$$a_{\alpha\beta}=a_{\beta\alpha}=\int_0^{2\pi} k(x)\,\varphi_\alpha(x)\,\varphi_\beta(x)\,dx;\quad b_{\alpha\beta}=b_{\beta\alpha}=\int_0^{2\pi} p(x)\,\frac{d\varphi_\alpha}{dx}\,\frac{d\varphi_\beta}{dx}\,dx$$

gesetzt. Es handelt sich also um die Berechnung der Eigenwerte λ, für welche die Determinante von $\boldsymbol{b}-\lambda\,\boldsymbol{a}$ gleich Null ist, und um die Bestimmung der zugehörigen Eigenvektoren.

Für den Fall $p(x)=1$ und $k(x)=x^2$ findet man durch Ausführung der Integrationen

$$a_{\alpha\beta}=\frac{8\pi\alpha\beta}{(\alpha^2-\beta^2)^2}\quad(\alpha\neq\beta),\qquad a_{\alpha\alpha}=\frac{8\pi^3}{3}-\frac{\pi}{2\alpha^2},$$
$$b_{\alpha\beta}=0\quad(\alpha\neq\beta),\qquad b_{\alpha\alpha}=\alpha^2\pi.$$

Setzt man z. B. $n=4$, so erhält man das Gleichungssystem

$$x_1=\lambda\left[\left(\frac{8\pi^2}{3}-\frac{1}{2}\right)x_1+\frac{16}{9}x_2+\frac{3}{8}x_3+\frac{32}{225}x_4\right],$$
$$4x_2=\lambda\left[\frac{16}{9}x_1+\left(\frac{8\pi^2}{3}-\frac{1}{8}\right)x_2+\frac{48}{25}x_3+\frac{4}{9}x_4\right],$$
$$9x_3=\lambda\left[\frac{3}{8}x_1+\frac{48}{25}x_2+\left(\frac{8\pi^2}{3}-\frac{1}{18}\right)x_3+\frac{96}{49}x_4\right],$$
$$16x_4=\lambda\left[\frac{32}{225}x_1+\frac{4}{9}x_2+\frac{96}{49}x_3+\left(\frac{8\pi^2}{3}-\frac{1}{32}\right)x_4\right].$$

Die rechtsstehende Matrix ist symmetrisch, während die Koeffizienten links eine positive Diagonalmatrix bilden. Man kann die Aufgabe auf die Untersuchung einer einzigen symmetrischen Matrix transformieren, indem man als neue Unbekannte einführt:

$$y_1=x_1,\ y_2=2x_2,\ y_3=3x_3,\ y_4=4x_4.$$

Wir erhalten dann das neue Gleichungssystem:

$$\mu\,y_1=\phantom{0,034428y_1+{}}y_1+0{,}034428y_2+0{,}004842y_3+0{,}001376y_4,$$
$$\mu\,y_2=0{,}034428y_1+0{,}253631y_2+0{,}012394y_3+0{,}002152y_4,$$
$$\mu\,y_3=0{,}004842y_1+0{,}012394y_2+0{,}113042y_3+0{,}006323y_4,$$
$$\mu\,y_4=0{,}001376y_1+0{,}002152y_2+0{,}006323y_3+0{,}045094y_4.$$

Wir haben dabei $a=\frac{8\pi^2}{3}-\frac{1}{2}=25{,}81904$ und $\frac{1}{a\lambda}=\mu$ gesetzt. Wenden wir hierauf jetzt das Verfahren des Satzes XLII. an, indem wir die symmetrische Koeffizientenmatrix rechts gleich $\boldsymbol{a}$ setzen, so erhalten wir mit dem Anfangsvektor $\mathfrak{x}_0=\begin{pmatrix}1\\0\\0\\0\end{pmatrix}$ der Reihe nach:

$$\mathfrak{x}_1=\boldsymbol{a}\,\mathfrak{x}_0=\begin{pmatrix}1{,}000000\\0{,}034428\\0{,}004842\\0{,}001376\end{pmatrix},\quad \mathfrak{x}_2=\boldsymbol{a}^2\mathfrak{x}_0=\begin{pmatrix}1{,}001210\\0{,}043223\\0{,}005823\\0{,}001543\end{pmatrix},\quad \mathfrak{x}_3=\boldsymbol{a}^3\mathfrak{x}_0=\begin{pmatrix}1{,}002728\\0{,}045507\\0{,}006052\\0{,}001577\end{pmatrix}.$$

Ferner ergibt sich

$$|\mathfrak{x}_0|^2=1,\ |\mathfrak{x}_1|^2=a_2=1{,}001210,\ |\mathfrak{x}_2|^2=a_4=1{,}004325,\ |\mathfrak{x}_3|^2=a_6=1{,}007577.$$

Dies liefert

$$\frac{a_4}{a_2} = 1{,}00308\,, \quad \frac{a_6}{a_4} = 1{,}00326\,.$$

Die Eigenwerte werden hier alle positiv definit, weil die quadratischen Formen

$$\sum a_{\alpha\beta} x_\alpha x_\beta = \sum \int_0^{2\pi} k(x)\varphi_\alpha(x)\varphi_\beta(x)\,dx\,x_\alpha x_\beta = \int_0^{2\pi} k(x)\left(\sum x_\alpha \varphi_\alpha(x)\right)^2 dx$$

und

$$\sum b_{\alpha\beta} x_\alpha x_\beta = \sum \int_0^{2\pi} p(x)\frac{d\varphi_\alpha}{dx}\frac{d\varphi_\beta}{dx}\,dx\,x_\alpha x_\beta = \int_0^{2\pi} p(x)\left(\sum x_\alpha \frac{d\varphi_\alpha}{dx}\right)^2 dx$$

eigentlich definit positiv sind. Der kleinste Wert λ entspricht dem größten Wert μ. Dieser ist durch die bisherigen Näherungen bereits völlig genügend genau bestimmt. Man findet nämlich zunächst

$$k = 1{,}081953\,, \quad \frac{a_4}{k a_2 - a_4} = 12{,}727\,,$$

so daß die Bedingung des Satzes erfüllt ist. Als *Näherungswert für den größten Eigenwert* finden wir

$$\mu_1^2 = \frac{a_6}{a_4} + \frac{1}{2}\,\frac{\dfrac{a_6}{a_4} - \dfrac{a_4}{a_2}}{\dfrac{a_4}{k a_2 - a_4} - 1} = 1{,}003267$$

mit einem Fehler von höchstens $\pm\,0{,}000007$. Demnach ist auf vier Stellen genau $\mu_1 = 1{,}0016$. Mit derselben Genauigkeit gilt $\lambda_1 = 0{,}0387$.

Zur Bestimmung eines zugehörigen Eigenvektors bilden wir noch

$$\mathfrak{x}_4 = \boldsymbol{a}^4\mathfrak{x}_0 = \begin{pmatrix}1{,}004326\\0{,}046142\\0{,}006113\\0{,}001587\end{pmatrix}, \quad \mathfrak{x}_5 = \boldsymbol{a}^5\mathfrak{x}_0 = \begin{pmatrix}1{,}005945\\0{,}046359\\0{,}006136\\0{,}001591\end{pmatrix}, \quad \mathfrak{x}_6 = \boldsymbol{a}^6\mathfrak{x}_0 = \begin{pmatrix}1{,}007573\\0{,}046470\\0{,}006150\\0{,}001595\end{pmatrix}$$

und finden mit $\mu_1^4 = 1{,}00655$ und $\mu_1^6 = 1{,}00984$:

$$\frac{\mathfrak{x}_4}{\mu_1^4} = \begin{pmatrix}0{,}99776\\0{,}04584\\0{,}00607\\0{,}00157\end{pmatrix}, \quad \frac{\mathfrak{x}_6}{\mu_1^6} = \begin{pmatrix}0{,}99778\\0{,}04602\\0{,}00609\\0{,}00158\end{pmatrix}, \quad \mathfrak{q}_1 = \begin{pmatrix}q_{11}\\q_{21}\\q_{31}\\q_{41}\end{pmatrix} = \begin{pmatrix}0{,}9978\\0{,}0460\\0{,}0061\\0{,}0016\end{pmatrix}.$$

und damit als Eigenlösung die Funktion

$$\text{const}\,(0{,}9978 \sin x + 0{,}0230 \sin 2x + 0{,}0020 \sin 3x + 0{,}0004 \sin 4x)\,.$$

Will man die weiteren Eigenwerte berechnen, so bildet man die Matrix

$$\boldsymbol{b} = \begin{pmatrix}0 & -\dfrac{q_{21}}{q_{11}} & -\dfrac{q_{31}}{q_{11}} & -\dfrac{q_{41}}{q_{11}}\\ 0 & 1 & 0 & 0\\ 0 & 0 & 1 & 0\\ 0 & 0 & 0 & 1\end{pmatrix} = \begin{pmatrix}0 & -0{,}046100 & -0{,}006113 & -0{,}001603\\ 0 & 1 & 0 & 0\\ 0 & 0 & 1 & 0\\ 0 & 0 & 0 & 1\end{pmatrix}$$

und

$$\boldsymbol{a}\boldsymbol{b} = \begin{pmatrix} 0 & \cdots & \cdots & \cdots \\ 0 & 0{,}252044 & 0{,}012104 & 0{,}002097 \\ 0 & 0{,}012121 & 0{,}113012 & 0{,}006315 \\ 0 & 0{,}002089 & 0{,}006315 & 0{,}045094 \end{pmatrix} = \begin{pmatrix} 0 & \cdots \\ 0 & \\ 0 & \boldsymbol{a}_1 \\ 0 & \end{pmatrix}.$$

Mit dieser dreireihigen Matrix rechnet man mit dem Anfangsvektor

$$\mathfrak{x}_0 = \begin{pmatrix} \cdots \\ 1 \\ 0 \\ 0 \end{pmatrix},$$

dessen erstes Element der Orthogonalitätsbedingung entsprechend zu ergänzen ist, weiter und erhält:

$$\mathfrak{x}_1 = \boldsymbol{a}\boldsymbol{b}\,\mathfrak{x}_0 = \begin{pmatrix} \cdots \\ 0{,}252044 \\ 0{,}012104 \\ 0{,}002097 \end{pmatrix}, \quad \mathfrak{x}_2 = \boldsymbol{a}\boldsymbol{b}\,\mathfrak{x}_1 = \begin{pmatrix} \cdots \\ 0{,}063676 \\ 0{,}004435 \\ 0{,}000697 \end{pmatrix}, \quad \mathfrak{x}_3 = \boldsymbol{a}\boldsymbol{b}\,\mathfrak{x}_2 = \begin{pmatrix} \cdots \\ 0{,}016104 \\ 0{,}001277 \\ 0{,}000192 \end{pmatrix}.$$

Durch Bildung der Quadratsummen und ihrer Quotienten erhält man $\mu_2 = 0{,}0640$ und $\lambda_2 = 0{,}6052$ als zweiten Eigenwert.

In dieser Weise kann man fortfahren. Der Leser berechne zur Übung die sämtlichen Eigenwerte und zugehörigen Eigenvektoren des Problems.

2. *Freie Schwingungen eines elektrischen Netzes.* In einem dreigliedrigen Netzwerk seien die Selbstinduktionen

$$L_1 = 1, \; L_2 = 2, \; L_3 = 3 \quad [\text{Henry}]$$

die reziproken Werte der Kapazitäten

$$S_1 = \frac{1}{3}\,10^6, \; S_2 = \frac{1}{6}\,10^6, \; S_3 = \frac{1}{2}\,10^6 \; [\text{Farad}]^{-2}.$$

Mit diesen Werten ergibt sich infolge der Kirchhoffschen Gesetze das folgende Gleichungssystem für die Ladungen $Q_\lambda(t)$, $Q_2(t)$, $Q_3(t)$:

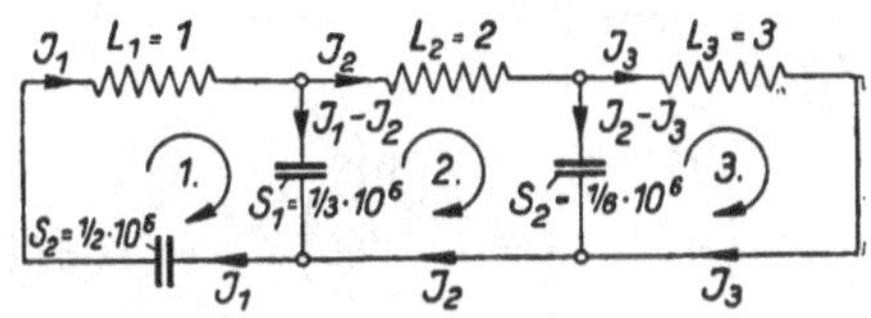

Abb. 2

1. Umlaufsspannung im Stromkreis 1:

$$L_1\ddot{Q}_1 + S_1(Q_1 - Q_2) + S_3 Q_1 = 0;$$

2. Umlaufsspannung im Stromkreis 2:

$$L_2\ddot{Q}_2 + S_2(Q_2 - Q_3) - S_1(Q_1 - Q_2) = 0;$$

3. Umlaufsspannung im Stromkreis 3:

$$L_3\ddot{Q}_3 - S_2(Q_2 - Q_3) = 0.$$

Oder mit den angegebenen Zahlenwerten:

$$\begin{aligned} \ddot{Q}_1 + \frac{5}{6}\,10^6 Q_1 - \frac{1}{3}\,10^6 Q_2 \qquad\qquad\quad &= 0 \\ 2\ddot{Q}_2 - \frac{1}{3}\,10^6 Q_1 + \frac{1}{2}\,10^6 Q_2 - \frac{1}{6}\,10^6 Q_3 &= 0 \\ 3\ddot{Q}_3 \qquad\qquad - \frac{1}{6}\,10^6 Q_2 + \frac{1}{6}\,10^6 Q_3 &= 0. \end{aligned}$$

Die Substitution $Q_\alpha(t) = x_\alpha e^{\lambda t}$ liefert dann

$$\begin{aligned}\left(\lambda^2+\frac{5}{6}10^6\right)x_1-\frac{1}{3}10^6 x_2 \qquad &= 0\\ -\frac{1}{3}10^6 x_1+\left(2\lambda^2+\frac{1}{2}10^6\right)x_2-\frac{1}{6}10^6 x_3 &= 0\\ -\frac{1}{6}10^6 x_2+\left(3\lambda^2+\frac{1}{6}10^6\right)x_3 &= 0.\end{aligned}$$

Setzen wir

$$\boldsymbol{d} = \begin{pmatrix} \frac{5}{6} & -\frac{1}{3} & 0 \\ -\frac{1}{3} & \frac{1}{2} & -\frac{1}{6} \\ 0 & -\frac{1}{6} & \frac{1}{6} \end{pmatrix} 10^6, \text{ also } \boldsymbol{d}^{-1} = \begin{pmatrix} 2 & 2 & 2 \\ 2 & 5 & 5 \\ 2 & 5 & 11 \end{pmatrix} 10^{-6}$$

ferner

$$\boldsymbol{l} = \begin{pmatrix} 1 & 0 & 0 \\ 0 & 2 & 0 \\ 0 & 0 & 3 \end{pmatrix},$$

so wird

$$\boldsymbol{d}^{-1}\boldsymbol{l} = \begin{pmatrix} 2 & 4 & 6 \\ 2 & 10 & 15 \\ 2 & 10 & 33 \end{pmatrix} 10^{-6}.$$

Wir bezeichnen die Matrix $10^6 \boldsymbol{d}^{-1}\boldsymbol{l}$ mit

$$\boldsymbol{a} = \begin{pmatrix} 2 & 4 & 6 \\ 2 & 10 & 15 \\ 2 & 10 & 33 \end{pmatrix}.$$

Unser Gleichungssystem lautet jetzt

$$(\boldsymbol{l}\lambda^2 + \boldsymbol{d})\mathfrak{x} = 0$$
$$(\boldsymbol{a}\cdot 10^{-6}\lambda^2 + \boldsymbol{e})\mathfrak{x} = 0$$

oder mit $\mu = -\frac{10^6}{\lambda^2}$:

$$(\boldsymbol{a} - \mu\boldsymbol{e})\mathfrak{x} = 0.$$

Mit dem Anfangsvektor $\mathfrak{x}_0 = \begin{pmatrix}1\\1\\1\end{pmatrix}$ erhält man

$$\mathfrak{x}_1 = \begin{pmatrix}12\\27\\45\end{pmatrix}, \mathfrak{x}_2 = \begin{pmatrix}402\\969\\1779\end{pmatrix}, \ldots, \mathfrak{x}_5 = \begin{pmatrix}230{,}478\\558{,}657\\1042{,}155\end{pmatrix}10^5,$$

$$\mathfrak{x}_6 = \begin{pmatrix}89{,}4850\\216{,}7978\\404{,}3848\end{pmatrix}10^7, \mathfrak{x}_7 = \begin{pmatrix}347{,}2470\\841{,}2723\\1569{,}1653\end{pmatrix}10^8.$$

$$\begin{aligned}a_{10} &= |\mathfrak{x}_5|^2 = 145{,}1299\cdot 10^{14}\\ a_{12} &= |\mathfrak{x}_6|^2 = 2185{,}3617\cdot 10^{16}\\ a_{14} &= |\mathfrak{x}_7|^2 = 329{,}0611\cdot 10^{20},\end{aligned}$$

$$\frac{a_{12}}{a_{10}} = 1505{,}82,\ \frac{a_{14}}{a_{12}} = 1505{,}74;\ \mu_1 = 38{,}804;\ \underline{\underline{\lambda_1 = i\,160{,}53.}}$$

Der zugehörige Eigenvektor wird

$$\mathfrak{q}_1 = \begin{pmatrix} 8{,}9486 \\ 21{,}6798 \\ 40{,}4385 \end{pmatrix}.$$

Wegen $\boldsymbol{a} = 10^6 \boldsymbol{d}^{-1} \boldsymbol{l}$ setzen wir nun

$$\mathfrak{q}_1' \boldsymbol{d} \cdot 10^{-6} = (8{,}9486 \;\; 21{,}6798 \;\; 40{,}4385) \begin{pmatrix} \frac{5}{6} & -\frac{1}{3} & 0 \\ -\frac{1}{3} & \frac{1}{2} & -\frac{1}{6} \\ 0 & \frac{1}{6} & \frac{1}{6} \end{pmatrix} \begin{array}{l} = (0{,}2306 \;\; 1{,}1176 \;\; 3{,}1261) \\ = (\mathfrak{q}_{11} \; \mathfrak{q}_{21} \; \mathfrak{q}_{31}) \end{array}$$

und erhalten

$$\boldsymbol{b} = \begin{pmatrix} 0 & -4{,}8465 & -13{,}5564 \\ 0 & 1 & 0 \\ 0 & 0 & 1 \end{pmatrix}, \quad \boldsymbol{a}\boldsymbol{b} = \begin{pmatrix} 0 & \cdots & \cdots \\ 0 & 0{,}3070 & -12{,}1128 \\ 0 & 0{,}3070 & 5{,}8872 \end{pmatrix}.$$

Mit dieser zweireihigen Matrix hat man entsprechend weiter zu rechnen. Man findet die allgemeine Lösung:

$$\begin{aligned} Q_1 &= 8{,}9486\, C_1 e^{i\,160{,}53\,t} - 1{,}3442\, C_2 e^{i\,442{,}20\,t} + 60{,}2894\, C_3 e^{i\,961{,}81\,t}, \\ Q_2 &= 21{,}6798\, C_1 e^{i\,160{,}53\,t} - 2{,}5198\, C_2 e^{i\,442{,}20\,t} - 15{,}6496\, C_3 e^{i\,961{,}81\,t}, \\ Q_3 &= 40{,}4385\, C_1 e^{i\,160{,}53\,t} + C_2 e^{i\,442{,}20\,t} + C_3 e^{i\,961{,}81\,t}. \end{aligned}$$

Dabei bedeuten C_1, C_2, C_3 willkürliche Konstanten.

3. Man bestimme die Gleichung niedrigsten Grades $\psi(\boldsymbol{a}) = 0$ für die Matrix

$$\boldsymbol{a} = \begin{pmatrix} 4 & 1 & 0 & 0 \\ -3 & 1 & 1 & 1 \\ 0 & 0 & 4 & 1 \\ 1 & 0 & -3 & 0 \end{pmatrix}.$$

Wir wählen als Anfangsvektor $\mathfrak{z}_0 = \begin{pmatrix} 1 \\ 0 \\ 0 \\ 0 \end{pmatrix}$ und finden

$$\mathfrak{z}_1 = \boldsymbol{a}\,\mathfrak{z}_0 = \begin{pmatrix} 4 \\ -3 \\ 0 \\ 1 \end{pmatrix}, \quad \mathfrak{z}_2 = \boldsymbol{a}^2\,\mathfrak{z}_0 = \begin{pmatrix} 13 \\ -14 \\ 1 \\ 4 \end{pmatrix}, \quad \mathfrak{z}_3 = \boldsymbol{a}^3\,\mathfrak{z}_0 = \begin{pmatrix} 38 \\ -48 \\ 8 \\ 10 \end{pmatrix}.$$

Die Determinante der Koeffizienten dieser vier Vektoren ist

$$\begin{vmatrix} 1 & 4 & 13 & 38 \\ 0 & -3 & -14 & -48 \\ 0 & 0 & 1 & 8 \\ 0 & 1 & 4 & 10 \end{vmatrix} = 2 \neq 0.$$

Die vier Vektoren sind demnach linear unabhängig, also auch die Potenzen $\boldsymbol{e}, \boldsymbol{a}, \boldsymbol{a}^2, \boldsymbol{a}^3$. Die Gleichung niedrigsten Grades ist daher vom Grade 4 und stimmt mit der charakteristischen Gleichung überein. Wir finden sie, indem wir noch den Vektor

$$\mathfrak{z}_4 = \boldsymbol{a}^4 \mathfrak{z}_0 = \begin{pmatrix} 104 \\ -144 \\ 42 \\ 14 \end{pmatrix}$$

berechnen und das Gleichungssystem

$$l_0 \mathfrak{z}_0 + l_1 \mathfrak{z}_1 + l_2 \mathfrak{z}_2 + l_3 \mathfrak{z}_3 + l_4 \mathfrak{z}_4 = 0$$

mit $l_4 = 1$ nach den Unbekannten l_0, l_1, l_2, l_3 auflösen. Die Gleichungen lauten:

$$\begin{aligned} l_0 + 4l_1 + 13l_2 + 38l_3 &= -104 \\ -3l_1 - 14l_2 - 48l_3 &= 144 \\ l_2 + 8l_3 &= -42 \\ l_1 + 4l_2 + 10l_3 &= -14. \end{aligned}$$

Aus der letzten Gleichung folgt

$$3l_1 + 12l_2 + 30l_3 = -42$$

und damit durch Addition zur zweiten

$$\begin{aligned} -2l_2 - 18l_3 &= 102 \\ l_2 + 9l_3 &= -51 \\ l_3 &= -9 \\ l_2 &= 30 \\ l_1 &= -44 \\ l_0 &= 24. \end{aligned}$$

Daher lautet die gesuchte Gleichung

$$\psi(\lambda) = \varphi(\lambda) = \lambda^4 - 9\lambda^3 + 30\lambda^2 - 44\lambda + 24 = 0.$$

Man findet $\psi(\lambda) = (\lambda - 2)^3 (\lambda - 3)$. Daher hat die Normalform von $\boldsymbol{a}$ gegenüber Ähnlichkeitstransformationen die Gestalt

$$\begin{pmatrix} 2 & 1 & 0 & 0 \\ 0 & 2 & 1 & 0 \\ 0 & 0 & 2 & 0 \\ 0 & 0 & 0 & 3 \end{pmatrix},$$

also einen dreifachen und einen einfachen Elementarbestandteil.

8. VORTRAG

Unendliche Reihen von Matrizen. Differentiation und Integration bei Matrizen und Vektoren. Die Exponentialfunktion einer Matrix. Anwendung auf ein System von linearen Differentialgleichungen erster Ordnung mit konstanten Koeffizienten ohne und mit Störungsgliedern. Ausdehnung auf solche Differentialgleichungssysteme beliebiger Ordnung. Die sinus- und cosinus-Funktion von Matrizen. Lineare Differentialgleichungssysteme zweiter Ordnung mit konstanten Koeffizienten. Die freien Schwingungen eines elektrischen Netzes bei nichtverschwindenden, aber kleinen Ohmschen Widerständen. Erzwungene Schwingungen. Übungen

Bereits im sechsten Vortrag haben wir eine unendliche Reihe von Matrizen benutzt, nämlich die geometrische Reihe:

$$\boldsymbol{e} + \boldsymbol{a} + \boldsymbol{a}^2 + \cdots;$$

sie konvergiert dann und nur dann, wenn die Matrix $\boldsymbol{a}$ lauter Eigenwerte vom absoluten Betrage kleiner als 1 besitzt.

Allgemeiner wollen wir eine Reihe von Matrizen

$$\boldsymbol{a}_0 + \boldsymbol{a}_1 + \boldsymbol{a}_2 + \cdots + \boldsymbol{a}_n + \cdots$$

konvergent nennen, wenn die in jedem Element stehende unendliche Reihe konvergiert. Hat die zur Matrix $\boldsymbol{a}_n$ gehörende Bilinearform die obere Grenze A_n, so ist jedes Element von $\boldsymbol{a}_n$ absolut genommen höchstens gleich A_n. Die Reihe konvergiert also sicher dann, wenn $\sum_{n=0}^{\infty} A_n$ konvergiert.

Ein wichtiger Sonderfall ist wie bei skalaren Reihen der Fall der *Potenzreihen* mit skalaren Koeffizienten $c_0, c_1, c_2, \ldots$:

$$c_0\,\boldsymbol{e} + c_1\,\boldsymbol{a} + c_2\,\boldsymbol{a}^2 + \cdots.$$

Unter diesen fassen wir insbesondere die Exponentialreihe ins Auge:

$$e^{\boldsymbol{a}} = \boldsymbol{e} + \frac{1}{1!}\,\boldsymbol{a} + \frac{1}{2!}\,\boldsymbol{a}^2 + \cdots$$

Diese ist für jede Matrix $\boldsymbol{a}$ konvergent; denn ist A eine obere Grenze von $\boldsymbol{a}$, so ist A^n eine obere Grenze von $\boldsymbol{a}^n$, und es gilt stets die Konvergenz von

$$1 + \frac{1}{1!}\,A + \frac{1}{2!}\,A^2 + \cdots.$$

Es sei nun ein homogenes System von linearen Differentialgleichungen erster Ordnung mit konstanten Koeffizienten vorgelegt:

$$\begin{aligned} \frac{dx_1}{dt} &= a_{11}\,x_1 + \cdots + a_{1n}\,x_n \\ &\cdots\cdots\cdots\cdots \\ \frac{dx_n}{dt} &= a_{n1}\,x_1 + \cdots + a_{nn}\,x_n, \end{aligned}$$

das bei gegebenen Anfangswerten $x_1(0), \ldots, x_n(0)$ aufzulösen ist. Wir schreiben das System zunächst in Vektorform:

$$\frac{d\mathfrak{x}}{dt} = \boldsymbol{a}\,\mathfrak{x},$$

wobei wir also unter $\frac{d\mathfrak{x}}{dt}$ den Vektor mit den Komponenten $\frac{dx_1}{dt}, \ldots, \frac{dx_n}{dt}$ verstehen. — Wir merken bei dieser Gelegenheit an, daß wir auch für eine Matrix, deren Elemente von einer Variablen t abhängen, unter der Ableitung nach t einfach die Matrix aus den Ableitungen der Elemente verstehen wollen.

Wir behaupten jetzt, daß

$$\mathfrak{x} = e^{\boldsymbol{a}t}\,\mathfrak{x}_0$$

die Lösung unseres Differentialgleichungssystems darstellt, wenn der Anfangsvektor $\mathfrak{x}(0) = \mathfrak{x}_0$ vorgegeben ist.

Zum Beweise beachten wir, daß die gliedweise Differentiation der Exponentialreihe das Ergebnis liefert

$$\frac{d\mathfrak{x}}{dt} = \frac{d}{dt}\left[\boldsymbol{e} + \frac{\boldsymbol{a}t}{1!} + \frac{\boldsymbol{a}^2t^2}{2!} + \cdots\right]\mathfrak{x}_0 = \left[\boldsymbol{a} + \frac{\boldsymbol{a}^2t}{1!} + \frac{\boldsymbol{a}^3t^2}{2!} + \cdots\right]\mathfrak{x}_0 = \boldsymbol{a}\,e^{\boldsymbol{a}t}\,\mathfrak{x}_0 = \boldsymbol{a}\,\mathfrak{x}.$$

Man sieht erstens, daß die gliedweise Differentiation zulässig ist, da die Reihe der Ableitungen wiederum in jedem endlichen Intervall für t gleichmäßig konvergiert. Zweitens genügt der Vektor der gegebenen Gleichung, und drittens hat er den vorgeschriebenen Anfangswert $\mathfrak{x}(0) = \mathfrak{x}_0$.

Ehe wir weitergehen, wollen wir auch die Integration von Matrizen aus (stetigen) Funktionen von t besprechen. Wir verstehen darunter natürlich wieder einfach die Matrix aus den Integralen. Ferner ergeben sich die einfachsten Differentiations- und Integrationsregeln durch einfaches Nachrechnen wie im skalaren Falle. Z. B. ist

$$\frac{d}{dt}(\boldsymbol{a}\,\boldsymbol{b}) = \frac{d\boldsymbol{a}}{dt}\boldsymbol{b} + \boldsymbol{a}\frac{d\boldsymbol{b}}{dt}.$$

Wichtig ist bei diesem Satze natürlich die Innehaltung der Reihenfolge der Faktoren, es sei denn, daß beide Matrizen zufällig miteinander vertauschbar sind.

Wir können jetzt ein unhomogenes System von linearen Differentialgleichungen mit konstanten Koeffizienten, aber beliebigen Störungsgliedern rechts vorgeben:

$$\left.\begin{array}{l} \frac{dx_1}{dt} = a_{11}x_1 + \cdots + a_{1n}x_n + f_1(t) \\ \cdots\cdots\cdots\cdots\cdots\cdots \\ \frac{dx_n}{dt} = a_{n1}x_1 + \cdots + a_{nn}x_n + f_n(t) \end{array}\right\}, \quad \frac{d\mathfrak{x}}{dt} = \boldsymbol{a}\,\mathfrak{x} + \mathfrak{f}(t).$$

Wir setzen an wie im skalaren Falle (Variation der Konstanten):

$$\mathfrak{x}(t) = e^{\boldsymbol{a}t}\,\mathfrak{x}_0(t) \tag{8·1}$$

und erhalten

$$\frac{d\mathfrak{x}}{dt} = \boldsymbol{a}\,e^{\boldsymbol{a}t}\,\mathfrak{x}_0(t) + e^{\boldsymbol{a}t}\frac{d\mathfrak{x}_0}{dt} = \boldsymbol{a}\,\mathfrak{x} + e^{\boldsymbol{a}t}\frac{d\mathfrak{x}_0}{dt} = \boldsymbol{a}\,\mathfrak{x} + \mathfrak{f}(t).$$

Hiernach soll also

$$e^{\boldsymbol{a}t}\frac{d\mathfrak{x}_0}{dt} = \mathfrak{f}(t)$$

werden. Diese Bestimmungsgleichung für den unbekannten Vektor $\mathfrak{x}_0(t)$ läßt sich auswerten, wenn $e^{\boldsymbol{a}t}$ eine Reziproke besitzt. Dies ist aber stets der Fall; sie lautet einfach $e^{-\boldsymbol{a}t}$. Diese Tatsache ergibt sich aus dem allgemeinen Gesetz, daß für zwei *vertauschbare* Matrizen $\boldsymbol{a}$ und $\boldsymbol{b}$ nach der Reihendefinition der Exponentialfunktion stets das *Additionstheorem* gilt:

$$e^{a} e^{b} = e^{a+b}.$$

Da nun $\boldsymbol{a}t$ und $-\boldsymbol{a}t$ vertauschbare Matrizen sind, so gilt hiernach

$$e^{at} e^{-at} = e^{0} = \boldsymbol{e}.$$

Wir erhalten somit:

$$(8{\cdot}2)\quad \frac{d\mathfrak{x}_0}{dt} = e^{-at}\mathfrak{f}(t);\quad \mathfrak{x}_0(t) = \int_0^t e^{-at}\mathfrak{f}(t)\,dt + \mathfrak{x}_0(0);\quad \mathfrak{x}(t) = e^{at}\left[\int_0^t e^{-at}\mathfrak{f}(t)\,dt + \mathfrak{x}(0)\right]$$

und damit die allgemeine Auflösung des gegebenen Systems mit den gegebenen Anfangswerten $\mathfrak{x}(0)$.

Man muß sich darüber klar sein, daß die Tragweite der einfachen Formeln, mit denen hier das homogene und unhomogene System aufgelöst wurde, in Wirklichkeit noch viel weiter reicht, als es zunächst den Anschein hat. Die Formeln umfassen nämlich überhaupt jedes System von linearen Differentialgleichungen mit konstanten Koeffizienten von beliebig hoher Ordnung und beliebigen variablen Störungsgliedern.

Ist nämlich ein solches System vorgegeben, in welchem Ableitungen bis zur m-ten Ordnung auftreten, so führen wir die Ableitungen bis zu $(m-1)$-ten Ordnung als neue unbekannte Funktionen ein und erreichen dadurch, daß das System von erster Ordnung wird. Allerdings hat sich natürlich die Zahl der Unbekannten und die Zahl der Differentialgleichungen entsprechend erhöht. Zur Erläuterung diene das Beispiel:

$$\frac{2d^3x_1}{dt^3} + \frac{3d^2x_2}{dt^2} + x_1 - x_2 = f_1(t),$$

$$\frac{d^2x_1}{dt^2} - \frac{dx_2}{dt} - 2x_1 + 3x_2 = f_2(t).$$

Wir setzen:

$$\frac{dx_1}{dt} = z_1;\quad \frac{d^2x_1}{dt^2} = \frac{dz_1}{dt} = z_2;\quad \frac{d^3x_1}{dt^3} = \frac{dz_2}{dt};\quad \frac{dx_2}{dt} = z_3,\quad \frac{d^2x_2}{dt^2} = \frac{dz_3}{dt},$$

und erhalten

$$\frac{dx_1}{dt} = z_1,\quad \frac{dx_2}{dt} = z_2,$$

$$\frac{dx_2}{dt} = z_3,\quad 2\frac{dz_2}{dt} + 3\frac{dz_3}{dt} = x_2 - x_1 + f_1(t);\quad z_2 - z_3 - 2x_1 + 3x_2 = f_2(t).$$

Dies sind jetzt fünf lineare Differentialgleichungen erster Ordnung mit den fünf unbekannten Funktionen x_1, x_2, z_1, z_2, z_3 geworden. Bezeichnen wir den Vektor der neuen und der alten Funktionen zusammen jetzt wieder mit $\mathfrak{x}(t)$, so entsteht also jedenfalls ein System der Form:

$$\boldsymbol{b}\frac{d\mathfrak{x}}{dt} = \boldsymbol{c}\mathfrak{x} + \mathfrak{f}.$$

Dies kann unter Umständen noch vereinfacht werden. Im vorliegenden Beispiel ist die Matrix

$$\boldsymbol{b} = \begin{pmatrix} 1 & 0 & 0 & 0 & 0 \\ 0 & 1 & 0 & 0 & 0 \\ 0 & 0 & 1 & 0 & 0 \\ 0 & 0 & 0 & 2 & 3 \\ 0 & 0 & 0 & 0 & 0 \end{pmatrix};$$

man sieht, daß ihre Determinante verschwindet. Dem entspricht der Umstand, daß die letzte Gleichung überhaupt keine Ableitung mehr enthält, sondern eine lineare Beziehung zwischen den Funktionen selbst darstellt. Allgemein wird in einem solchen Falle, wenn die Determinante von $\boldsymbol{b}$ gleich Null wird, ein konstanter Vektor $\mathfrak{c}'$ existieren, der nicht Null ist, so daß $\mathfrak{c}'\,\boldsymbol{b} = 0$, also auch

$$\mathfrak{c}'\,\boldsymbol{c}\,\mathfrak{x} + \mathfrak{c}'\,\mathfrak{f} = 0$$

wird. Dies kann dann dazu benutzt werden, eine der unbekannten Funktionen direkt durch die andern auszudrücken, also die Zahl der unbekannten Funktionen herabzusetzen. Im vorliegenden Falle wird

$$z_3 = z_2 - 2x_1 + 3x_2 - f_2(t)$$

und damit wird das Gleichungssystem

$$\begin{aligned}
&\frac{dx_1}{dt} = z_1,\\
&\frac{dx_2}{dt} = -2x_1 + 3x_2 + z_2 - f_2(t),\\
&\frac{dz_1}{dt} = z_2,\\
&2\frac{dz_2}{dt} + 3\left(\frac{dz_2}{dt} - 2\frac{dx_1}{dt} + 3\frac{dx_2}{dt} - \frac{df_2}{dt}\right) = x_2 - x_1 + f_1(t).
\end{aligned}$$

Schreiben wir dies wieder in der Form

$$\boldsymbol{b}\,\frac{d\mathfrak{x}}{dt} = \boldsymbol{c}\,\mathfrak{x} + \mathfrak{f}_1,$$

so ist jetzt zu setzen:

$$\mathfrak{x} = \begin{pmatrix} x_1\\ x_2\\ z_1\\ z_2 \end{pmatrix},\quad \mathfrak{f}_1 = \begin{pmatrix} 0\\ -f_2(t)\\ 0\\ f_1 + 3\frac{df_2}{dt} \end{pmatrix},\quad \boldsymbol{b} = \begin{pmatrix} 1 & 0 & 0 & 0\\ 0 & 1 & 0 & 0\\ 0 & 0 & 1 & 0\\ -6 & 9 & 0 & 5 \end{pmatrix},\quad \boldsymbol{c} = \begin{pmatrix} 0 & 0 & 1 & 0\\ -2 & 3 & 0 & 1\\ 0 & 0 & 1 & 0\\ -1 & 1 & 0 & 0 \end{pmatrix},$$

und hierin ist jetzt die Determinante von $\boldsymbol{b}$ ungleich Null. Nur in dem Falle, daß neben $\mathfrak{c}'\,\boldsymbol{b} = 0$ auch zugleich noch $\mathfrak{c}'\,\boldsymbol{c} = 0$ ist, also auch $\mathfrak{c}'\,\mathfrak{f} = 0$, kann diese Reduktion nicht stattfinden. Das würde dann aber bedeuten, daß in Wirklichkeit überhaupt zu wenig Differentialgleichungen gegeben sind, die also zur Bestimmung der unbekannten Funktionen nicht ausreichen. Diesen Fall wollen wir ausschließen.

Hiernach können wir also die beschriebene Reduktion stets so lange fortsetzen, bis ein System entstanden ist, das in der Form

$$\boldsymbol{b}\,\frac{d\mathfrak{x}}{dt} = \boldsymbol{c}\,\mathfrak{x} + \mathfrak{f}_1$$

geschrieben werden kann, worin die Determinante von $\boldsymbol{b}$ ungleich Null ist. Multiplikation mit $\boldsymbol{b}^{-1}$ führt dann zu der Form:

$$\frac{d\mathfrak{x}}{dt} = \boldsymbol{a}\,\mathfrak{x} + \mathfrak{f} \qquad (\boldsymbol{a} = \boldsymbol{b}^{-1}\boldsymbol{c},\quad \mathfrak{f} = \boldsymbol{b}^{-1}\mathfrak{f}_1)$$

zurück.

Zur genaueren Diskussion der Lösung wollen wir die Matrix $e^{\boldsymbol{a}t}$ noch etwas eingehender untersuchen. Dies kann zweckmäßig unter Benutzung der Ähnlichkeitstransformation des fünften Vortrages geschehen.

Es sei nämlich wie dort

$$\boldsymbol{c}^{-1}\boldsymbol{a}\boldsymbol{c} = \boldsymbol{n}.$$

Setzen wir $\mathfrak{x} = \boldsymbol{c}\,\mathfrak{z}$, $\mathfrak{z} = \boldsymbol{c}^{-1}\mathfrak{x}$, so wird

$$\boldsymbol{c}\frac{d\mathfrak{z}}{dt} = \boldsymbol{a}\boldsymbol{c}\mathfrak{z} + \mathfrak{f};\quad \frac{d\mathfrak{z}}{dt} = \boldsymbol{c}^{-1}\boldsymbol{a}\boldsymbol{c}\mathfrak{z} + \boldsymbol{c}^{-1}\mathfrak{f}$$

oder mit $\boldsymbol{c}^{-1}\mathfrak{f} = \mathfrak{g}$:

$$\frac{d\mathfrak{z}}{dt} = \boldsymbol{n}\mathfrak{z} + \mathfrak{g}.$$

Die Lösung dieses Systems ist dem gegebenen vollständig gleichwertig; $\mathfrak{g}$ ist, wenn die Transformationsmatrix bekannt ist, als ein bekannter Vektor anzusehen. Wir haben nun vor allem die Matrix $e^{\boldsymbol{n}t}$ zu untersuchen.

Auf Grund der Reihendefinition der Exponentialfunktion erkennt man zunächst, daß entsprechend dem Aufbau von $\boldsymbol{n}t$ als Aggregat seiner Elementarbestandteile auch die Potenzen $\boldsymbol{n}^2 t^2, \boldsymbol{n}^3 t^3, \ldots$ als Aggregat von Bestandteilen jeweils entsprechender Ordnungen erscheinen. Demnach baut sich auch $e^{\boldsymbol{a}t}$ als Aggregat von Bestandteilen derselben Ordnungen auf. Sei also etwa ein Elementarbestandteil ε von $\boldsymbol{n}t$ der Ordnung f von der Gestalt:

$$\varepsilon = \begin{pmatrix} \lambda & 1 & 0 & \cdots & 0 \\ 0 & \lambda & 1 & \cdots & 0 \\ \cdot & \cdot & \cdot & \cdot & \cdot \\ 0 & & & \cdots & \lambda \end{pmatrix} t$$

so wird, wie bereits früher festgestellt:

$$\varepsilon^m = \begin{pmatrix} \lambda^m & \binom{m}{1}\lambda^{m-1} & \cdots & \binom{m}{f-1}\lambda^{m-f+1} \\ 0 & \lambda^m & \cdots & \binom{m}{f-2}\lambda^{m-f+2} \\ \cdot & \cdot & \cdot & \cdot \\ 0 & & \cdots & \lambda^m \end{pmatrix} t^m \qquad (m = 0, 1, 2, \ldots).$$

Demnach steht in der Hauptdiagonale von

$$e^{\varepsilon} = \boldsymbol{e} + \varepsilon + \frac{1}{2!}\varepsilon^2 + \cdots$$

das Element $1 + \lambda t + \frac{\lambda^2 t^2}{2!} + \cdots = e^{\lambda t}$, in der ersten oberen Schrägzeile das Element $t + \frac{2\lambda t^2}{2!} + \frac{3\lambda^2 t^3}{3!} + \cdots = t\left(1 + \frac{\lambda t}{1!} + \frac{\lambda^2 t^2}{2!} + \cdots\right) = t e^{\lambda t}$, und so fort in der rechten oberen Ecke also das Element

$$\sum_{m=0}^{\infty}\binom{m}{f-1}\frac{\lambda^{m-f+1}t^m}{m!} = \sum_{m=f-1}^{\infty}\frac{m!}{(f-1)!\,(m-f+1)!}\,\frac{\lambda^{m-f+1}t^m}{m!}$$

$$= \frac{t^{f-1}}{(f-1)!}\sum_{m=f-1}^{\infty}\frac{\lambda^{m-f+1}t^{m-f+1}}{(m-f+1)!} = \frac{t^{f-1}}{(f-1)!}\,e^{\lambda t}.$$

Wir finden also

$$e^{\varepsilon} = \begin{pmatrix} 1 & \frac{t}{1!} & \frac{t^2}{2!} & \cdots & \frac{t^{f-1}}{(f-1)!} \\ 0 & 1 & \frac{t}{1!} & \cdots & \frac{t^{f-2}}{(f-2)!} \\ \cdot & \cdot & \cdot & \cdot & \cdot \\ 0 & & & \cdots & 1 \end{pmatrix} e^{\lambda t}$$

als entsprechenden Bestandteil von $e^{\boldsymbol{n}t}$.

Der Lösungsvektor des homogenen Systems $\frac{d\mathfrak{z}}{dt} = \boldsymbol{n}\,\mathfrak{z}$:

$$\mathfrak{z} = e^{\boldsymbol{n}t} \cdot \mathfrak{z}_0$$

wird daher, wenn $\lambda_1, \ldots, \lambda_p$ die verschiedenen Eigenwerte von $\boldsymbol{n}$ sind, eine lineare Kombination der entsprechenden Funktionen in jedem Element enthalten. Jedes seiner Elemente wird also zusammengesetzt aus den Funktionen

$$(8{\cdot}3) \qquad e^{\lambda_1 t}, t\,e^{\lambda_1 t}, \ldots, \; t^{f_1-1}\,e^{\lambda_1 t}, \ldots, \; e^{\lambda_p t}, t\,e^{\lambda_p t}, \ldots, \; t^{f_p-1}\,e^{\lambda_p t},$$

worin wir unter $f_1, \ldots, f_p$ jeweils die Ordnung des größten zu dem Eigenwert gehörenden Elementarbestandteils zu verstehen haben. Man gelangt von dieser Darstellung des Vektors $\mathfrak{z}$ direkt zum gesuchten Vektor $\mathfrak{x}$ zurück, indem man $\mathfrak{x} = \boldsymbol{c}\,\mathfrak{z}$ bildet. Die Komponenten von $\mathfrak{x}$ werden also auch lineare Kombinationen derselben Funktionen (8·3) von t.

Da ferner $e^{-\boldsymbol{a}t}$ in genau derselben Weise dargestellt werden kann, so sieht man, daß auch die Lösung des unhomogenen Systems, von welcher Ordnung dies auch ursprünglich vorgegeben sein mag, vermöge der Formel (8·2) durch Quadratur aus den Funktionen (8·3), die jeweils mit den gegebenen Störungsfunktionen multipliziert sind, gewonnen werden kann.

Man erkennt hieraus die grundlegende Bedeutung der Ähnlichkeitstransformation von $\boldsymbol{a}$ auf seine Normalform $\boldsymbol{n}$. Insbesondere sind die Eigenwerte selbst dafür verantwortlich, ob die homogene Lösung für $t \to \infty$ zu Null abklingt oder nicht. Dies ist dann und nur dann der Fall, wenn alle Eigenwerte negativen Realteil haben.

Zur praktischen Berechnung der Funktionen (8·3) d. h. also der Eigenwerte $\lambda_1, \ldots, \lambda_p$ und ihrer Vielfachheiten $f_1, \ldots, f_p$ kann man zweckmäßig von Satz XLV. Gebrauch machen. Man geht dazu von einem genügend allgemeinen Vektor $\mathfrak{z}_0$ aus und bestimmt wie dort den Rang der Matrix

$$\begin{pmatrix} \mathfrak{z}_0 & \boldsymbol{a}\,\mathfrak{z}_0 & \cdots & \boldsymbol{a}^{n-1}\,\mathfrak{z}_0 \\ | & | & \cdots & | \\ | & | & & | \end{pmatrix}$$

berechnet dann die Koeffizienten von $\psi(\lambda) = l_0 + l_1\,\lambda + \cdots + l_m\,\lambda^m$ durch Lösung der Gleichungen $l_0\,\mathfrak{z}_0 + l_1\,\boldsymbol{a}\,\mathfrak{z}_0 + \cdots + l_m\,\boldsymbol{a}^m\,\mathfrak{z}_0 = 0$ für $l_m = 1$. Dann löst man die Gleichung $\psi(\lambda) = 0$ nach den bekannten Methoden der praktischen Mathematik, bestimmt also ihre Wurzeln $\lambda_1, \ldots, \lambda_p$ und deren Vielfachheiten $f_1, \ldots, f_p$, und damit die Funktionen (8·3), aus denen sich die allgemeine Lösung zusammensetzt.

XLVI. *Die Lösung eines beliebigen Systems von linearen Differentialgleichungen mit konstanten Koeffizienten und beliebiger Ordnung sowie bei willkürlich vorgegebenen Störungsfunktionen kann stets zurückgeführt werden auf die Auflösung eines Systems erster Ordnung der Form*

$$\frac{d\mathfrak{x}}{dt} = \boldsymbol{a}\,\mathfrak{x} + \mathfrak{f}(t),$$

worin $\boldsymbol{a}$ eine gegebene konstante Matrix und $\mathfrak{f}(t)$ ein gegebener Vektor aus Funktionen von t ist. Die Lösung lautet in Vektorform

$$\mathfrak{x} = e^{\boldsymbol{a}t}\left[\int_0^t e^{-\boldsymbol{a}t}\,\mathfrak{f}(t)\,dt + \mathfrak{x}(0)\right].$$

Die einzelnen Komponenten des Lösungsvektors setzen sich im Falle $\mathfrak{f} = 0$ linear zusammen aus den Funktionen

$$e^{\lambda_1 t}, t\, e^{\lambda_1 t}, \ldots, \quad t^{f_1-1} e^{\lambda_1 t}, \ldots, \quad e^{\lambda_p t}, t\, e^{\lambda_p t}, \ldots, \quad t^{f_p-1} e^{\lambda_p t},$$

in denen $\lambda_1, \ldots, \lambda_p$ die Eigenwerte von $\boldsymbol{a}$ und $f_1, \ldots, f_p$ ihre Vielfachheiten in der Gleichung $\psi(\lambda) = 0$ sind.

Die Allgemeinheit des gewonnenen Resultates schließt nicht aus, daß in speziellen Fällen u. U. zur Behandlung eines gegebenen Systems noch einfachere Methoden möglich sein können. Da häufig in den Anwendungen lineare Differentialgleichungssysteme zweiter Ordnung auftreten, wollen wir uns mit diesen noch etwas genauer befassen.

Wir haben bisher lediglich die Exponentialfunktionen einer Matrix verwendet. Es liegt nahe, auch andere Matrizenpotenzreihen einzuführen, in erster Linie die trigonometrischen Reihen. Wir setzen demnach

$$\sin \boldsymbol{a} = \boldsymbol{a} - \frac{1}{3!}\boldsymbol{a}^3 + \frac{1}{5!}\boldsymbol{a}^5 - \cdots$$

$$\cos \boldsymbol{a} = \boldsymbol{e} - \frac{1}{2!}\boldsymbol{a}^2 + \frac{1}{4!}\boldsymbol{a}^4 - \cdots,$$

deren Konvergenz für jede Matrix $\boldsymbol{a}$ wieder feststeht.

Da die Differentiation wieder gliedweise ausgeführt werden darf, so ergibt sich, wenn $\boldsymbol{a}$ eine konstante Matrix ist:

$$\frac{d}{dt}\sin \boldsymbol{a}t = \boldsymbol{a}\cos \boldsymbol{a}t, \quad \frac{d}{dt}\cos \boldsymbol{a}t = -\boldsymbol{a}\sin \boldsymbol{a}t.$$

Wir bemerken dazu, daß selbstverständlich jede Matrix mit einer Potenzreihe, die mit einer vertauschbaren Matrix gebildet ist, vertauschbar ist. Es gilt weiter

$$\frac{d^2}{dt^2}\sin \boldsymbol{a}t = -\boldsymbol{a}^2\sin \boldsymbol{a}t, \quad \frac{d^2}{td}\cos \boldsymbol{a}t = -\boldsymbol{a}^2\cos \boldsymbol{a}t.$$

Beide Matrizen genügen also mit jeder Spalte dem Differentialgleichungssystem zweiter Ordnung

$$\frac{d\mathfrak{x}^2}{dt^2} + \boldsymbol{a}^2\mathfrak{x} = 0.$$

Daher ist auch jeder Vektor

$$\mathfrak{x} = \cos \boldsymbol{a}t\,\mathfrak{x}_1 + \sin \boldsymbol{a}t\,\mathfrak{x}_2$$

eine Lösung, wenn $\mathfrak{x}_1$ und $\mathfrak{x}_2$ konstante Vektoren sind. Geben wir die Anfangswerte

$$\mathfrak{x}(0) = \mathfrak{x}_1$$

$$\frac{dx}{dt}(0) = \boldsymbol{a}\,\mathfrak{x}_2$$

vor und wird vorausgesetzt, daß die Determinante von $\boldsymbol{a}$ ungleich Null sei, so kann

$$\mathfrak{x}_1 = \mathfrak{x}(0)$$

$$\mathfrak{x}_2 = \boldsymbol{a}^{-1}\frac{d\mathfrak{x}}{dt}(0)$$

gesetzt werden. Dann ist also

$$\mathfrak{x} = \cos \boldsymbol{a}t\,\mathfrak{x}(0) + \sin \boldsymbol{a}t \cdot \boldsymbol{a}^{-1}\frac{d\mathfrak{x}}{dt}(0)$$

die eindeutig bestimmte Lösung mit den Anfangswerten $\mathfrak{x}(0)$ und $\frac{d\mathfrak{x}}{dt}(0)$.

Es sei nun umgekehrt ein Differentialgleichungssystem zweiter Ordnung vorgegeben von der Form

$$\frac{d^2\mathfrak{x}}{dt^2} + \boldsymbol{b}\,\mathfrak{x} = 0\,.$$

Gelingt es, die Matrix $\boldsymbol{b}$ in der Form $\boldsymbol{a}^2$ darzustellen, so kann die allgemeine Lösung wie oben angegeben werden. Wir wollen zeigen, daß dies stets möglich ist, falls $\boldsymbol{b}$ eine nichtverschwindende Determinante hat.

Zu diesem Zwecke benutzen wir wieder die Ähnlichkeitstransformation des fünften Vortrags. Ist

$$\boldsymbol{b} = \boldsymbol{c}^{-1}\boldsymbol{n}\,\boldsymbol{c}$$

und ist $\boldsymbol{n} = \boldsymbol{m}^2$, so ist

$$\boldsymbol{b} = \boldsymbol{c}^{-1}\boldsymbol{m}^2\boldsymbol{c} = (\boldsymbol{c}^{-1}\boldsymbol{m}\,\boldsymbol{c})^2 = \boldsymbol{a}^2, \quad \boldsymbol{a} = \boldsymbol{c}^{-1}\boldsymbol{m}\,\boldsymbol{c}\,.$$

Es kommt also nur darauf an, die Normalform als Quadrat darzustellen. Dies gelingt nun folgendermaßen:

Wir suchen für einen Elementarbestandteil ε von der Ordnung f mit dem Eigenwert λ die Darstellung

$$\varepsilon = \begin{pmatrix} \lambda & 1 & 0 \cdots 0 \\ 0 & \lambda & 1 \cdots 0 \\ \cdot & \cdot & \cdot \cdots \cdot \\ 0 & & \cdots \lambda \end{pmatrix} = \eta^2 = \begin{pmatrix} \mu & \mu_1 & \cdots \mu_{f-1} \\ 0 & \mu & \mu_1 \cdots \mu_{f-2} \\ \cdot & \cdot & \cdots \cdot \\ 0 & & \cdots \mu \end{pmatrix} \begin{pmatrix} \mu & \mu_1 & \cdots \mu_{f-1} \\ 0 & \mu & \mu_1 \cdots \mu_{f-2} \\ \cdot & \cdot & \cdots \cdot \\ 0 & & \cdots \mu \end{pmatrix},$$

und erhalten für die Unbekannten $\mu, \mu_1, \ldots, \mu_{f-1}$ die Gleichungen:

$$\begin{aligned} \lambda &= \mu^2 \\ 1 &= 2\mu\mu_1 \\ 0 &= 2\mu\,\mu_2 + \mu_1^2 \\ 0 &= 2\mu\,\mu_3 + 2\mu_1\,\mu_2 \\ &\cdots\cdots\cdots\cdots \\ 0 &= 2\mu\,\mu_{f-1} + \cdots. \end{aligned}$$

Aus der ersten Gleichung bestimmt sich $\mu = \sqrt{\lambda}$, aus der zweiten, da nach Voraussetzung $\lambda \neq 0$ ist, nach Festlegung des Vorzeichens der Quadratwurzel eindeutig μ_1, aus der dritten eindeutig μ_2 und so fort. Wählt man für $\sqrt{\lambda}$ das entgegengesetzte Vorzeichen, so kehren auch alle folgenden Werte $\mu_1, \ldots, \mu_{f-1}$ ihr Vorzeichen um. — Wir wollen noch hinzufügen, daß die gefundene Matrix η sich als Polynom höchstens $(f-1)$-ten Grades in ε darstellen läßt, nämlich in der Form

$$\eta = \mu\,\boldsymbol{e} + \mu_1(\varepsilon - \lambda\,\boldsymbol{e}) + \mu_2(\varepsilon - \lambda\,\boldsymbol{e})^2 + \cdots + \mu_{f-1}(\varepsilon - \lambda\,\boldsymbol{e})^{f-1}.$$

Sind nun mehrere Elementarbestandteile zu demselben Eigenwert λ vorhanden, und ist f die Ordnung des höchsten Bestandteils, so gilt, falls ε das Aggregat all dieser Elementarbestandteile darstellt, für η dieselbe Formel, und es gilt wieder $\eta^2 = \varepsilon$. Dies folgt daraus, daß für jeden Elementarbestandteil ε' der Ordnung f' die Potenzen $(\varepsilon' - \lambda\,\boldsymbol{e}')^{f'}$ und alle höheren Potenzen verschwinden.

Wir können demnach für jeden Eigenwert $\lambda = \lambda_\alpha$ ein Polynom $\chi_\alpha(x)$ angeben, dessen Grad die Vielfachheit f_α von λ_α in der Gleichung $\psi(\lambda) = 0$ nicht erreicht, so daß für das Aggregat $\boldsymbol{b}_\alpha$ der zum Eigenwert λ_α gehörenden Elementarbestandteile von $\boldsymbol{n}$ die Relation $\chi_\alpha^2(\boldsymbol{b}_\alpha) = \boldsymbol{b}_\alpha$ gilt. Gelingt es nun, ein einziges Polynom zu finden, das wir mit $\chi(x)$ bezeichnen wollen, und welches durch jedes $(x - \lambda_\alpha)^{f_\alpha}$ $(\alpha = 1, \ldots, p)$ dividiert gerade den Rest $\chi_\alpha(x)$ liefert, so ist für jedes $\alpha = 1, \ldots, p$:

$$\chi(\boldsymbol{b}_\alpha) = \chi_\alpha(\boldsymbol{b}_\alpha)$$

und damit im ganzen $\chi^2(\boldsymbol{n}) = \boldsymbol{n}$.

Um nun die Existenz des gesuchten Polynoms $\chi(x)$ zu erweisen, stützen wir uns auf die wohlbekannte Theorie der Partialbruchzerlegung. Wir bilden nämlich diese Zerlegung für $\frac{1}{\psi(x)}$ und erhalten

$$\frac{1}{\psi(x)} = \sum_{\alpha=1}^{p} \sum_{s_\alpha=1}^{f_\alpha} \frac{A_{\alpha s_\alpha}}{(x-\lambda_\alpha)^{s_\alpha}}, \quad \psi(x) = \prod_{\alpha=1}^{p} (x - \lambda_\alpha)^{f_\alpha}$$

oder

$$1 = \sum_{\alpha=1}^{p} \sum_{s_\alpha=1}^{f_\alpha} A_{\alpha s_\alpha}(x-\lambda_\alpha)^{f_\alpha - s_\alpha} \cdot \prod_{\beta \neq \alpha} (x - \lambda_\beta)^{f_\beta} = \sum_{\alpha=1}^{p} E_\alpha(x)$$

mit

$$E_\alpha(x) = \sum_{s_\alpha=1}^{f_\alpha} A_{\alpha s_\alpha}(x-\lambda_\alpha)^{f_\alpha - s_\alpha} \prod_{\beta \neq \alpha} (x - \lambda_\beta)^{f_\beta}.$$

Für diese Polynome gilt, daß jedes $E_\alpha(x)$ durch alle $(x - \lambda\beta)^{f_\beta}$ $(\beta \neq \alpha)$ teilbar ist, während es durch $(x - \lambda_\alpha)^{f_\alpha}$ geteilt den Rest 1 ergibt, weil die Summe aller $E_\alpha(x)$ gleich 1 ist. Setzen wir daher

$$\chi(x) = \sum_{\alpha=1}^{p} E_\alpha(x)\, \chi_\alpha(x),$$

so ergibt $\chi(x)$ durch $(x - \lambda_\alpha)^{f_\alpha}$ geteilt genau den Rest $\chi_\alpha(x)$ $(\alpha = 1, \ldots, p)$, und das war verlangt.

Wir haben damit die Aufgabe, die Normalform als Quadrat darzustellen, gelöst, ja wir haben sogar ein Polynom in $\boldsymbol{n}$ gefunden, dessen Quadrat gleich $\boldsymbol{n}$ ist. Aus der Ähnlichkeit folgt nun unmittelbar, daß dasselbe Polynom, gebildet mit $\boldsymbol{b}$, das Quadrat $\boldsymbol{b}$ haben muß, weil ja alle Potenzen von $\boldsymbol{n}$ zu den entsprechenden Potenzen von $\boldsymbol{b}$ vermöge derselben Übergangstransformation ähnlich sind.

XLVII. *Ist die Determinante von* $\boldsymbol{b}$ *ungleich Null, so gibt es stets ein Polynom* $\boldsymbol{a} = \chi(\boldsymbol{b})$, *so daß* $\boldsymbol{a}^2 = \boldsymbol{b}$ *ist. Auch* $\boldsymbol{a}$ *hat dann natürlich nichtverschwindende Determinante; ihre Eigenwerte sind die Quadratwurzeln der Eigenwerte von* $\boldsymbol{b}$. *Wir setzen kurz* $\boldsymbol{a} \doteq \sqrt{\boldsymbol{b}}$, *beachten aber dabei, daß die Vieldeutigkeit dieses Zeichens von der Anzahl der in der Normalform von a auftretenden Elementarbestandteile abhängt. Dann hat das Differentialgleichungssystem zweiter Ordnung*

$$\frac{d^2\mathfrak{x}}{dt^2} + \boldsymbol{b}\,\mathfrak{x} = 0$$

bei vorgegebenem Vektor der Anfangslage und Anfangsgeschwindigkeit die eindeutig bestimmte Lösung:

$$\mathfrak{x} = \cos\sqrt{\boldsymbol{b}}\,t\,\mathfrak{x}(0) + \sin\sqrt{\boldsymbol{b}}\,t\,\sqrt{\boldsymbol{b}}^{-1}\frac{d\mathfrak{x}}{dt}(0).$$

Daß die Lösung eindeutig ist, ergibt sich aus der allgemeinen Theorie der linearen Differentialgleichungssysteme. Im übrigen kann man es auch direkt unter Bezugnahme auf die Normalform mit Hilfe des Umstandes verifizieren, daß $\cos(-\boldsymbol{a}) = \cos\boldsymbol{a}$ und $\sin(-\boldsymbol{a}) = -\sin\boldsymbol{a}$ ist.

Die Reihenentwicklung der Exponential- und trigonometrischen Funktionen einer Matrix läßt erkennen, daß auch weitere bekannte Eigenschaften dieser Funktionen auf den jetzigen Fall übertragen werden können. So findet man z. B. die *Eulersche Relation*

$$\cos \boldsymbol{a} + i \sin \boldsymbol{a} = e^{i\boldsymbol{a}}$$

und ebenso

$$\cos \boldsymbol{a} - i \sin \boldsymbol{a} = e^{-i\boldsymbol{a}}.$$

Hieraus ergibt sich, da $\cos \boldsymbol{a}$ und $\sin \boldsymbol{a}$ vertauschbare Matrizen sind, auch

$$\cos^2 \boldsymbol{a} + \sin^2 \boldsymbol{a} = \boldsymbol{e},$$

ferner

$$\cos \boldsymbol{a} = \frac{1}{2}(e^{i\boldsymbol{a}} + e^{-i\boldsymbol{a}}), \quad \sin \boldsymbol{a} = \frac{1}{2i}(e^{i\boldsymbol{a}} - e^{-i\boldsymbol{a}}).$$

Ebenso können wir auch die Additionstheoreme

$$\cos(\boldsymbol{a} + \boldsymbol{b}) = \cos \boldsymbol{a} \cos \boldsymbol{b} - \sin \boldsymbol{a} \sin \boldsymbol{b}$$

$$\sin(\boldsymbol{a} + \boldsymbol{b}) = \sin \boldsymbol{a} \cos \boldsymbol{b} + \cos \boldsymbol{a} \sin \boldsymbol{b}$$

in bekannter Weise aus dem Additionstheorem für die Exponentialfunktion gewinnen, wenn wir voraussetzen, daß $\boldsymbol{a}$ und $\boldsymbol{b}$ vertauschbare Matrizen sind.

Man erkennt aus den gegebenen Formeln, daß die Ähnlichkeitstransformation von $\boldsymbol{a}$ auf die Normalform $\boldsymbol{n}$, die aus Elementarbestandteilen der Ordnung f mit dem Eigenwert λ zusammengesetzt sind, zu einem Aufbau von $\cos \boldsymbol{n} t$ und $\sin \boldsymbol{n}$ t führt, dessen Bestandteile der Ordnung f auf Grund der früher aufgestellten Gestalt von $e^{\pm i\boldsymbol{n}t}$ die folgende Form haben:

$$\begin{pmatrix} \cos\lambda t & \frac{-t}{1!}\sin\lambda t & \frac{-t^2}{2!}\cos\lambda t & \frac{t^3}{3!}\sin\lambda t \cdots \\ 0 & \cos\lambda t & \frac{-t}{1!}\sin\lambda t & \frac{-t^2}{2!}\cos\lambda t \cdots \\ 0 & 0 & \cos\lambda t & \frac{-t}{1!}\sin\lambda t \cdots \\ \cdots & \cdots & \cdots & \cdots \end{pmatrix} \quad \text{für} \quad \cos \boldsymbol{n} t,$$

$$\begin{pmatrix} \sin\lambda t & \frac{-t}{1!}\cos\lambda t & \frac{-t^2}{2!}\sin\lambda t & \frac{-t^3}{3!}\cos\lambda t \cdots \\ 0 & \sin\lambda t & \frac{t}{1!}\cos\lambda t & \frac{-t^2}{2!}\sin\lambda t \cdots \\ 0 & 0 & \sin\lambda t & \frac{t}{1!}\cos\lambda t \cdots \\ \cdots & \cdots & \cdots & \cdots \end{pmatrix} \quad \text{für} \quad \sin \boldsymbol{n} t.$$

Die Matrix $\cos \boldsymbol{a} t$ setzt sich demnach aus den geraden Funktionen

$$\cos\lambda t,\ t\sin\lambda t,\ t^2\cos\lambda t, \ldots,$$

die Matrix $\sin \boldsymbol{a} t$ aus den ungeraden Funktionen

$$\sin\lambda t,\ t\cos\lambda t,\ t^2\sin\lambda t$$

zusammen, wobei λ die einzelnen Eigenwerte durchläuft und die höchste vorkommende Potenz von t den Exponenten $f - 1$ besitzt, falls f die Ordnung des höchsten auftretenden Elementarbestandteils mit dem Eigenwert λ von $\boldsymbol{n}$ ist.

Wir geben jetzt allgemeiner ein Differentialgleichungssystem von der Form

$$\frac{d^2\mathfrak{x}}{dt^2} + 2\boldsymbol{a}\frac{d\mathfrak{x}}{dt} + \boldsymbol{b}\mathfrak{x} = 0$$

vor, wollen aber voraussetzen, daß $\mathfrak{a}$ und $\mathfrak{b}$ vertauschbare Matrizen seien. Dann liegt es nahe, wie im skalaren Falle den folgenden Ansatz zu machen:

$$\mathfrak{x} = e^{\mathfrak{r}t}\mathfrak{x}_0 .$$

Hierbei ist also $\mathfrak{r}$ eine zunächst unbekannte, konstante Matrix. Wir erhalten dann die folgende Gleichung für $\mathfrak{r}$:

$$(\mathfrak{r}^2 + 2\,\mathfrak{a}\mathfrak{r} + \mathfrak{b})\, e^{\mathfrak{r}t}\mathfrak{x}_0 = 0 .$$

Wenn dies für jeden Wert t und für jeden Anfangsvektor $\mathfrak{x}_0$ gelten soll. so muß notwendig

$$\mathfrak{r}^2 + 2\,\mathfrak{a}\mathfrak{r} + \mathfrak{b} = 0$$

gelten. Addieren wir beiderseits $\mathfrak{a}^2$, so gilt, falls $\mathfrak{r}$ mit $\mathfrak{a}$ vertauschbar wird, was wir sogleich feststellen werden,

$$(\mathfrak{r} + \mathfrak{a})^2 = \mathfrak{a}^2 - \mathfrak{b} .$$

Wenn jetzt noch $\mathfrak{a}^2 - \mathfrak{b}$ eine nicht verschwindende Determinante besitzt, so können wir die Matrix $\sqrt{\mathfrak{a}^2 - \mathfrak{b}}$ einführen, wobei bezüglich der Vieldeutigkeit dieses Zeichens wieder die entsprechenden Bemerkungen wie in XLVII. gelten. Dann ist also

$$\mathfrak{r} = -\mathfrak{a} + \sqrt{\mathfrak{a}^2 - \mathfrak{b}} ,$$

und dies ist in der Tat mit $\mathfrak{a}$ vertauschbar, weil $\sqrt{\mathfrak{a}^2 - \mathfrak{b}}$ ein Polynom in $\mathfrak{a}^2 - \mathfrak{b}$, also mit $\mathfrak{a}$ vertauschbar ist. Auf Grund des Additionstheorems der Exponentialfunktion gilt dann wegen

$$\mathfrak{r} = -\mathfrak{a} + i\sqrt{\mathfrak{b} - \mathfrak{a}^2}$$

$$e^{\mathfrak{r}t} = e^{-\mathfrak{a}t} \cdot e^{i\sqrt{\mathfrak{b} - \mathfrak{a}^2}\,t} = e^{-\mathfrak{a}t}(\cos\sqrt{\mathfrak{b} - \mathfrak{a}^2}\,t + i \sin\sqrt{\mathfrak{b} - \mathfrak{a}^2}\,t) .$$

Da auch $-\sqrt{\mathfrak{b} - \mathfrak{a}^2}$ eine Matrix mit dem Quadrat $\mathfrak{b} - \mathfrak{a}^2$ ist, so ist auch

$$e^{-\mathfrak{a}t}(\cos\sqrt{\mathfrak{b} - \mathfrak{a}^2}\,t - i \sin\sqrt{\mathfrak{b} - \mathfrak{a}^2}\,t)$$

eine mögliche Lösung. Damit sind auch die Vektoren

$$e^{-\mathfrak{a}t}\cos\sqrt{\mathfrak{b} - \mathfrak{a}^2}\,t\,\mathfrak{x}_1$$

und

$$e^{-\mathfrak{a}t}\sin\sqrt{\mathfrak{b} - \mathfrak{a}^2}\,t\,\mathfrak{x}_2$$

bei beliebigen konstanten Vektoren $\mathfrak{x}_1$ und $\mathfrak{x}_2$ als Lösungen erkannt.

Verlangen wir jetzt von der Lösung

$$\mathfrak{x} = e^{-\mathfrak{a}t}\cos\sqrt{\mathfrak{b} - \mathfrak{a}^2}\,t\,\mathfrak{x}_1 + e^{-\mathfrak{a}t}\sin\sqrt{\mathfrak{b} - \mathfrak{a}^2}\,t\,\mathfrak{x}_2 ,$$

daß gegebene Anfangsvektoren für die Lage und Geschwindigkeit angenommen werden, so bedeutet dies:

$$\mathfrak{x}(0) = \mathfrak{x}_1$$
$$\frac{d\mathfrak{x}}{dt}(0) = -\mathfrak{a}\mathfrak{x}_1 + \sqrt{\mathfrak{b} - \mathfrak{a}^2}\,\mathfrak{x}_2 ,$$

also

$$\mathfrak{x}_1 = \mathfrak{x}(0)$$
$$\mathfrak{x}_2 = \sqrt{\mathfrak{b} - \mathfrak{a}^2}^{\,-1}\left(\frac{d\mathfrak{x}}{dt}(0) + \mathfrak{a}\,\mathfrak{x}(0)\right).$$

XLVIII. *Das Differentialgleichungssystem*

$$\frac{d^2\mathfrak{x}}{dt^2} + 2\boldsymbol{a}\frac{d\mathfrak{x}}{dt} + \boldsymbol{b}\,\mathfrak{x} = 0$$

hat unter der Voraussetzung, daß $\boldsymbol{a}$ *und* $\boldsymbol{b}$ *vertauschbare Matrizen sind, für die* $\boldsymbol{b} - \boldsymbol{a}^2$ *eine nichtverschwindende Dederminante besitzt, die eindeutige Lösung mit den Anfangswerten* $\mathfrak{x}(0)$ *und* $\frac{d\mathfrak{x}}{dt}(0)$:

$$\mathfrak{x} = e^{-\boldsymbol{a}t}\Big[\cos\sqrt{\boldsymbol{b}-\boldsymbol{a}^2}\,t\cdot\mathfrak{x}(0) + \sin\sqrt{\boldsymbol{b}-\boldsymbol{a}^2}\,t\cdot\sqrt{\boldsymbol{b}-\boldsymbol{a}^2}^{\,-1}\Big(\frac{d\mathfrak{x}}{dt}(0) + \boldsymbol{a}\,\mathfrak{x}(0)\Big)\Big].$$

Die Lösung kann auch in der Form:

$$\mathfrak{x} = \Big\{\frac{1}{2}e^{(-\boldsymbol{a}+\sqrt{\boldsymbol{a}^2-\boldsymbol{b}})t}\Big[(\boldsymbol{a}+\sqrt{\boldsymbol{a}^2-\boldsymbol{b}})\,\mathfrak{x}(0) + \frac{d\mathfrak{x}}{dt}(0)\Big] + \frac{1}{2}e^{(-\boldsymbol{a}-\sqrt{\boldsymbol{a}^2-\boldsymbol{b}})t}\Big[(-\boldsymbol{a}+\sqrt{\boldsymbol{a}^2-\boldsymbol{b}})\,\mathfrak{x}(0) - \frac{d\mathfrak{x}}{dt}(0)\Big]\Big\}\sqrt{\boldsymbol{a}^2-\boldsymbol{b}}^{\,-1}$$

geschrieben werden. Sie strebt für $t\to\infty$ *bei beliebigen Anfangswerten dann und nur dann gegen Null, wenn die Matrizen* $-\boldsymbol{a}+\sqrt{\boldsymbol{a}^2-\boldsymbol{b}}$ *und* $-\boldsymbol{a}-\sqrt{\boldsymbol{a}^2-\boldsymbol{b}}$ *lauter Eigenwerte mit negativen Realteilen besitzen.*

Der letzte Teil des Satzes ergibt sich folgendermaßen: Jedenfalls können wir die Lösung auch in der Form

$$\mathfrak{x} = e^{(-\boldsymbol{a}+\sqrt{\boldsymbol{a}^2-\boldsymbol{b}})t}\,\mathfrak{x}_1 + e^{(-\boldsymbol{a}-\sqrt{\boldsymbol{a}^2-\boldsymbol{b}})t}\,\mathfrak{x}_2$$

mit konstanten Vektoren $\mathfrak{x}_1$ und $\mathfrak{x}_2$ ansetzen. Geben wir wieder $\mathfrak{x}(0)$ und $\frac{d\mathfrak{x}}{dt}(0)$ vor, so haben wir die Gleichungen

$$\mathfrak{x}(0) = \mathfrak{x}_1 + \mathfrak{x}_2,$$

$$\frac{d\mathfrak{x}}{dt}(0) = (-\boldsymbol{a}+\sqrt{\boldsymbol{a}^2-\boldsymbol{b}})\,\mathfrak{x}_1 - (\boldsymbol{a}+\sqrt{\boldsymbol{a}^2-\boldsymbol{b}})\,\mathfrak{x}_2.$$

Multiplikation der ersten Gleichung mit $\boldsymbol{a}+\sqrt{\boldsymbol{a}^2-\boldsymbol{b}}$ und Addition zur zweiten liefert

$$(\boldsymbol{a}+\sqrt{\boldsymbol{a}^2-\boldsymbol{b}})\,\mathfrak{x}(0) + \frac{d\mathfrak{x}}{dt}(0) = 2\sqrt{\boldsymbol{a}^2-\boldsymbol{b}}\,\mathfrak{x}_1$$

$$\mathfrak{x}_1 = \frac{1}{2}\sqrt{\boldsymbol{a}^2-\boldsymbol{b}}^{\,-1}\Big[(\boldsymbol{a}+\sqrt{\boldsymbol{a}^2-\boldsymbol{b}})\,\mathfrak{x}(0) + \frac{d\mathfrak{x}}{dt}(0)\Big].$$

Multiplikation der ersten Gleichung mit $-\boldsymbol{a}+\sqrt{\boldsymbol{a}^2-\boldsymbol{b}}$ und Subtraktion der zweiten ergibt:

$$(-\boldsymbol{a}+\sqrt{\boldsymbol{a}^2-\boldsymbol{b}})\,\mathfrak{x}(0) - \frac{d\mathfrak{x}}{dt}(0) = 2\sqrt{\boldsymbol{a}^2-\boldsymbol{b}}\,\mathfrak{x}_2,$$

$$\mathfrak{x}_2 = \frac{1}{2}\sqrt{\boldsymbol{a}^2-\boldsymbol{b}}^{\,-1}\Big[(-\boldsymbol{a}+\sqrt{\boldsymbol{a}^2-\boldsymbol{b}})\,\mathfrak{x}(0) - \frac{d\mathfrak{x}}{dt}(0)\Big].$$

Damit ist die Behauptung bewiesen. Der Zusatz bezüglich des Verhaltens für $t\to\infty$ ist aus dem Aufbau der Exponentialmatrix ohne weiteres ersichtlich.

Im vierten Vortrag hatten wir die freien Schwingungen eines elektrischen Netzes bei verschwindenden Ohmschen Widerständen behandelt. Wir wollen jetzt dieselbe Aufgabe untersuchen, dabei aber Ohmsche Widerstände zulassen. Unser Gleichungssystem lautet dann in den früheren Bezeichnungen:

$$\sum_{\beta=1}^{n}\left(L_{\alpha\beta}\frac{d^2Q_\beta}{dt^2}+R_{\alpha\beta}\frac{dQ_\beta}{dt}+\frac{1}{C_{\alpha\beta}}Q_\beta\right)=0 \qquad (\alpha=1,\ldots,n)$$

oder in Matrizensprache mit $\boldsymbol{l}=(L_{\alpha\beta})$, $\boldsymbol{r}=(R_{\alpha\beta})$, $\boldsymbol{d}=\left(\frac{1}{C_{\alpha\beta}}\right)$, $\mathfrak{x}=\begin{pmatrix}Q_1(t)\\ \vdots\\ Q_n(t)\end{pmatrix}$:

$$\boldsymbol{l}\frac{d^2\mathfrak{x}}{dt^2}+\boldsymbol{r}\frac{d\mathfrak{x}}{dt}+\boldsymbol{d}\,\mathfrak{x}=0.$$

Ihrer Natur nach sind die drei auftretenden Matrizen reell symmetrisch und i. allg. eigentlich definit positiv, was hier als erfüllt vorausgesetzt werden soll.

Für die Eigenwerte $\lambda_1,\ldots,\lambda_p$ des Problems haben die homogenen Gleichungen

$$(8{\cdot}4) \qquad (\boldsymbol{l}\lambda_\gamma^2+\boldsymbol{r}\lambda_\gamma+\boldsymbol{d})\,\mathfrak{q}_\gamma=0 \qquad (\gamma=1,\ldots,p)$$

von Null verschiedene und normierte Lösungen $\mathfrak{q}_\gamma$. Vordere Multiplikation mit $\bar{\mathfrak{q}}_\gamma'$ liefert dann für λ_γ die Relation

$$\lambda_\gamma^2\bar{\mathfrak{q}}_\gamma'\boldsymbol{l}\,\mathfrak{q}_\gamma+\lambda_\gamma\bar{\mathfrak{q}}_\gamma'\boldsymbol{r}\,\mathfrak{q}_\gamma+\bar{\mathfrak{q}}_\gamma'\boldsymbol{d}\,\mathfrak{q}_\gamma=0$$

und dies gibt den Wert

$$(8{\cdot}5) \qquad \lambda_\gamma=-\frac{B_\gamma}{2A_\gamma}\pm\sqrt{\left(\frac{B_\gamma}{2A_\gamma}\right)^2-\frac{C_\gamma}{A_\gamma}} \qquad (\gamma=1,\ldots,p)$$

wenn wir noch setzen

$$A_\gamma=\bar{\mathfrak{q}}_\gamma'\boldsymbol{l}\,\mathfrak{q}_\gamma>0,$$
$$B_\gamma=\bar{\mathfrak{q}}_\gamma'\boldsymbol{r}\,\mathfrak{q}_\gamma>0,$$
$$C_\gamma=\bar{\mathfrak{q}}_\gamma'\boldsymbol{d}\,\mathfrak{q}_\gamma>0.$$

Man sieht, daß jeder Eigenwert λ_γ negativen Realteil hat, die Schwingungen sind also jedenfalls gedämpft und klingen für $t\to\infty$ zu Null ab.

In den praktisch wichtigen Fällen genügt meist die Annahme sehr kleiner Ohmscher Widerstände. Dann kann nach *L. A. Pipes* die praktische Lösung folgendermaßen vor sich gehen:

Man schreibt zunächst die Formel (8·5) unter Vernachlässigung des quadratischen Gliedes unter der Wurzel in der vereinfachten Form

$$(8{\cdot}6) \qquad \lambda_\gamma=-\frac{B_\gamma}{2A_\gamma}\pm i\sqrt{\frac{C_\gamma}{A_\gamma}}=-\varrho_\gamma\pm i\,\sigma_\nu \qquad (\gamma=1,\ldots,p)$$

und benutzt bei der Berechnung dieses Wertes diejenige Näherungslösung $\mathfrak{q}_\gamma$, die sich aus (8·4) unter Vernachlässigung von $\boldsymbol{r}$ ergibt. Dies bedeutet, daß zunächst das Eigenwertproblem für die symmetriesierbare Matrix $\boldsymbol{l}^{-1}\boldsymbol{d}$ (oder auch $\boldsymbol{d}^{-1}\boldsymbol{l}$ wie früher) gelöst und die dazu gehörigen Eigenvektoren $\mathfrak{q}_\gamma$ bestimmt werden. Diese treten jetzt in der Anzahl $p=n$ auf, da diese Matrix ja nach Übung 6 zum fünften Vortrag lauter einfache Elementarbestandteile besitzt. Ist dies geschehen, so bestimmt man die wirklichen Eigenwerte mit Hilfe der vereinfachten Formel (8·6) und schreibt dann die endgültige Lösung unter Benutzung der Formel des Satzes XLVIII., worin nun der Vereinfachung entsprechend überall $2\boldsymbol{a}=\boldsymbol{l}^{-1}\boldsymbol{r}=0$ gesetzt und nur in der Endformel die auftretenden Eigenwerte im Exponenten durch ihre komplexen Werte (8·6) ersetzt werden. Man erhält dann zunächst:

$$\mathfrak{x}=\frac{1}{2}\left(e^{i\sqrt{\boldsymbol{b}}\,t}+e^{-i\sqrt{\boldsymbol{b}}\,t}\right)\mathfrak{x}(0)+\frac{1}{2i}\left(e^{i\sqrt{\boldsymbol{b}}\,t}-e^{-i\sqrt{\boldsymbol{b}}\,t}\right)\sqrt{\boldsymbol{b}}^{-1}\frac{d\mathfrak{x}}{dt}(0).$$

Setzt man nun

$$c = \begin{pmatrix} \mathfrak{q}_1 & & \mathfrak{q}_n \\ & \dots & \end{pmatrix},$$

so wird $\boldsymbol{c}^{-1}\,\boldsymbol{b}\,\boldsymbol{c} = \boldsymbol{n}$ eine Normalform, und zwar eine Diagonalmatrix. Dasselbe gilt von $\boldsymbol{c}^{-1}\, i\, \sqrt{\boldsymbol{b}}\, \boldsymbol{c} = i \sqrt{\boldsymbol{n}}$, welches an sich die rein imaginären Werte $i\,\sigma_\gamma$ als Diagonalelemente enthalten würde, nun aber durch die Diagonalmatrix der komplexen Elemente $-\varrho_\gamma + i\,\sigma\,\gamma$ zu ersetzen ist. Wird nun die Exponentialmatrix entsprechend transformiert, so erhält man

$$c^{-1}\, e^{i\sqrt{b}}\, c^{(1)} = \begin{pmatrix} e^{(-\varrho_1+i\sigma_1)t} & 0 & \dots 0 \\ 0 & e^{(-\varrho_2+i\sigma_2)t} & \dots 0 \\ \dots & \dots & \dots \\ 0 & & \dots e^{(-\varrho_n+i\sigma_n)t} \end{pmatrix},$$

und daher schließlich die Lösung

$$\boldsymbol{c}^{-1}\mathfrak{x}(t) = \begin{pmatrix} e^{-\varrho_1 t}\cos\sigma_1 t & 0 & \dots 0 \\ 0 & e^{-\varrho_2 t}\cos\sigma_2 t & \dots 0 \\ \dots & \dots & \dots \\ 0 & & e^{-\varrho_n t}\cos\sigma_n t \end{pmatrix} \boldsymbol{c}^{-1}\mathfrak{x}(0)$$

$$+ \begin{pmatrix} \frac{e^{-\varrho_1 t}\sin\sigma_1 t}{\sigma_1} & 0 & \dots 0 \\ 0 & \frac{e^{-\varrho_2 t}\sin\sigma_2 t}{\sigma_2} & \dots 0 \\ \dots & \dots & \dots \\ 0 & & \dots \frac{e^{-\varrho_n t}\sin\sigma_n t}{\sigma_n} \end{pmatrix} \boldsymbol{c}^{-1}\frac{d\mathfrak{x}}{dt}(0).$$

Diese nach Pipes für praktische Zwecke ausreichende Näherungsformel bei kleinen Ohmschen Widerständen ist durch die vorstehenden Überlegungen mehr plausibel gemacht als streng begründet. In dem Sonderfall, wo alle auftretenden Frequenzen σ_γ verschieden sind, ist aus Stetigkeitsgründen ersichtlich, daß bei genügend kleiner Dämpfung dann auch die komplexen Eigenwerte alle verschieden und damit die Elementarbestandteile alle einfach werden; dann ist die Zulässigkeit des Näherungsverfahrens einleuchtend. Bei mehrfach auftretenden Frequenzen σ_γ könnten aber infolge der Dämpfung höhere Elementarbestandteile auftreten und damit Komplikationen entstehen, die hier nicht erfaßt sind. Diese Möglichkeit ist jedenfalls solange gegeben, als nicht durch genauere Untersuchung des Falles $\boldsymbol{r} \neq 0$ das Gegenteil erwiesen ist. —

Legt man die Näherungsformel zugrunde, so liegt es nahe, als sog. „Normalkoordinaten" für die Ladungen den Vektor $\boldsymbol{c}^{-1}\,\mathfrak{x}(t)$ einzuführen. Diese Größen führen Schwingungen aus, die ohne gegenseitige Kopplung völlig unabhängig voneinander erfolgen. Hierin liegt der physikalische Sinn der Transformation auf die Normalform.

Handelt es sich nicht um freie, sondern um erzwungene Schwingungen des elektrischen Netzes, so lauten die Ausgangsgleichungen wie im zweiten Vortrag:

$$\sum_{\beta=1}^{n}\left(L_{\alpha\beta}\frac{d^2Q_\beta}{dt^2} + R_{\alpha\beta}\frac{dQ_\beta}{dt} + \frac{1}{C_{\alpha\beta}}Q_\beta\right) = E_\alpha(t) \qquad (\alpha = 1, \dots, n).$$

Die Lösung kann dann zweckmäßig mit Hilfe Fourierscher Reihen erfolgen, falls die aufgeprägten Spannungen periodische Funktionen der Zeit sind. Ein Ansatz der Form

$$E_\alpha(t) = \sum_{r=-\infty}^{\infty} a_{\alpha r} e^{i r \omega t}, \quad a_{\alpha r} = \frac{\omega}{2\pi} \int_0^{\frac{2\pi}{\omega}} E_\alpha(t) e^{-i r \omega t} dt,$$

$$\mathfrak{a}_r = \begin{pmatrix} a_{1r} \\ \vdots \\ a_{nr} \end{pmatrix} \qquad (r = 0, \pm 1, \pm 2, \ldots),$$

$$\mathfrak{Q} = \begin{pmatrix} Q_1(t) \\ \vdots \\ Q_n(t) \end{pmatrix} = \sum_{r=-\infty}^{\infty} \mathfrak{Q}_r e^{i r \omega t}$$

führt alsdann unter der Voraussetzung entsprechender Konvergenzeigenschaften zu dem Gleichungssystem

$$(-r^2 \omega^2 \boldsymbol{l} + i r \omega \boldsymbol{r} + \boldsymbol{d}) \mathfrak{Q}_r = \mathfrak{a}_r$$

und damit zu der Lösung

$$\mathfrak{Q}_r = (-r^2 \omega^2 \boldsymbol{l} + i r \omega \boldsymbol{r} + \boldsymbol{d})^{-1} \mathfrak{a}_r,$$

falls die Determinante der auftretenden Matrix ungleich Null ist. Dies wird normalerweise der Fall sein, da bei Vorhandensein von Ohmschen Widerständen keine rein imaginären Eigenwerte vorhanden sein können. An dem Ergebnis kann nachträglich verifiziert werden, ob die verlangten Konvergenzeigenschaften erfüllt sind. Wenn der Anfangszustand mitberücksichtigt werden muß, ist eine passend gewählte Lösung des homogenen Systems hinzuzufügen.

Übungen zum achten Vortrag

1. Die Lösung des Systems

$$\begin{aligned}
\frac{dx_1}{dt} &= 4x_1 + x_2 \\
\frac{dx_2}{dt} &= -3x_1 + x_2 + x_3 + x_4 \\
\frac{dx_3}{dt} &= \qquad\qquad 4x_3 + x_4 \\
\frac{dx_4}{dt} &= x_1 \qquad\quad - 3x_3
\end{aligned}$$

mit den Anfangswerten $\begin{pmatrix} 1 \\ 0 \\ 1 \\ 0 \end{pmatrix}$ zu bestimmen.

Wir haben für die Matrix

$$\boldsymbol{a} = \begin{pmatrix} 4 & 1 & 0 & 0 \\ -3 & 1 & 1 & 1 \\ 0 & 0 & 4 & 1 \\ 1 & 0 & -3 & 0 \end{pmatrix}$$

die Exponentialfunktion zu berechnen. Nach Übung 3 des 7. Vortrags besteht Ähnlichkeit zu der Normalform

$$\boldsymbol{n} = \begin{pmatrix} 2 & 1 & 0 & 0 \\ 0 & 2 & 1 & 0 \\ 0 & 0 & 2 & 0 \\ 0 & 0 & 0 & 3 \end{pmatrix}$$

und zwar findet man aus $\boldsymbol{a}\,\boldsymbol{c} = \boldsymbol{c}\,\boldsymbol{n}$ die Übergangssubstitution

$$\boldsymbol{c} = \begin{pmatrix} 1 & 0 & -1 & 0 \\ -2 & 1 & 2 & 0 \\ -1 & 0 & 0 & -1 \\ 2 & -1 & 0 & 1 \end{pmatrix}.$$

Das gleichwertige System für $\mathfrak{x} = \boldsymbol{c}\,\mathfrak{y}$ ergibt

$$\frac{d\mathfrak{y}}{dt} = \boldsymbol{n}\,\mathfrak{y}$$

und den Lösungsvektor

$$\mathfrak{y} = e^{\boldsymbol{n}t}\mathfrak{y}(0) = \begin{pmatrix} e^{2t} & te^{2t} & \frac{t^2}{2}e^{2t} & 0 \\ 0 & e^{2t} & te^{2t} & 0 \\ 0 & 0 & e^{2t} & 0 \\ 0 & 0 & 0 & e^{3t} \end{pmatrix} \begin{pmatrix} y_1(0) \\ y_2(0) \\ y_3(0) \\ y_4(0) \end{pmatrix} = \begin{pmatrix} \left(y_1(0) + t\,y_2(0) + \frac{t^2}{2}y_3(0)\right)e^{2t} \\ (y_2(0) + t\,y_3(0))\,e^{2t} \\ y_3(0)\;e^{2t} \\ y_4(0)\;e^{3t} \end{pmatrix}.$$

Hieraus folgt

$$\mathfrak{x} = \boldsymbol{c}\,\mathfrak{y}(t) = \begin{pmatrix} \left(y_1(0) + t\,y_2(0) + \left(\frac{t^2}{2} - 1\right)y_3(0)\right)e^{2t} \\ \left[-2\,y_1(0) + (-2t+1)\,y_2(0) + (-t^2+t+2)\,y_3(0)\right]e^{2t} \\ -\left(y_1(0) + t\,y_2(0) + \frac{t^2}{2}y_3(0)\right)e^{2t} - y_4(0)\,e^{3t} \\ \left(2y_1(0) + (2t-1)\,y_2(0) + \left(t^2 - t\right)y_3(0)\right)e^{2t} + y_4(0)\,e^{3t} \end{pmatrix}.$$

Verlangt man nun $\mathfrak{x}(0) = \begin{pmatrix} 1 \\ 0 \\ 1 \\ 0 \end{pmatrix}$, so bedeutet dies

$$\begin{aligned} y_1(0) - y_3(0) \qquad\qquad &= 1 \\ -2y_1(0) + y_2(0) + 2y_3(0) \qquad\qquad &= 0 \\ -\;y_1(0) \qquad\qquad - y_4(0) &= 1 \\ 2y_1(0) - y_2(0) \qquad\qquad + y_4(0) &= 0, \end{aligned}$$

und dies ergibt die Werte $y_1(0) = 3$, $y_2(0) = 2$, $y_3(0) = 2$, $y_4(0) = -4$. so daß schließlich die Lösung entsteht

$$\mathfrak{x} = \begin{pmatrix} (1 + 2t + t^2)\,e^{2t} \\ -(2t + 2t^2)\,e^{2t} \\ -(3 + 2t + t^2)\,e^{2t} + 4e^{3t} \\ (2t^2 + 2t + 4)\,e^{2t} - 4e^{3t} \end{pmatrix},$$

die allen Bedingungen genügt.

2. Das Differentialgleichungssystem

$$\frac{d^2\mathfrak{x}}{dt^2} + \boldsymbol{b}\,\mathfrak{x} = 0$$

mit

$$\boldsymbol{b} = \begin{pmatrix} 4 & 1 & 0 & 0 \\ -3 & 1 & 1 & 1 \\ 0 & 0 & 4 & 1 \\ 1 & 0 & -3 & 0 \end{pmatrix}$$

ist mit den Anfangswerten $\mathfrak{x}(0) = \begin{pmatrix} 1 \\ 0 \\ 0 \\ 0 \end{pmatrix}$, $\frac{d\mathfrak{x}}{dt}(0) = \begin{pmatrix} 0 \\ 0 \\ 0 \\ 1 \end{pmatrix}$ zu lösen.

Wir gehen wieder zu dem gleichwertigen System

$$\frac{d^2\mathfrak{y}}{dt^2} + \boldsymbol{n}\,\mathfrak{y} = 0$$

über, wobei $\mathfrak{x} = \boldsymbol{c}\,\mathfrak{y}$ mit derselben Übergangssubstitution wie in der vorigen Aufgabe gesetzt ist. Nach XLVII. hat das System für $\mathfrak{y}$ die Lösung

$$\mathfrak{y} = \cos\sqrt{\boldsymbol{n}}\,t\,\mathfrak{y}(0) + \sin\sqrt{\boldsymbol{n}}\,t \cdot \sqrt{\boldsymbol{n}}^{-1}\frac{d\mathfrak{y}}{dt}(0).$$

Nun ist

$$\sqrt{\boldsymbol{n}} = \begin{pmatrix} \sqrt{2} & \frac{\sqrt{2}}{4} & -\frac{\sqrt{2}}{32} & 0 \\ 0 & \sqrt{2} & \frac{\sqrt{2}}{4} & 0 \\ 0 & 0 & \sqrt{2} & 0 \\ 0 & 0 & 0 & \sqrt{3} \end{pmatrix}, \quad \sqrt{\boldsymbol{n}}^{-1} = \begin{pmatrix} \frac{\sqrt{2}}{2} & -\frac{\sqrt{2}}{8} & \frac{3\sqrt{2}}{64} & 0 \\ 0 & \frac{\sqrt{2}}{2} & -\frac{\sqrt{2}}{8} & 0 \\ 0 & 0 & \frac{\sqrt{2}}{2} & 0 \\ 0 & 0 & 0 & \frac{\sqrt{3}}{3} \end{pmatrix}$$

Um $\cos\sqrt{\boldsymbol{n}}\,t$ und $\sin\sqrt{\boldsymbol{n}}\,t$ zu berechnen, fassen wir $\sqrt{\boldsymbol{n}}\,t$ als Summe zweier Matrizen auf, deren eine die zugehörige Diagonalmatrix ist und die miteinander vertauschbar sind. Durch Anwendung der Additionstheoreme für die trigonometrischen Matrizenfunktionen findet man dann

$$\cos\sqrt{\boldsymbol{n}}\,t = \begin{pmatrix} \cos\sqrt{2}\,t & -\frac{\sqrt{2}}{4}\,t\sin\sqrt{2}\,t & \frac{\sqrt{2}}{32}\,t\sin\sqrt{2}\,t - \frac{t^2}{16}\cos\sqrt{2}\,t & 0 \\ 0 & \cos\sqrt{2}\,t & -\frac{\sqrt{2}}{4}\,t\sin\sqrt{2}\,t & 0 \\ 0 & 0 & \cos\sqrt{2}\,t & 0 \\ 0 & 0 & 0 & \cos\sqrt{3}\,t \end{pmatrix}$$

$$\sin\sqrt{\boldsymbol{n}}\,t = \begin{pmatrix} \sin\sqrt{2}\,t & \frac{\sqrt{2}}{4}\,t\cos\sqrt{2}\,t & -\frac{\sqrt{2}}{32}\,t\cos\sqrt{2}\,t - \frac{t^2}{16}\sin\sqrt{2}\,t & 0 \\ 0 & \sin\sqrt{2}\,t & \frac{\sqrt{2}}{4}\,t\cos\sqrt{2}\,t & 0 \\ 0 & 0 & \sin\sqrt{2}\,t & 0 \\ 0 & 0 & 0 & \sin\sqrt{3}\,t \end{pmatrix}.$$

Jede Spalte der beiden Matrizen liefert ein Lösungssystem y_1, y_2, y_3, y_4 für das transformierte System; dessen Anfangsbedingungen lauten für uns:

$$\mathfrak{y}(0) = \begin{pmatrix} 2 \\ 2 \\ 1 \\ -2 \end{pmatrix}, \qquad \frac{d\mathfrak{y}}{dt}(0) = \begin{pmatrix} 1 \\ 0 \\ 1 \\ -1 \end{pmatrix}.$$

Damit wird:

$$\cos \sqrt{\boldsymbol{n}}\, t\, \mathfrak{y}(0) = \begin{pmatrix} 2\cos\sqrt{2}\,t - \frac{15\sqrt{2}}{32}\, t \sin\sqrt{2}\,t - \frac{t^2}{16}\cos\sqrt{2}\,t \\ 2\cos\sqrt{2}\,t - \frac{\sqrt{2}}{4}\, t\sin\sqrt{2}\,t \\ \cos\sqrt{2}\,t \\ -2\cos\sqrt{3}\,t \end{pmatrix};$$

$$\sqrt{\boldsymbol{n}}^{-1}\frac{d\mathfrak{y}}{dt}(0) = \begin{pmatrix} \frac{35\sqrt{2}}{64} \\ -\frac{\sqrt{2}}{8} \\ \frac{\sqrt{2}}{2} \\ -\frac{\sqrt{3}}{3} \end{pmatrix};$$

$$\sin\sqrt{\boldsymbol{n}}\, t \cdot \sqrt{\boldsymbol{n}}^{-1}\frac{d\mathfrak{y}}{dt}(0) = \begin{pmatrix} \frac{35}{64}\sqrt{2}\sin\sqrt{2}\,t - \frac{3}{32}\, t\cos\sqrt{2}\,t - \frac{\sqrt{2}}{32}\, t^2 \sin\sqrt{2}\,t \\ -\frac{\sqrt{2}}{8}\sin\sqrt{2}\,t + \frac{1}{4}\, t\cos\sqrt{2}\,t \\ \frac{\sqrt{2}}{2}\sin\sqrt{2}\,t \\ -\frac{\sqrt{3}}{3}\sin\sqrt{3}\,t \end{pmatrix};$$

$$\mathfrak{y}(t) = \begin{pmatrix} 2\cos\sqrt{2}\,t + \frac{35}{64}\sqrt{2}\sin\sqrt{2}\,t - \frac{3}{32}\, t\cos\sqrt{2}\,t - \frac{15}{32}\sqrt{2}\, t\sin\sqrt{2}\,t - \frac{t^2}{16}\cos\sqrt{2}\,t - \frac{\sqrt{2}}{32}\, t^2\sin\sqrt{2}\,t \\ 2\cos\sqrt{2}\,t - \frac{\sqrt{2}}{8}\sin\sqrt{2}\,t + \frac{1}{4}\, t\cos\sqrt{2}\,t - \frac{\sqrt{2}}{4}\, t\sin\sqrt{2}\,t \\ \cos\sqrt{2}\,t + \frac{\sqrt{2}}{2}\sin\sqrt{2}\,t \\ -2\cos\sqrt{3}\,t - \frac{\sqrt{3}}{3}\sin\sqrt{3}\,t \end{pmatrix}.$$

Durch Multiplikation mit $\boldsymbol{c}$ findet man daraus den gesuchten Vektor $\mathfrak{x}(t)$.

9. VORTRAG

Lineare Differentialgleichungssysteme mit variablen Koeffizienten. Die Ω-Matrix und ihre Determinante. Existenz der Reziproken und numerische Berechnung der Ω-Matrix. Anwendung auf Differentialgleichungssysteme mit periodischen Koeffizienten. Übungen und Anwendungen (Elektrische Schwingungen bei periodisch veränderlichen Koeffizienten; Schwingungen eines Pendels mit oszillierendem Aufhängepunkt; Drehschwingungen an Kurbelwellen von Verbrennungskraftmotoren)

Ein Differentialgleichungssystem von der Form

$$\left.\begin{aligned} \frac{dx_1}{dt} &= a_{11}(t)\,x_1 + \cdots + a_{1n}(t)\,x_n \\ &\cdots\cdots\cdots\cdots \\ \frac{dx_n}{dt} &= a_{n1}(t)\,x_1 + \cdots + a_{nn}(t)\,x_n \end{aligned}\right\} \quad \frac{d\mathfrak{x}}{dt} = \boldsymbol{a}(t)\,\mathfrak{x}$$

kann ebenfalls durch eine Matrizenreihe gelöst werden. Wir bilden zu diesem Zwecke die Reihe

$$\Omega_0^t(\boldsymbol{a}) = \boldsymbol{e} + \int_0^t \boldsymbol{a}(\tau_1)\,d\tau_1 + \int_0^t \boldsymbol{a}(\tau_1)\int_0^{\tau_1} \boldsymbol{a}(\tau_2)\,d\tau_2\,d\tau_1 + \int_0^t \boldsymbol{a}(\tau_1)\int_0^{\tau_1} \boldsymbol{a}(\tau_2)\int_0^{\tau_2} \boldsymbol{a}(\tau_3)\,d\tau_3\,d\tau_2\,d\tau_1 + \cdots$$

und stellen zunächst fest, daß diese Reihe für jede Wahl der Matrix $\boldsymbol{a}(t)$ konvergent ist, wenn die Funktionen $a_{\alpha\beta}(t)$ als stetige Funktionen von t vorausgesetzt werden. Bezeichnet man nämlich mit M eine obere Grenze von $\boldsymbol{a}(t)$ für das Intervall von 0 bis b, so ist für $0 \leq t \leq b$ der absolute Betrag des n-ten Gliedes, und zwar für jedes Element $(\alpha\beta)$ der Matrix:

$$\left|\int_0^t \boldsymbol{a}(\tau_1)\int_0^{\tau_1} \boldsymbol{a}(\tau_2)\cdots\int_0^{\tau_{m-1}} \boldsymbol{a}(\tau_m)\,d\tau_m\,d\tau_{m-1}\cdots d\tau_{1(\alpha\beta)}\right| \leq \frac{M^m b^m}{m!};$$

denn man braucht ja nur zu beachten, daß für $0 \leq \tau_m \leq \tau_{m-1} \leq \cdots \leq \tau_1 \leq t \leq b$ und für zwei konstante Vektoren $\mathfrak{y}$ und $\mathfrak{z}$ stets

$$\left|\mathfrak{y}'\int_0^{\tau_{m-1}} \boldsymbol{a}(\tau_m)\,d\tau_m\,\mathfrak{z}\right| = \left|\int_0^{\tau_{m-1}} \mathfrak{y}'\,\boldsymbol{a}(\tau_m)\,\mathfrak{z}\,d\tau_m\right| \leq \int_0^{\tau_{m-1}} |\mathfrak{y}'\,\boldsymbol{a}(\tau_m)\,\mathfrak{z}|\,d\tau_m$$

$$\leq \int_0^{\tau_{m-1}} M\,|\mathfrak{y}|\,|\mathfrak{z}|\,d\tau_m = M\,\tau_{m-1}\,|\mathfrak{y}|\,|\mathfrak{z}|$$

gilt, daß ferner das Produkt zweier Matrizen $\boldsymbol{a}$ und $\boldsymbol{b}$, deren obere Grenzen A und B sind, die obere Grenze AB hat, so daß also

$$\left|\mathfrak{y}'\int_0^{\tau_{m-2}} \boldsymbol{a}(\tau_{m-1})\int_0^{\tau_{m-1}} \boldsymbol{a}(\tau_m)\,d\tau_m\,d\tau_{m-1}\,\mathfrak{z}\right| \leq \int_0^{\tau_{m-2}} \left|\mathfrak{y}'\,\boldsymbol{a}(\tau_{m-1})\int_0^{\tau_{m-1}} \boldsymbol{a}(\tau_m)\,d\tau_m\,\mathfrak{z}\right| d\tau_{m-1}$$

$$\leq \int_0^{\tau_{m-2}} M\cdot M\,\tau_{m-1}\,d\tau_{m-1}\,|\mathfrak{y}|\,|\mathfrak{z}| \leq \frac{M^2\,\tau_{m-2}^2}{2!}\,|\mathfrak{y}|\,|\mathfrak{z}|$$

ist, und so weiter Schritt für Schritt. Hat man also auf diese Weise gefunden, daß die an m-ter Stelle stehende Matrix die obere Grenze $\leq \frac{M^m t^m}{m!} \cdots \leq \frac{M^m b^m}{m!}$ hat, so gilt auch für jedes Element dieser Matrix dieselbe Abschätzung.

Folglich konvergiert also unsere Matrizenreihe sogar gleichmäßig in t im ganzen Intervall. Wir erhalten dann durch gliedweise Differentiation

$$\frac{d}{dt}\,\Omega_0^t(\boldsymbol{a}) = \boldsymbol{a}(t) + \boldsymbol{a}(t)\int_0^t \boldsymbol{a}(\tau_1)\,d\tau_1 + \boldsymbol{a}(t)\int_0^t \boldsymbol{a}(\tau_1)\int_0^{\tau_1} \boldsymbol{a}(\tau_2)\,d\tau_2\,d\tau_1 + \cdots$$

$$= \boldsymbol{a}(t)\left(\boldsymbol{e} + \int_0^t \boldsymbol{a}(\tau_1)\,d\tau_1 + \int_0^t \boldsymbol{a}(\tau_1)\int_0^{\tau_1} \boldsymbol{a}(\tau_2)\,d\tau_2\,d\tau_1 + \cdots\right)$$

$$= \boldsymbol{a}(t)\,\Omega_0^t(\boldsymbol{a}).$$

Die gliedweise Differentiation ist erlaubt, weil die entstehende Reihe wieder gleichmäßig im ganzen Intervall konvergiert, und zwar in jedem Element.

Aus der angegebenen Gleichung geht hervor, daß

$$\mathfrak{x}(t) = \Omega_0^t(\boldsymbol{a})\,\mathfrak{x}_0$$

für jeden Vektor $\mathfrak{x}_0$ eine Lösung des Differentialgleichungssystems ist. Dabei hat $\mathfrak{x}_0$ die Bedeutung $\mathfrak{x}(0)$, weil $\Omega_0^0(\boldsymbol{a}) = \boldsymbol{e}$ ist. *Hiermit ist also das System bei Vorgabe beliebiger Anfangswerte gelöst.*

In dem Sonderfall, wo die beiden Matrizen $\boldsymbol{a}(t)$ und $\int_0^t \boldsymbol{a}(\tau)\,d\tau$ miteinander vertauschbar sind, was keineswegs immer der Fall zu sein braucht (beispielsweise ist $\begin{pmatrix} 0 & 1 \\ \cos t & 0 \end{pmatrix}$ und $\begin{pmatrix} 0 & t \\ \sin t & 0 \end{pmatrix}$ nicht vertauschbar), geht $\Omega_0^t(\boldsymbol{a})$ in $e^{\int_0^t \boldsymbol{a}(\tau)\,d\tau}$ über. Denn es ist dann

$$\int_0^t \boldsymbol{a}(\tau_1)\int_0^{\tau_1} \boldsymbol{a}(\tau_2)\,d\tau_2\,d\tau_1 = \int_0^t\int_0^{\tau_1} \boldsymbol{a}(\tau_2)\,d\tau_2\,\boldsymbol{a}(\tau_1)\,d\tau_1 = \frac{\left(\int_0^t \boldsymbol{a}(\tau)\,d\tau\right)^2}{2!}$$

$$\int_0^t \boldsymbol{a}(\tau_1)\int_0^{\tau_1} \boldsymbol{a}(\tau_2)\int_0^{\tau_2} \boldsymbol{a}(\tau_3)\,d\tau_3\,d\tau_2\,d\tau_1 = \int_0^t \boldsymbol{a}(\tau_1)\cdot\frac{\left(\int_0^{\tau_1} \boldsymbol{a}(\tau)\,d\tau\right)^2}{2!}\,d\tau_1$$

$$= \int_0^t \frac{\left(\int_0^{\tau_1} \boldsymbol{a}(\tau)\,d\tau\right)^2}{2!}\,\boldsymbol{a}(\tau_1)\,d\tau_1 = \frac{\left(\int_0^t \boldsymbol{a}(\tau)\,d\tau\right)^3}{3!},$$

usw. Insbesondere ist die Vertauschbarkeitsbedingung natürlich bei konstanten Koeffizienten $a_{\alpha\beta}$ erfüllt, wodurch wir dann wieder auf die Entwicklungen des 8. Vortrags zurückgeführt werden.

Wir kommen nun zum unhomogenen Differentialgleichungssystem:

$$\frac{d\mathfrak{x}}{dt} = \boldsymbol{a}(t)\,\mathfrak{x}(t) + \mathfrak{f}(t). \tag{9·1}$$

Der Ansatz der Variation der Konstanten liefert dann

$$\mathfrak{x}(t) = \Omega_0^t(\boldsymbol{a})\,\mathfrak{x}_0(t)$$

$$\frac{d\mathfrak{x}}{dt} = \frac{d}{dt}\Omega_0^t(\boldsymbol{a})\,\mathfrak{x}_0(t) + \Omega_0^t(\boldsymbol{a})\frac{d\mathfrak{x}_0}{dt} = \boldsymbol{a}(t)\,\Omega_0^t(\boldsymbol{a})\,\mathfrak{x}_0(t) + \Omega_0^t(\boldsymbol{a})\frac{d\mathfrak{x}_0}{dt}$$

$$= \boldsymbol{a}(t)\,\mathfrak{x}(t) + \Omega_0^t(\boldsymbol{a})\frac{d\mathfrak{x}_0}{dt},$$

und dies verlangt also jetzt

$$\Omega_0^t(\boldsymbol{a})\frac{d\mathfrak{x}_0}{dt} = \mathfrak{f}(t). \tag{9·2}$$

Um hieraus $\frac{d\mathfrak{x}_0}{dt}$ und damit $\mathfrak{x}_0(t)$ berechnen zu können, muß die Frage geklärt werden, ob $\Omega_0^t(\boldsymbol{a})$ eine Reziproke besitzt. Wir untersuchen zu diesem Zwecke die *Determinante von* $\Omega_0^t(\boldsymbol{a})$, und setzen

$$D = \begin{vmatrix} \Omega_{11}(t) & \cdots & \Omega_{1n}(t) \\ \cdot & \cdots & \cdot \\ \Omega_{n1}(t) & \cdots & \Omega_{nn}(t) \end{vmatrix},$$

indem wir die Elemente von $\Omega_0^t(\boldsymbol{a})$ mit $\Omega_{\alpha\beta}(t)$ bezeichnen. Es wird sich als zweckmäßig erweisen, zunächst die Ableitung $\frac{dD}{dt}$ zu berechnen.

Nennen wir die algebraischen Komplemente von $\Omega_{\alpha\beta}$ jetzt $A_{\alpha\beta}$, so gilt

$$\frac{dD}{dt} = \frac{d}{dt}(\Omega_{11}A_{11} + \Omega_{21}A_{21} + \cdots + \Omega_{n1}A_{n1})$$

$$= \Omega'_{11}A_{11} + \Omega'_{21}A_{21} + \cdots + \Omega'_{n1}A_{n1} + \Omega_{11}A'_{11} + \Omega_{21}A'_{21} + \cdots + \Omega_{n1}A'_{n1}$$

$$= \begin{vmatrix} \Omega'_{11} & \Omega_{12} & \cdots & \Omega_{1n} \\ \cdot & \cdot & \cdots & \cdot \\ \Omega'_{n1} & \Omega_{n2} & \cdots & \Omega_{nn} \end{vmatrix} + \Omega_{11}A_{11} + \Omega_{21}A'_{21} + \cdots + \Omega_{n1}A'_{n1}.$$

Wir behaupten jetzt, daß

$$\frac{dD}{dt} = \begin{vmatrix} \Omega'_{11} & \Omega_{12} & \cdots & \Omega_{1n} \\ \Omega'_{21} & \Omega_{22} & \cdots & \Omega_{2n} \\ \cdot & \cdot & \cdots & \cdot \\ \Omega'_{n1} & \Omega_{n2} & \cdots & \Omega_{nn} \end{vmatrix} + \begin{vmatrix} \Omega_{11} & \Omega'_{12} & \cdots & \Omega_{1n} \\ \Omega_{21} & \Omega'_{22} & \cdots & \Omega_{2n} \\ \cdot & \cdot & \cdots & \cdot \\ \Omega_{n1} & \Omega'_{n2} & \cdots & \Omega_{nn} \end{vmatrix} + \cdots + \begin{vmatrix} \Omega_{11} & \Omega_{12} & \cdots & \Omega'_{1n} \\ \Omega_{21} & \Omega_{22} & \cdots & \Omega'_{2n} \\ \cdot & \cdot & \cdots & \cdot \\ \Omega_{n1} & \Omega_{n2} & \cdots & \Omega'_{nn} \end{vmatrix} \tag{9·3}$$

wird und wollen dies durch vollständige Induktion beweisen. In der Tat ist die Behauptung für $n = 2$ aus der eben abgeleiteten Formel ersichtlich. Ist sie aber für Determinanten bis zur Ordnung $n - 1$ schon bewiesen, so gilt sie auch für die Ordnung n. Man braucht nämlich für diesen Zweck die schon bewiesene Formel nur für die Größen $A'_{11}, A'_{21}, \ldots, A'_{n1}$ anzuwenden, die ja selbst bis aufs Vorzeichen Ableitungen von Determinanten $(n - 1)$-ter Ordnung sind, und dann die Glieder in geeigneter Weise zusammenzufassen; dann erhält man die Behauptung für die Ordnung n. — Es sei noch bemerkt, daß dieser Satz über die Ableitung einer Determinante ganz allgemein gilt; er hat gar nichts mit der speziellen Bauart der Ω-Matrix zu tun.

Jetzt benutzen wir die Beziehung

$$\frac{d}{dt}\,\Omega_0^t(\boldsymbol{a}) = \boldsymbol{a}(t)\,\Omega_0^t(\boldsymbol{a});\quad \Omega'_{\alpha\beta} = \sum_{\gamma=1}^{n} a_{\alpha\gamma}\,\Omega_{\gamma\beta}\qquad (\alpha,\beta = 1,\ldots,n).$$

Wir setzen diese Werte in die Gleichung (9·3) ein und sammeln alle Glieder, die mit den einzelnen Elementen $a_{\alpha\beta}$ multipliziert sind.

Beginnen wir mit a_{11}, so erkennt man sofort, daß dieses Element nur in den Gliedern mit $\Omega'_{11}, \Omega'_{12}, \ldots, \Omega'_{1n}$ vorkommen kann; der Faktor wird, wie man sofort sieht, einfach die Determinante D selbst. Das entsprechende gilt von $a_{\alpha\alpha}$; es kommt nur in den Gliedern mit $\Omega'_{\alpha 1}, \Omega'_{\alpha 2}, \ldots, \Omega'_{\alpha n}$ vor und sein Faktor wird wieder genau D. Ferner kommt $a_{\alpha\gamma}$ mit $\alpha \neq \gamma$ in den Gliedern mit $\Omega'_{\alpha 1}, \Omega'_{\alpha 2}, \ldots, \Omega'_{n n}$ vor, der Faktor ist

$$\begin{vmatrix} \Omega_{11} & \cdots & \Omega_{1n} \\ \cdots & \cdots & \cdots \\ \Omega_{\alpha-1,1} & \cdots & \Omega_{\alpha-1,n} \\ \Omega_{\gamma,1} & \cdots & \Omega_{\gamma,n} \\ \Omega_{\alpha+1,1} & \cdots & \Omega_{\alpha+1,n} \\ \cdots & \cdots & \cdots \\ \Omega_{n1} & \cdots & \Omega_{nn} \end{vmatrix} = 0,$$

weil in dieser Determinante jetzt zwei Zeilen übereinstimmen müssen.

Wir finden also

$$\frac{dD}{dt} = (a_{11} + a_{22} + \cdots + a_{nn})\,D,$$

$$D = e^{\int_0^t (a_{11} + \cdots + a_{nn})\,dt}$$

Die Konstantenbestimmung dieser Integration ergibt sich aus der Bemerkung, daß für $t = 0$ die Ω-Matrix gleich $\boldsymbol{e}$, also $D = 1$ wird.

Hieraus erkennt man nun, daß D bei unsern Stetigkeitsvoraussetzungen über die Koeffizienten stets von Null verschieden ist. *Daher existiert stets die Reziproke* $(\Omega_0^t(\boldsymbol{a}))^{-1}$.

Kehren wir zu unserm Gleichungssystem (9·1) zurück, so finden wir jetzt aus (9·2):

$$\frac{d\mathfrak{x}_0}{dt} = (\Omega_0^t(\boldsymbol{a}))^{-1}\,\mathfrak{f}(t),$$

$$\mathfrak{x}_0(t) = \int_0^t (\Omega_0^t(\boldsymbol{a}))^{-1}\,\mathfrak{f}(\tau)\,d\tau + \mathfrak{x}(0),$$

also die Lösung

$$\mathfrak{x}(t) = \Omega_0^t(\boldsymbol{a})\left[\int_0^t (\Omega_0^\tau(\boldsymbol{a}))^{-1}\,\mathfrak{f}(\tau)\,d\tau + \mathfrak{x}(0)\right]$$

mit den gegebenen Anfangswerten $\mathfrak{x}(0)$.

Dieser Existenzbeweis für die Lösung eines beliebigen linearen Differentialgleichungssystems mit variablen Koeffizienten erledigt ähnlich wie bei konstanten Koeffizienten nicht nur den Fall von Systemen erster, sondern beliebiger Ordnung; das zeigt man auf genau entsprechende Art wie früher. Er hat gewiß theoretisches Interesse, insofern er nämlich an Einfachheit nichts zu wünschen übrig läßt. Sein praktisches Interesse wird von der Frage abhängen, wie weit man die Ω-Matrix praktisch, insbesondere auch numerisch wirklich handhaben kann.

Ehe wir dies untersuchen, fassen wir das bisherige Ergebnis wie folgt zusammen:

XLIX. *Das homogene lineare Differentialgleichungssystem erster Ordnung*

$$\frac{d\mathfrak{x}}{dt} = \mathfrak{a}(t)\,\mathfrak{x}$$

hat die eindeutige Lösung mit den gegebenen Anfangswerten

$$\mathfrak{x}(t) = \Omega_0^t(\mathfrak{a})\,\mathfrak{x}(0)\,.$$

Hierbei bedeutet $\Omega_0^t(\mathfrak{a})$ *die durch die unendliche Reihe definierte Matrix*

$$\Omega_0^t(\mathfrak{a}) = \mathfrak{e} + \int_0^t \mathfrak{a}(\tau_1)\,d\tau_1 + \int_0^t \mathfrak{a}(\tau_1)\int_0^{\tau_1}\mathfrak{a}(\tau_2)\,d\tau_2\,d\tau_1 + \cdots,$$

die stets konvergiert, wenn die Elemente $a_{\alpha\beta}$ *von* $\mathfrak{a}$ *stetige Funktionen von t sind. Die Determinante von* $\Omega_0^t(\mathfrak{a})$ *ist gleich*

$$e^{\int_0^t (a_{11}+a_{22}+\cdots+a_{nn})\,d\tau} \neq 0,$$

also existiert stets die Reziproke der Ω-Matrix. Das zugehörige unhomogene Differentialgleichungssystem

$$\frac{d\mathfrak{x}}{dt} = \mathfrak{a}(t)\,\mathfrak{x} + \mathfrak{f}(t)$$

hat die eindeutige Lösung mit den gegebenen Anfangswerten $\mathfrak{x}(0)$:

$$\mathfrak{x}(t) = \Omega_0^t(\mathfrak{a})\left[\int_0^t (\Omega_0^\tau(\mathfrak{a}))^{-1}\,\mathfrak{f}(\tau)\,d\tau + \mathfrak{x}(0)\right].$$

Die praktische Berechnung der Ω-Matrix wird erleichtert durch den folgenden Satz:

L. *Ist* $0 \leq t_1 \leq t_2 \leq \cdots \leq t_n \leq t$, *so gilt die Relation:*

$$\Omega_0^t(\mathfrak{a}) = \Omega_{t_n}^t(\mathfrak{a})\,\Omega_{t_{n-1}}^{t_n}(\mathfrak{a})\cdots\Omega_0^{t_1}(\mathfrak{a})\,.$$

Selbstverständlich verstehen wir dabei unter $\Omega_\alpha^\beta(\mathfrak{a})$ die Reihe

$$\Omega_\alpha^\beta(\mathfrak{a}) = \mathfrak{e} + \int_\alpha^\beta \mathfrak{a}(\tau_1)\,d\tau_1 + \int_\alpha^\beta \mathfrak{a}(\tau_1)\int_\alpha^{\tau_1}\mathfrak{a}(\tau_2)\,d\tau_2\,d\tau_1 + \cdots.$$

Wir können nun offenbar die Lösung des homogenen Gleichungssystems auch in der Form schreiben:

$$\mathfrak{x}(t) = \Omega_{t_n}^t(\mathfrak{a})\,\mathfrak{x}(t_n)\,,$$

worin wir statt Null die untere Grenze t_n genommen haben und $\mathfrak{x}(t_n)$ die Anfangswerte bedeuten. Ebenso wird nun aber auch der Reihe nach:

$$\mathfrak{x}(t_n) = \Omega_{t_{n-1}}^{t_n}(\mathfrak{a})\,\mathfrak{x}(t_{n-1}),\quad \mathfrak{x}(t_{n-1}) = \Omega_{t_{n-2}}^{t_{n-1}}(\mathfrak{a})\,\mathfrak{x}(t_{n-2}),\ \ldots,\quad \mathfrak{x}(t_1) = \Omega_0^{t_1}(\mathfrak{a})\,\mathfrak{x}(0)\,.$$

Setzt man diese Werte nacheinander in die vorangehenden Gleichungen ein, so erhält man schließlich die Darstellung der Lösung:

$$\mathfrak{x}(t) = \Omega_0^t(\mathfrak{a})\,\mathfrak{x}(0) = \Omega_{t_n}^t(\mathfrak{a})\,\Omega_{t_{n-1}}^{t_n}(\mathfrak{a})\cdots\Omega_0^{t_1}(\mathfrak{a})\,\mathfrak{x}(0)\,,$$

und dies gilt bei ganz beliebiger Wahl des Anfangsvektors $\mathfrak{x}(0)$. Hieraus folgt dann die Behauptung.

Nun kann man aber die Folge der Werte $0, t_1, t_2, \ldots, t_n, t$ beliebig dicht wählen, was zur Folge hat, daß für die einzelnen Faktoren die Intervallgrenzen beliebig eng aneinander rücken. Da für $\Omega_\alpha^\beta(\boldsymbol{a})$ entsprechend wie früher für $\Omega_0^b(\boldsymbol{a})$ die gemeinsame Majorante aller Elemente durch die Reihe

$$1 + \frac{M(\beta-\alpha)}{1!} + \frac{M^2(\beta-\alpha)^2}{2!} + \cdots$$

gegeben ist, so sieht man, daß bei genügend dichter Wahl der Zwischenpunkte die Reihen mit dem ersten Gliede abgebrochen werden können:

$$\Omega_0^{t_1}(\boldsymbol{a}) \sim \boldsymbol{e} + \int_0^{t_1} \boldsymbol{a}(\tau)\, d\tau$$

$$\cdots\cdots\cdots\cdots\cdots$$

$$\Omega_{t_n}^{t}(\boldsymbol{a}) \sim \boldsymbol{e} + \int_{t_n}^{t} \boldsymbol{a}(\tau)\, d\tau .$$

Auf diese Weise wird die numerische Berechnung von $\Omega_0^t(\boldsymbol{a})$ durch einfache Quadraturen bewerkstelligt.

Wir wenden uns jetzt dem für die Anwendungen besonders wichtigen Fall zu, wo die Koeffizienten der gegebenen Matrix $\boldsymbol{a}(t)$ *periodische Funktionen von t* sind, und zwar beschränken wir uns zunächst auf den homogenen Fall. Gegeben sei also das Differentialgleichungssystem:

$$\frac{d\mathfrak{x}}{dt} = \boldsymbol{a}(t)\, \mathfrak{x}(t),$$

und es sei

$$\boldsymbol{a}(t + 2\pi) = \boldsymbol{a}(t).$$

Welche Folgerungen ergeben sich aus dieser Voraussetzung für die Lösungen des Systems?

Zunächst sehen wir, daß

$$\frac{d\mathfrak{x}}{dt}(t + 2\pi) = \boldsymbol{a}(t + 2\pi)\, \mathfrak{x}(t + 2\pi) = \boldsymbol{a}(t)\, \mathfrak{x}(t + 2\pi)$$

ist. *Demnach ist mit $\mathfrak{x}(t)$ auch $\mathfrak{x}(t + 2\pi)$ ein Lösungsvektor.* Nun ist auf Grund unserer allgemeinen Formel

$$\mathfrak{x}(t + 2\pi) = \Omega_0^t(\boldsymbol{a})\, \mathfrak{x}(2\pi) = \Omega_0^t(\boldsymbol{a})\, \Omega_0^{2\pi}(\boldsymbol{a})\, \mathfrak{x}(0);$$

andererseits gilt

$$\mathfrak{x}(t + 2\pi) = \Omega_0^{t+2\pi}(\boldsymbol{a})\, \mathfrak{x}(0).$$

Da diese beiden Gleichungen für einen beliebigen Anfangsvektor $\mathfrak{x}(0)$ gelten, so muß notwendig

$$\Omega_0^{t+2\pi}(\boldsymbol{a}) = \Omega_0^t(\boldsymbol{a})\, \Omega_0^{2\pi}(\boldsymbol{a}) \tag{9·4}$$

sein.

Es liegt nahe, vor allem nach *periodischen Lösungen* zu fragen. Damit

$$\mathfrak{x}(t) = \Omega_0^t(\boldsymbol{a})\, \mathfrak{x}(0)$$

periodisch sein kann, muß

$$\mathfrak{x}(t + 2\pi) = \Omega_0^{t+2\pi}(\boldsymbol{a})\, \mathfrak{x}(0) = \Omega_0^t(\boldsymbol{a})\, \Omega_0^{2\pi}(\boldsymbol{a})\, \mathfrak{x}(0) = \mathfrak{x}(t) = \Omega_0^t(\boldsymbol{a})\, \mathfrak{x}(0)$$

sein, d. h.

$$\Omega_0^t(\boldsymbol{a})\, [\Omega_0^{2\pi}(\boldsymbol{a}) - \boldsymbol{e}]\, \mathfrak{x}(0) = 0$$

sein, oder, weil $\Omega_0^t(\boldsymbol{a})$ eine Reziproke besitzt,

$$[\Omega_0^{2\pi}(\boldsymbol{a}) - \boldsymbol{e}]\, \mathfrak{x}(0) = 0 .$$

Dies bedeutet aber, daß $\Omega_0^{2\pi}(\boldsymbol{a})$ *den Eigenwert* 1 *besitzt. Diese Bedingung ist notwendig und hinreichend für das Vorhandensein einer von Null verschiedenen periodischen Lösung des homogenen Systems.*

Allgemein kann die für den Fall periodischer Koeffizienten grundlegende Relation (9·4) noch durch eine geeignete lineare Transformation umgeformt werden. Setzen wir mit konstantem $\boldsymbol{c}$:

$$\mathfrak{x}(t) = \boldsymbol{c}\,\mathfrak{y}(t)\,,$$

so wird

$$\frac{d\mathfrak{x}}{dt} = \boldsymbol{c}\frac{d\mathfrak{y}}{dt} = \boldsymbol{a}\,\boldsymbol{c}\,\mathfrak{y}(t), \quad \frac{d\mathfrak{y}}{dt} = \boldsymbol{c}^{-1}\,\boldsymbol{a}\,\boldsymbol{c}\,\mathfrak{y}(t) = \boldsymbol{b}\,\mathfrak{y}(t),$$

wobei

$$\boldsymbol{b}(t) = \boldsymbol{c}^{-1}\,\boldsymbol{a}(t)\,\boldsymbol{c}$$

gesetzt und wieder $\boldsymbol{b}(t+2\pi) = \boldsymbol{b}(t)$ ist. Also gilt analog zu (9·4):

$$\Omega_0^{t+2\pi}(\boldsymbol{b}) = \Omega_0^t(\boldsymbol{b})\,\Omega_0^{2\pi}(\boldsymbol{b})\,.$$

Nun ist aber, wie leicht ersichtlich ist,

$$\Omega_0^t(\boldsymbol{b}) = \Omega_0^t(\boldsymbol{c}^{-1}\boldsymbol{a}\boldsymbol{c}) = \boldsymbol{e} + \int_0^t \boldsymbol{c}^{-1}\boldsymbol{a}(\tau_1)\boldsymbol{c}\,d\tau_1 + \int_0^t \boldsymbol{c}^{-1}\boldsymbol{a}(\tau_1)\boldsymbol{c}\int_0^{\tau_1}\boldsymbol{c}^{-1}\boldsymbol{a}(\tau_2)\boldsymbol{c}\,d\tau_2\,d\tau_1 + \cdots$$

$$= \boldsymbol{c}^{-1}\left(\boldsymbol{e} + \int_0^t \boldsymbol{a}(\tau_1)\,d\tau_1 + \int_0^t \boldsymbol{a}(\tau_1)\int_0^{\tau_1}\boldsymbol{a}(\tau_2)\,d\tau_2\,d\tau_1 + \cdots\right)\boldsymbol{c} = \boldsymbol{c}^{-1}\,\Omega_0^t(\boldsymbol{a})\,\boldsymbol{c}\,.$$

Insbesondere gilt also, daß $\Omega_0^{2\pi}(\boldsymbol{b})$ und $\Omega_0^{2\pi}(\boldsymbol{a})$ ähnliche Matrizen sein müssen; es ist daher möglich, die Übergangssubstitution $\boldsymbol{c}$ so zu wählen, daß $\Omega_0^{2\pi}(\boldsymbol{b})$ die im 5. Vortrag behandelte Normalform $\boldsymbol{n}$ wird, die als Aggregat von getrennten Elementarbestandteilen erscheint. In diesem Falle wird z. B. für den ersten Elementarbestandteil von $\boldsymbol{n}$ mit dem Eigenwert λ und der Ordnung f gelten:

$$\begin{aligned}
\mathfrak{y}_1(t+2\pi) &= \lambda\,\mathfrak{y}_1(t)\\
\mathfrak{y}_2(t+2\pi) &= \mathfrak{y}_1(t) + \lambda\,\mathfrak{y}_2(t)\\
&\cdots\cdots\cdots\cdots\\
\mathfrak{y}_f(t+2\pi) &= \mathfrak{y}_{f-1}(t) + \lambda\,\mathfrak{y}_f(t)\,,
\end{aligned}$$

wenn wir mit $\mathfrak{y}_1(t), \ldots, \mathfrak{y}_f(t)$ die ersten f Spalten von $\Omega_0^t(\boldsymbol{b})$ bezeichnen, die ja offenbar Lösungen des homogenen Systems für $\mathfrak{y}(t)$ sind. Entsprechende Gleichungen gelten für die späteren Spalten, die dann alle zusammen ein System von n linear unabhängigen Lösungen bilden, da ja die Determinante der Ω-Matrix, wie wir wissen, stets ungleich Null ist. Das somit bestimmte „Hauptsystem" von Lösungen hat die Eigenschaft, daß jede Lösung durch diese n Lösungen mit konstanten Koeffizienten darstellbar ist; denn es ist ja (vgl. bezüglich der Bezeichnung $\mathfrak{e}_\beta$ den 3. Vortrag)

$$\mathfrak{y}_\beta(t) = \Omega_0^t(\boldsymbol{b})\,\mathfrak{e}_\beta\,,$$

also für $\mathfrak{y}(t)$ mit $\mathfrak{y}(0) = y_1\,\mathfrak{e}_1 + \cdots + y_n\,\mathfrak{e}_n$:

$$\mathfrak{y}(t) = \Omega_0^t(\boldsymbol{b})\,\mathfrak{y}(0) = \Omega_0^t(\boldsymbol{b})(y_1\,\mathfrak{e}_1 + \cdots + y_n\,\mathfrak{e}_n) = y_1\,\mathfrak{y}_1(t) + \cdots + y_n\,\mathfrak{y}_n(t).$$

Das somit bestimmte Hauptlösungssystem hat nun die besondere Eigenschaft, daß darunter Vektoren enthalten sind, für die

$$\mathfrak{y}(t+2\pi) = \lambda\,\mathfrak{y}(t)$$

gilt. Die in ihnen enthaltenen Funktionen heißen dann *periodisch von zweiter Art.* Die Anzahl der wesentlich verschiedenen solchen Lösungen stimmt überein mit der Anzahl der Elementarbestandteile der Normalform und läßt sich, wie im 5. Vortrag bei der Behandlung der Ähnlichkeitstransformation der Matrizen gezeigt wurde, bereits aus den Eigenschaften der Matrix $\Omega_0^{2\pi}(\boldsymbol{a})$ ablesen. Ferner ist auch jeder Vektor $\mathfrak{x}(t) = \boldsymbol{c}\,\mathfrak{y}(t)$ zugleich mit $\mathfrak{y}(t)$ periodisch von zweiter Art und ein Lösungsvektor des gegebenen Differentialgleichungssystems. Im ganzen gilt also folgendes:

LI. *Für ein Differentialgleichungssystem der Form*

$$\frac{d\mathfrak{x}}{dt} = \boldsymbol{a}(t)\,\mathfrak{x}(t)\,, \quad \boldsymbol{a}(t+2\pi) = \boldsymbol{a}(t)$$

gibt es stets periodische Lösungen zweiter Art

$$\mathfrak{x}(t+2\pi) = \lambda\,\mathfrak{x}(t)$$

und zwar ist die Anzahl der linear unabhängigen solchen Lösungen gleich der Anzahl der verschiedenen Elementarbestandteile in der Normalform, auf die sich die Matrix $\Omega_0^{2\pi}(\boldsymbol{a})$ vermöge Ähnlichkeitstransformationen bringen läßt. Die auftretenden Faktoren sind dabei die Eigenwerte dieser Matrix (Verallgemeinerung des sog. Floquetschen Theorems). Der Fall $\lambda = 1$ liefert eine rein periodische Lösung. Sämtliche Lösungen des homogenen Systems streben für $t \to \infty$ dann und nur dann gegen Null, wenn alle Eigenwerte von $\Omega_0^{2\pi}(\boldsymbol{a})$ vom absoluten Betrage kleiner als 1 sind. Wann dies der Fall ist, kann an den Koeffizienten der charakteristischen Gleichung von $\Omega_0^{2\pi}(\boldsymbol{a})$ auf Grund von Satz XXX. abgelesen werden.

Die letzte Behauptung des Satzes ist evident. Denn damit alle periodischen Lösungen zweiter Art mit $t \to \infty$ gegen Null streben, ist die angegebene Bedingung notwendig und hinreichend. In diesem Falle und nur dann streben aber auch alle Vektoren $\mathfrak{y}_\beta(t)$, also überhaupt alle Lösungen mit $t \to \infty$ gegen Null.

Wir kommen jetzt zu dem Fall eines unhomogenen Systems von der Form

$$\frac{d\mathfrak{x}}{dt} = \boldsymbol{a}(t)\,\mathfrak{x}(t) + \mathfrak{f}(t),$$

wobei wir wieder von Koeffizienten und Störungsgliedern Periodizität voraussetzen wollen:

$$\boldsymbol{a}(t+2\pi) = \boldsymbol{a}(t)\,, \quad \mathfrak{f}(t+2\pi) = \mathfrak{f}(t)\,.$$

Wir fragen zunächst wieder nach *periodischen Lösungen.* Hierzu muß

$$\mathfrak{x}(t+2\pi) = \Omega_0^{t+2\pi}(\boldsymbol{a}) \int_0^{t+2\pi} (\Omega_0^\tau(\boldsymbol{a}))^{-1}\,\mathfrak{f}(\tau)\,d\tau + \Omega_0^{t+2\pi}(\boldsymbol{a})\,\mathfrak{x}(0)$$

$$= \mathfrak{x}(t) = \Omega_0^t(\boldsymbol{a}) \int_0^t (\Omega_0^\tau(\boldsymbol{a}))^{-1}\,\mathfrak{f}(\tau)\,ds + \Omega_0^t(\boldsymbol{a})\,\mathfrak{x}(0),$$

oder wegen (9·4) nach Kürzung des vorderen Faktors $\Omega_0^t(\boldsymbol{a})$:

$$\Omega_0^{2\pi}(\boldsymbol{a}) \int_0^{t+2\pi} (\Omega_0^\tau(\boldsymbol{a}))^{-1}\,\mathfrak{f}(\tau)\,d\tau - \int_0^t (\Omega_0^\tau(\boldsymbol{a}))^{-1}\,\mathfrak{f}(\tau)\,d\tau + (\Omega_0^{2\pi}(\boldsymbol{a}) - \boldsymbol{e})\,\mathfrak{x}(0) = 0$$

sein. Nun ist

$$\int_0^{t+2\pi} (\Omega_0^\tau(\boldsymbol{a}))^{-1}\,\mathfrak{f}(\tau)\,d\tau = \int_{-2\pi}^t (\Omega_0^{z+2\pi}(\boldsymbol{a}))^{-1}\,\mathfrak{f}(z+2\pi)\,dz$$

$$= \int_0^t (\Omega_0^{z+2\pi}(\boldsymbol{a}))^{-1}\,\mathfrak{f}(z)\,dz + \int_{-2\pi}^0 (\Omega_0^{z+2\pi}(\boldsymbol{a}))^{-1}\,\mathfrak{f}(z)\,dz$$

und wegen (9·4)

$$(\Omega_0^{z+2\pi}(\boldsymbol{a}))^{-1} = (\Omega_0^z(\boldsymbol{a})\,\Omega_0^{2\pi}(\boldsymbol{a}))^{-1} = (\Omega_0^{2\pi}(\boldsymbol{a}))^{-1}\,(\Omega_0^z(\boldsymbol{a}))^{-1},$$

also

$$\int_0^{t+2\pi} (\Omega_0^\tau(\boldsymbol{a}))^{-1}\,\mathfrak{f}(\tau)\,d\tau = (\Omega_0^{2\pi}(\boldsymbol{a}))^{-1}\left[\int_0^t (\Omega_0^z(\boldsymbol{a}))^{-1}\,\mathfrak{f}(z)\,dz + \int_{-2\pi}^0 (\Omega_0^z(\boldsymbol{a}))^{-1}\,\mathfrak{f}(z)\,dz\right];$$

die *Bedingung der Periodizität* lautet daher

$$\int_{-2\pi}^0 (\Omega_0^z(\boldsymbol{a}))^{-1}\,\mathfrak{f}(z)\,dz + [\Omega_0^{2\pi}(\boldsymbol{a}) - \boldsymbol{e}]\,\mathfrak{x}(0) = 0.$$

Diese Bedingung ist stets erfüllbar durch einen geeigneten Anfangsvektor $\mathfrak{x}(0)$, *wenn* $\Omega_0^{2\pi}(\boldsymbol{a})$ *nicht den Eigenwert* 1 *besitzt.*

LII. *Ein unhomogenes Differentialgleichungssystem mit periodischen Koeffizienten und gleichperiodischen Störungsgliedern*

$$\frac{d\mathfrak{x}}{dt} = \boldsymbol{a}(t)\,\mathfrak{x}(t) + \mathfrak{f}(t) \quad (\boldsymbol{a}(t+2\pi) = \boldsymbol{a}(t), \quad \mathfrak{f}(t+2\pi) = \mathfrak{f}(t))$$

hat stets eine periodische Lösung, wenn $\Omega_0^{2\pi}(\boldsymbol{a})$ *nicht den Eigenwert* 1 *besitzt.*

„Kritisch" sind also für das unhomogene System gerade die Fälle, in denen das homogene System eine periodische Lösung besitzt; auch dann kann bei geeigneter Wahl des Störungsvektors eine solche Lösung existieren, im allgemeinen aber wird dies nicht der Fall sein. *Selbstverständlich wird bei Bestehen einer periodischen Lösung jede andere Lösung aus dieser und einer Lösung des homogenen Systems additiv zusammengesetzt sein.*

Übungen und Anwendungen zum 9. Vortrag

1. *Elektrische Schwingungen bei periodisch veränderlichen Koeffizienten.* Die Differentialgleichung eines elektrischen Schwingungskreises mit zeitlich veränderlichen Koeffizienten lautet allgemein

$$\frac{d}{dt}(I\,L) + I\,R + \frac{1}{C}\int I\,dt = E(t),$$

wobei $E(t)$ die angelegte äußere Spannung, $I(t)$ den Strom, $L(t)$ die Selbstinduktion, $R(t)$ den Ohmschen Widerstand, $C(t)$ die Kapazität bedeutet. Für die freien Schwingungen ist $E(t) = 0$; dies nehmen wir an. In folgenden praktisch wichtigen Fällen kann die Differentialgleichung auf eine einfachere Form gebracht werden:

a) $L = L(t)$, *R und C konstant.* Wir führen als neue Variable ein

$$z = I\,L$$

und differentiieren nach t:

$$\frac{d^2 z}{dt^2} + \frac{d}{dt}\left(\frac{R}{L}\,z\right) + \frac{1}{CL}\,z = 0.$$

b) $R = R(t)$, *L und C konstant.* Nach Division mit L und Differentiation nach t wird für $I = z$ wieder dieselbe Gleichung erhalten.

c) $C = C(t)$, *L und R konstant.* Hier folgt wiederum Division durch L und die Substitution $z = \int I\,dt$; dann ergibt sich wieder dieselbe Gleichung.

Um diese Differentialgleichung nun weiter zu vereinfachen, setzen wir

$$\frac{R}{2L} = v(t), \quad z(t) = e^{-\int_0^t v(\tau)\,d\tau}\, y(t)$$

und erhalten

$$\frac{d^2 y}{dt^2} + \left[\frac{1}{CL} - \frac{R^2}{4L^2} + \frac{d}{dt}\left(\frac{R}{2L}\right)\right] y = 0$$

oder mit

$$w^2 = \frac{1}{CL} - \frac{R^2}{4L^2} + \frac{d}{dt}\left(\frac{R}{2L}\right)$$

$$\frac{d^2 y}{dt^2} + w^2(t)\, y = 0.$$

Es sei nun $w(t)$ eine periodische Funktion der Zeit mit der Kreisfrequenz p; dann wird mit $x = p\,t$:

$$w = w(x) = w(x + 2\pi)$$

$$\frac{d^2 y}{dx^2} + \frac{w^2(x)}{p^2}\, y = 0.$$

Wir setzen nun weiterhin $\frac{w^2(x)}{p^2} = \lambda + \gamma\, \varphi(x)$, wobei λ und γ Konstante und $\varphi(x)$ eine periodische Funktion vom Mittelwert 0 und vom absoluten Betrag $\leqq 1$ ist. Dazu nehmen wir

$$\lambda = \frac{1}{2\pi}\int_0^{2\pi} \frac{w^2(x)}{p^2}\, dx, \quad \gamma = \mathrm{Max}\left|\frac{w^2(x)}{p^2} - \lambda\right|, \quad \varphi(x) = \frac{1}{\gamma}\left(\frac{w^2(x)}{p^2} - \lambda\right)$$

und erhalten damit die Hillsche Differentialgleichung[1])

$$\frac{d^2 y}{dx^2} + (\lambda + \gamma\,\varphi(x))\, y = 0.$$

Führen wir die gesuchte Funktion $y(x)$ und ihre Ableitung $\frac{dy}{dx}$ als Komponenten eines Vektors $\mathfrak{x}$ ein, so ergibt sich das Differentialgleichungssystem

$$\frac{d\mathfrak{x}}{dx} = \boldsymbol{a}(x)\,\mathfrak{x},$$

wobei

$$\mathfrak{x} = \begin{pmatrix} y(x) \\ \frac{dy}{dx}(x) \end{pmatrix}, \quad \boldsymbol{a}(x) = \begin{pmatrix} 0 & 1 \\ -\lambda - \gamma\,\varphi(x) & 0 \end{pmatrix} = \begin{pmatrix} a_{11}(x) & a_{12}(x) \\ a_{21}(x) & a_{22}(x) \end{pmatrix}$$

zu setzen ist. Die hierzu gehörige Ω-Matrix

$$\Omega_0^x(\boldsymbol{a}) = \begin{pmatrix} \Omega_{11} & \Omega_{12} \\ \Omega_{21} & \Omega_{22} \end{pmatrix} = \boldsymbol{e} + \int_0^x \boldsymbol{a}(\tau_1)\, d\tau_1 + \int_0^x \boldsymbol{a}(\tau_1) \int_0^{\tau_1} \boldsymbol{a}(\tau_2)\, d\tau_2\, d\tau_1 + \cdots$$

hat nach XLIX. die Determinante

$$e^{\int_0^x (a_{11} + a_{22})\, d\tau} = e^0 = 1,$$

demnach lautet die charakteristische Gleichung der Matrix $\Omega_0^{2\pi}(\boldsymbol{a})$

$$\varrho^2 - \varrho\,(\Omega_{11}(2\pi) + \Omega_{22}(2\pi)) + 1 = 0.$$

---

[1]) Die hier benutzte Bezeichnung ist in der Theorie der Hillschen Differentialgleichung üblich. Die Konstante λ hat nichts mit Eigenwerten in unserm Sinne zu tun.

Sind ϱ_1 und ϱ_2 die Wurzeln dieser Gleichung, d. h. die Eigenwerte von $\Omega_0^{2\pi}(\mathfrak{a})$, so ist ihr Produkt 1, also kann

$$\varrho_1 = e^{2\pi\mu}, \quad \varrho_2 = e^{-2\pi\mu}$$

gesetzt werden.

Wegen der Darstellung der Lösung

$$\mathfrak{x}(x) = \Omega_0^x(\mathfrak{a})\,\mathfrak{x}(0)$$

ergibt sich für $\mathfrak{x}(0) = \begin{pmatrix}1\\0\end{pmatrix}$:

$$\mathfrak{x}(x) = \begin{pmatrix}\Omega_{11}(x)\\ \Omega_{21}(x)\end{pmatrix},$$

und für $\mathfrak{x}(0) = \begin{pmatrix}0\\1\end{pmatrix}$:

$$\mathfrak{x}(x) = \begin{pmatrix}\Omega_{12}(x)\\ \Omega_{22}(x)\end{pmatrix}.$$

Ist daher $y_1(x)$ diejenige Lösung der Hillschen Differentialgleichung, die für $x = 0$ den Wert 1 und deren Ableitung für $x = 0$ den Wert 0 besitzt, ist $y_1(2\pi) = \Omega_{11}(2\pi)$. Entsprechend wird für diejenige Lösung $y_2(x)$, die für $x = 0$ den Wert 0 und deren Ableitung für $x = 0$ den Wert 1 besitzt, $y_2(2\pi) = \Omega_{22}(2\pi)$. Daher haben wir für die Konstante μ die Bestimmungsgleichung:

$$\varrho_1 + \varrho_2 = 2\,\mathfrak{Cos}\,2\pi\mu = y_1(2\pi) + y_2(2\pi).$$

Sind beide Eigenwerte verschieden, so sind nach LI. zwei linear unabhängige periodische Lösungen zweiter Art vorhanden, die wir mit $\varphi_1(x)$ und $\varphi_2(x)$ bezeichnen wollen. Wegen

$$\varphi_1(x + 2\pi) = \varrho_1\varphi_1(x) = e^{2\pi\mu}\varphi_1(x)$$

$$\varphi_2(x + 2\pi) = \varrho_2\varphi_2(x) = e^{-2\pi\mu}\varphi_2(x)$$

wird für

$$e^{-\mu x}\varphi_1(x) = f_1(x), \quad e^{\mu x}\varphi_2(x) = f_2(x)$$

der Wert

$$f_1(x + 2\pi) = e^{-\mu(x+2\pi)}\varphi_1(x + 2\pi) = e^{-\mu x}\varphi_1(x) = f_1(x)$$

und

$$f_2(x + 2\pi) = e^{\mu(x+2\pi)}\varphi_2(x + 2\pi) = e^{\mu x}\varphi_2(x) = f_2(x).$$

Daher sind $f_1(x)$ und $f_2(x)$ periodische Funktionen im gewöhnlichen Sinne und das *allgemeine Integral wird von der Form:*

$$y(x) = c_1 e^{\mu x} f_1(x) + c_2 e^{-\mu x} f_2(x).$$

Dies gilt, solange ϱ_1 und ϱ_2 verschieden sind, s. h. solange

$$2\pi\mu \neq -2\pi\mu + 2i\pi k, \quad 2\mu \neq ki, \quad \mu \neq mi \text{ und } \mu \neq \left(m + \frac{1}{2}\right)i \quad (m = 0, \pm 1, \pm 2, \ldots).$$

Ist dagegen $\mu = m\,i$, so folgt $\varrho_1 = \varrho_2 = 1$; es gibt dann rein periodische Lösungen der Differentialgleichung. Hat die Matrix $\Omega_0^{2\pi}(\mathfrak{a})$ zwei einfache Elementarbestandteile, so gibt es zwei linear unabhängige periodische Lösungen $f_1(x)$ und $f_2(x)$, und das *allgemeine Integral lautet*

$$y(x) = c_1 f_1(x) + c_2 f_2(x).$$

Ist dagegen für $\mu = m i$, $\varrho_1 = \varrho_2 = 1$ ein zweifacher Elementarbestandteil vorhanden, so gibt es nach LI. zwei linear unabhängige Lösungen $\varphi_1(x)$ und $\varphi_2(x)$, für die

$$\varphi_1(x + 2\pi) = \varphi_1(x)$$

$$\varphi_2(x + 2\pi) = \varphi_1(x) + \varphi_2(x)$$

ist. Aus der letzten Gleichung folgt, daß $\varphi_2(x) - \frac{x\varphi_1(x)}{2\pi} = f(x)$ der Gleichung

$$f(x + 2\pi) - f(x) = \varphi_2(x + 2\pi) - \frac{(x + 2\pi)}{2\pi}\varphi_1(x) - \varphi_2(x) + \frac{x\varphi_1(x)}{2\pi}$$
$$= \varphi_2(x + 2\pi) - \varphi_1(x) - \varphi_2(x) = 0$$

genügt, also periodisch ist. Daher ist die zweite Lösung von der Form

$$\varphi_2(x) = \frac{x\varphi_1(x)}{2\pi} + f(x),$$

also das *allgemeine Integral*

$$y(x) = c_1\varphi_1(x) + c_2\left(\frac{x\varphi_1(x)}{2\pi} + f(x)\right) \quad \begin{pmatrix}\varphi_1(x + 2\pi) = \varphi_1(x)\\ f(x + 2\pi) = f(x)\end{pmatrix}.$$

Ist endlich $\mu = \left(m + \frac{1}{2}\right) i$, so ist $\varrho_1 = \varrho_2 = -1$; es gibt dann rein periodische Lösungen von der Periode 4π. Im übrigen sind dieselben Überlegungen anzustellen wie im Falle $\mu = m i$.

Durch Multiplikation mit $e^{-\int_0^t v(\tau)d\tau}$ kann man in jedem dieser Fälle von $y(t)$ zu $z(t)$ übergehen. Da der Exponent dieses Zusatzfaktors bis auf eine additive periodische Funktion von der Form $-kt$ ist, wo k den Mittelwert von $\frac{R}{2L}$ bedeutet, so kann danach in jedem Falle entschieden werden, ob die Lösung für $t \to \infty$ zu Null abklingt.

2. *Schwingungen eines Pendels mit oszillierendem Aufhängepunkt.*

Unter der Annahme, daß die Erschütterungen in der durch die Abb. 3 gekennzeichneten Richtung verlaufen, gilt die Differentialgleichung:

$$I\ddot{\psi} + G\sin\psi\cdot s = m\ddot{y}\cdot s\cdot\sin(\delta - \psi) \qquad \begin{pmatrix} I \text{ Trägheitsmoment} = m k^2 \\ l \text{ reduzierte Pendellänge} = \frac{k^2}{s}\end{pmatrix}$$

oder mit $y = -A\cos\omega t$ (Erschütterungsabweichung des Punktes O in der angegebenen Richtung, vgl. Abb. 3)

$$\ddot{\psi} + \left[\frac{g}{l} + \frac{A\omega^2}{l}\cos\delta\cos\omega t\right]\sin\psi - \frac{A\omega^2}{l}\sin\delta\cos\omega t\cos\psi = 0\,.$$

Diese Gleichung kommt z. B. zur Anwendung, wenn es sich um die Ablesung eines Meßgerätes unter dem Einfluß von Erschütterungen des Aufhängepunktes handelt. Es kann der Fall eintreten, daß die Nadel kleine Schwingungen um eine Mittellage ausführt, ohne daß diese Mittellage der wahren Gleichgewichtslage ohne Vorhandensein der Erschütterungen gleich zu sein braucht, daß also eine Fehlweisung des Meßgerätes vorliegt. Um diesen Fall zu untersuchen, setzen

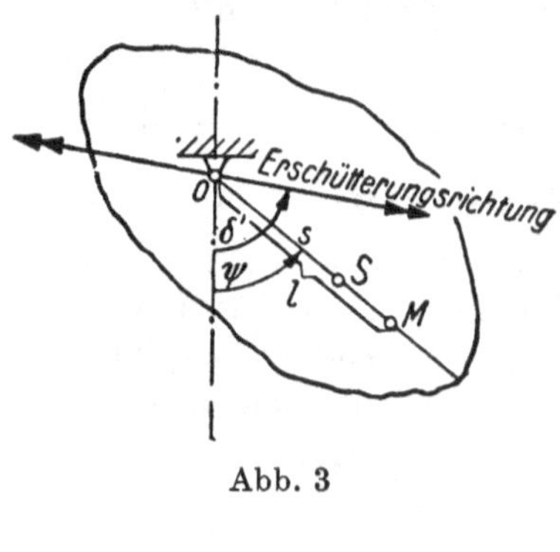

Abb. 3

wir $\psi(t) = \alpha + \varphi(t)$ und nehmen an, daß die Werte von $\varphi(t)$ klein gegen 1 seien. In diesem Falle kann die Differentialgleichung linearisiert werden und liefert dann

$$\ddot{\varphi} + \left[\frac{g}{l}\cos\alpha + \frac{A\,\omega^2}{l}\cos(\delta - \alpha)\cos\omega t\right]\varphi = -\frac{g}{l}\sin\alpha + \frac{A\,\omega^2}{l}\sin(\delta - \alpha)\cos\omega t\,.$$

Mit $\omega t = x$ entsteht hieraus

$$\varphi'' + (\lambda + \gamma\cos x)\,\varphi = -\lambda_1 + \gamma_1\cos x \qquad \begin{pmatrix} \lambda = \frac{g}{l\,\omega^2}\cos\alpha\,, & \gamma = \frac{A}{l}\cos(\delta - \alpha) \\ \lambda_1 = \frac{g}{l\,\omega^2}\sin\alpha\,, & \gamma_1 = \frac{A}{l}\sin(\delta - \alpha)\end{pmatrix}.$$

Dies ist eine unhomogene *Matthieusche Differentialgleichung*, die wir als Gleichungssystem in der Form ($\varphi = x_1$)

$$\frac{d x_1}{d x} = x_2$$

$$\frac{d x_2}{d x} = -(\lambda + \gamma\cos x)\,x_1 - \lambda_1 + \gamma_1\cos x$$

schreiben können und deren Koeffizienten $\lambda, \gamma, \lambda_1, \gamma_1$ in praktischen Fällen als klein gegen 1 betrachtet werden können, nämlich stets dann, wenn die Erschütterungen schnell und mit einer kleinen Amplitude A verlaufen.

Wir wissen auf Grund von LII., daß im allgemeinen die Lösung von der Form

$$\varphi(x) = \varphi_1(x) + \varphi_0(x)$$

sein wird, wobei $\varphi_1(x)$ periodisch und $\varphi_0(x)$ eine Lösung der homogenen Gleichung ist. Die Voraussetzung des Satzes LII. ist insbesondere erfüllt, falls beide Eigenwerte ϱ_1 und ϱ_2 verschieden sind, d. h. solange $\mu \neq \frac{k i}{2}$ (k ganze Zahl) ist, kann aber unter Umständen auch für $\mu = \frac{k i}{2}$ gelten, falls nur einfache Elementarbestandteile vorliegen. Nur letzteres kommt in Betracht, weil sonst eine mit $x \to \infty$ unbeschränkte Lösung $\varphi_0(x)$ vorhanden wäre, was wir ausschließen können.

Wir verlangen ja nun aber darüber hinaus, daß eine feste Mittellage α existieren soll; dies bedeutet nach der Angabe von *Klotter* und *Kotowski*, daß die Bedingung

$$\lim_{x \to \infty} \frac{1}{x}\int_0^x \varphi(\xi)\,d\xi = 0$$

erfüllt sein soll, und zwar für alle Werte der auftretenden Integrationskonstanten, was besagt, daß sowohl

$$\lim_{x \to \infty} \frac{1}{x}\int_0^x \varphi_1(\xi)\,d\xi = 0$$

als auch

$$\lim_{x \to \infty} \frac{1}{x}\int_0^x \varphi_0(\xi)\,d\xi = 0$$

gelten soll. Die letztere Bedingung ist unter der Annahme $\mu \neq \frac{k i}{2}$ von selbst erfüllt, weil dann (vgl. das vorangehende Beispiel)

$$\varphi_0(x) = c_1\,e^{\mu x} f_1(x) + c_2\,e^{-\mu x} f_2(x) \qquad \begin{pmatrix} f_1(x + 2\pi) = f_1(x) \\ f_2(x + 2\pi) = f_2(x)\end{pmatrix}$$

ist, wobei natürlich wegen der Beschränktheit von φ_0 der Exponent μ nur rein imaginär sein kann.

Die erstere Bedingung bedeutet wegen der Periodizität von $\varphi_1(x)$ offenbar einfach, daß das konstante Glied der Fourierentwicklung diese Funktion verschwindet, d. h. daß

$$\int_0^{2\pi} \varphi_1(\xi)\, d\xi = 0$$

sein soll. *Diese Gleichung kann zur Bestimmung der Mittellage* α *Verwendung finden.* Man geht zu diesem Zwecke mit Fourieransatz

$$\varphi_1(x) = \sum_{\nu=-\infty}^{\infty} c_\nu e^{i\nu x}$$

in die Differentialgleichung hinein und findet unter Benutzung des Umstandes, daß die Koeffizienten $\lambda, \gamma, \lambda_1, \gamma_1$ klein sind, den Näherungswert

$$\varphi_0(x) = c_0 + 2c_1 \cos x\,, \quad c_0 = \frac{2\lambda_1(\lambda_1 - 1) + \gamma\gamma_1}{\gamma^2 - 2\lambda(\lambda - 1)}\,, \quad c_1 = -\frac{\lambda_1\gamma + \lambda\gamma_1}{\gamma^2 - 2\lambda(\lambda - 1)}$$

Hierbei muß für den Fall einer Mittellage

$$c_0 = 0\,, \quad 2\lambda_1(\lambda_1 - 1) + \gamma\gamma_1 = 0$$

sein. Die Einsetzung der Werte liefert dann die Bedingungsgleichung

$$\frac{2g}{l\omega^2} \sin\alpha \left[\frac{g}{l\omega^2} \cos\alpha - 1\right] + \frac{A^2}{l^2} \cos(\delta - \alpha) \sin(\delta - \alpha) = 0$$

in der noch das Glied mit ω^4 im Nenner vernachlässigt werden kann. Aus dieser Bedingungsgleichung können die in Frage kommenden Mittellagen α berechnet werden.

3. *Drehschwingungen an Kurbelwellen von Verbrennungskraftmotoren* können auf ein System von linearen Differentialgleichungen zweiter Ordnung zurückgeführt werden, das folgende Form hat[1]):

$$\frac{d^2\mathfrak{q}}{d\vartheta^2} = \frac{4}{\omega^2} \boldsymbol{a}(\vartheta)\, \mathfrak{q}(\vartheta) + \mathfrak{f}(\vartheta).$$

Hierbei bedeutet ϑ den Drehwinkel der Kurbelwelle mit der mittleren Drehzahl ω, $\mathfrak{q}$ den Vektor der den einzelnen Zylindern entsprechenden Verdrehungsvariablen, $\mathfrak{f}(\vartheta)$ den auf Grund der äußeren Momente erzeugten Vektor, $\boldsymbol{a}(\vartheta)$ eine symmetrische Matrix mit periodisch veränderlichen Koeffizienten, die auf Grund der elastischen Verdrehungen zwischen den einzelnen Kurbelansatzpunkten entstehen. Es handelt sich um die *Bestimmung der kritischen Drehzahlen.* Diese sind auf Grund der allgemeinen Theorie gegeben durch die *Fälle, in denen das homogene System*

$$\frac{d^2\mathfrak{q}}{d\vartheta^2} = \frac{4}{\omega^2} \boldsymbol{a}(\vartheta) \mathfrak{q}(\vartheta)$$

eine periodische Lösung besitzt. In erster Näherung sind die Koeffizienten von $\boldsymbol{a}(\vartheta)$ Konstante, die auf den von den *drehenden* Massen der einzelnen Kurbeln herrührenden Wirkungen beruhen, während die zeitliche Veränderung der Koeffizienten von den hin- und hergehenden Massen der Zylinder, Pleuelstangen usw. herrührt. Setzt man

$$\boldsymbol{a}(\vartheta) = \frac{1}{2\pi} \int_0^{2\pi} \boldsymbol{a}(\vartheta)\, d\vartheta + \boldsymbol{k}(\vartheta) = \boldsymbol{a}^{(0)} + \boldsymbol{k}(\vartheta)\,,$$

---

[1]) Vgl. Biezeno-Grammel (Lit.-Verz.).

so sind die ersten Näherungswerte der kritischen Drehzahlen gegeben durch das Ersatzsystem

$$\frac{d^2\mathfrak{y}}{d\vartheta^2} = \lambda^{(0)}\,\boldsymbol{a}^{(0)}\,\mathfrak{y}(\vartheta),$$

wobei $\lambda^{(0)}$ ein Näherungswert für $\lambda = \frac{4}{\omega^2}$ ist, der in bekannter Weise ermittelt werden kann. Der Unterschied $\lambda - \lambda^{(0)}$ kann als klein angesehen werden. Um ihn zu berechnen, setzen wir

$$\lambda_\varepsilon = \lambda^{(0)} + \varepsilon\,\lambda^{(1)} + \cdots, \quad \lambda = \lambda^{(0)} + \lambda^{(1)} + \cdots$$

und entwickeln entsprechend auch die Lösung als Potenzreihe in ε. So setzen wir

$$\mathfrak{q}(\vartheta) = \mathfrak{y}(\vartheta) + \varepsilon\,\mathfrak{z}(\vartheta) + \cdots$$

und erhalten die Bestimmungsgleichung

$$\frac{d^2\mathfrak{q}}{d\vartheta^2} = (\lambda^{(0)} + \varepsilon\,\lambda^{(1)} + \cdots)\,(\boldsymbol{a}^{(0)} + \varepsilon\,\boldsymbol{k}(\vartheta))\,\mathfrak{q},$$

die für $\varepsilon = 1$ in die gegebene Gleichung übergeht. Durch Vergleichung der Potenzen von ε auf beiden Seiten der Gleichung erhalten wir

$$\frac{d^2\mathfrak{y}}{d\vartheta^2} = \lambda^{(0)}\,\boldsymbol{a}^{(0)}\,\mathfrak{y}$$

$$\frac{d^2\mathfrak{z}}{d\vartheta^2} = (\lambda^{(1)}\,\boldsymbol{a}^{(0)} + \lambda^{(0)}\,\boldsymbol{k}(\vartheta))\,\mathfrak{y} + \lambda^{(0)}\,\boldsymbol{a}^{(0)}\,\mathfrak{z}.$$

. . . .

Ist nun $\lambda^{(0)}$ ein fester Eigenwert des Näherungssystems und

$$\mathfrak{y} = (a\cos z\vartheta + b\sin z\vartheta)\,\mathfrak{y}_0 = a\,\mathfrak{y}_1 + b\,\mathfrak{y}_2$$

die dazu gehörige Lösung der ersten Gleichung, wobei $\mathfrak{y}_1 = \cos z\vartheta\,\mathfrak{y}_0$, $\mathfrak{y}_2 = \sin z\vartheta\,\mathfrak{y}_0$,

$$(z^2\,\boldsymbol{e} + \lambda^{(0)}\,\boldsymbol{a}^{(0)})\,\mathfrak{y}_0 = 0$$

und z eine ganze Zahl ist, so ergibt sich

$$\mathfrak{y}_1'\frac{d^2\mathfrak{z}}{d\vartheta^2} - \mathfrak{z}'\frac{d^2\mathfrak{y}_1}{d\vartheta^2} = \lambda^{(0)}\,(\mathfrak{y}_1'\,\boldsymbol{a}^{(0)}\,\mathfrak{z} - \mathfrak{z}'\,\boldsymbol{a}^{(0)}\,\mathfrak{y}_1) + \mathfrak{y}_1'\,(\lambda^{(1)}\,\boldsymbol{a}^{(0)} + \lambda^{(0)}\,\boldsymbol{k}(\vartheta))\,\mathfrak{y}$$

oder wegen der Symmetrie von $\boldsymbol{a}^{(0)}$:

$$\mathfrak{y}_1'\frac{d^2\mathfrak{z}}{d\vartheta^2} - \mathfrak{z}'\frac{d^2\mathfrak{y}_1}{d\vartheta^2} = \mathfrak{y}_1'\,(\lambda^{(1)}\,\boldsymbol{a}^{(0)} + \lambda^{(0)}\,\boldsymbol{k}(\vartheta))\,\mathfrak{y}.$$

Hieraus folgt durch Integration zwischen den Grenzen *0* und 2π auf Grund der Periodizität der Lösung:

$$\left(\mathfrak{y}_1'\frac{d\mathfrak{z}}{d\vartheta} - \mathfrak{z}'\frac{d\mathfrak{y}_1}{d\vartheta}\right)_0^{2\pi} = 0 = \int_0^{2\pi} \mathfrak{y}_1'\,(\lambda^{(1)}\,\boldsymbol{a}^{(0)} + \lambda^{(0)}\,\boldsymbol{k}(\vartheta))\,\mathfrak{y}\,d\vartheta.$$

In derselben Weise findet man

$$0 = \int_0^{2\pi} \mathfrak{y}_2'\,(\lambda^{(1)}\,\boldsymbol{a}^{(0)} + \lambda^{(0)}\,\boldsymbol{k}(\vartheta)\,\mathfrak{y}\,d\vartheta.$$

Dies sind zwei homogene lineare Gleichungen für die beiden zunächst noch unbekannten Konstanten a und b, die wir genauer folgendermaßen schreiben können:

$$a\int_0^{2\pi} \mathfrak{y}_1'\,(\lambda^{(1)}\,\boldsymbol{a}^{(0)} + \lambda^{(0)}\,\boldsymbol{k}(\vartheta))\,\mathfrak{y}_1\,d\vartheta + b\int_0^{2\pi} \mathfrak{y}_1'\,(\lambda^{(1)}\,\boldsymbol{a}^{(0)} + \lambda^{(0)}\,\boldsymbol{k}(\vartheta))\,\mathfrak{y}_2\,d\vartheta = 0$$

$$a\int_0^{2\pi} \mathfrak{y}_2'\,(\lambda^{(1)}\,\boldsymbol{a}^{(0)} + \lambda^{(0)}\,\boldsymbol{k}(\vartheta))\,\mathfrak{y}_1\,d\vartheta + b\int_0^{2\pi} \mathfrak{y}_2'\,(\lambda^{(1)}\,\boldsymbol{a}^{(0)} + \lambda^{(0)}\,\boldsymbol{k}(\vartheta))\,\mathfrak{y}_2\,d\vartheta = 0.$$

Damit für a und b Lösungen möglich sind, die nicht beide Null sind, muß

$$\int_0^{2\pi} \mathfrak{y}_1' (\lambda^{(1)} \boldsymbol{a}^{(0)} + \lambda^{(0)} \boldsymbol{k}(\vartheta))\, \mathfrak{y}_1\, d\vartheta \cdot \int_0^{2\pi} \mathfrak{y}_2' (\lambda^{(1)} \boldsymbol{a}^{(0)} + \lambda^{(0)} \boldsymbol{k}(\vartheta))\, \mathfrak{y}_2\, d\vartheta$$

$$- \int_0^{2\pi} \mathfrak{y}_1' (\lambda^{(1)} \boldsymbol{a}^{(0)} + \lambda^{(0)} \boldsymbol{k}(\vartheta))\, \mathfrak{y}_2\, d\vartheta \cdot \int_0^{2\pi} \mathfrak{y}_2' (\lambda^{(1)} \boldsymbol{a}^{(0)} + \lambda^{(0)} \boldsymbol{k}(\vartheta))\, \mathfrak{y}_1\, d\vartheta = 0$$

gelten. Wegen der Symmetrie von $\boldsymbol{a}^{(0)}$ und $\boldsymbol{k}(\vartheta)$ ergibt sich hieraus:

$$\left(\frac{\lambda^{(1)}}{\lambda^{(0)}}\right)^2 \left[\int_0^{2\pi} \mathfrak{y}_1' \boldsymbol{a}^{(0)} \mathfrak{y}_1\, d\vartheta \cdot \int_0^{2\pi} \mathfrak{y}_2' \boldsymbol{a}^{(0)} \mathfrak{y}_2\, d\vartheta - \left(\int_0^{2\pi} \mathfrak{y}_1' \boldsymbol{a}^{(0)} \mathfrak{y}_2\, d\vartheta\right)^2\right]$$

$$+ \frac{\lambda^{(1)}}{\lambda^{(0)}} \left[\int_0^{2\pi} \mathfrak{y}_1' \boldsymbol{a}^{(0)} \mathfrak{y}_1\, d\vartheta \cdot \int_0^{2\pi} \mathfrak{y}_2' \boldsymbol{k}(\vartheta) \mathfrak{y}_2\, d\vartheta + \int_0^{2\pi} \mathfrak{y}_1' \boldsymbol{k}(\vartheta) \mathfrak{y}_1\, d\vartheta \cdot \int_0^{2\pi} \mathfrak{y}_2' \boldsymbol{a}^{(0)} \mathfrak{y}_2\, d\vartheta \right.$$

$$\left. - 2 \int_0^{2\pi} \mathfrak{y}_1' \boldsymbol{a}^{(0)} \mathfrak{y}_2\, d\vartheta \int_0^{2\pi} \mathfrak{y}_1' \boldsymbol{k}(\vartheta) \mathfrak{y}_2\, d\vartheta \right]$$

$$+ \int_0^{2\pi} \mathfrak{y}_1' \boldsymbol{k}(\vartheta) \mathfrak{y}_1\, d\vartheta \cdot \int_0^{2\pi} \mathfrak{y}_2' \boldsymbol{k}(\vartheta) \mathfrak{y}_2\, d\vartheta - \left(\int_0^{2\pi} \mathfrak{y}_1' \boldsymbol{k}(\vartheta) \mathfrak{y}_2\, d\vartheta\right)^2 = 0.$$

Die hierin auftretenden Integrale haben die Werte

$$\int_0^{2\pi} \mathfrak{y}_1' \boldsymbol{a}^{(0)} \mathfrak{y}_1\, d\vartheta = \pi \mathfrak{y}_0' \boldsymbol{a}^{(0)} \mathfrak{y}_0, \quad \int_0^{2\pi} \mathfrak{y}_2' \boldsymbol{a}^{(0)} \mathfrak{y}_2\, d\vartheta = \pi \mathfrak{y}_0' \boldsymbol{a}^{(0)} \mathfrak{y}_0, \quad \int_0^{2\pi} \mathfrak{y}_1' \boldsymbol{a}^{(0)} \mathfrak{y}_2\, d\vartheta = 0,$$

$$\int_0^{2\pi} \mathfrak{y}_1' \boldsymbol{k}(\vartheta) \mathfrak{y}_1\, d\vartheta = \int_0^{2\pi} \mathfrak{y}_0' \boldsymbol{k}(\vartheta) \mathfrak{y}_0 \cos^2 z\vartheta\, d\vartheta = \frac{1}{2} \int_0^{2\pi} \mathfrak{y}_0' \boldsymbol{k}(\vartheta) \mathfrak{y}_0 (1 + \cos 2z\vartheta)\, d\vartheta$$

$$= \frac{1}{2} \mathfrak{y}_0' \int_0^{2\pi} \boldsymbol{k}(\vartheta) \cos 2z\vartheta\, d\vartheta\, \mathfrak{y}_0 \quad \text{wegen} \quad \int_0^{2\pi} \boldsymbol{k}(\vartheta)\, d\vartheta = 0,$$

$$\int_0^{2\pi} \mathfrak{y}_2' \boldsymbol{k}(\vartheta) \mathfrak{y}_2\, d\vartheta = \int_0^{2\pi} \mathfrak{y}_0' \boldsymbol{k}(\vartheta) \mathfrak{y}_0 \sin^2 z\vartheta\, d\vartheta = -\frac{1}{2} \int_0^{2\pi} \mathfrak{y}_0' \boldsymbol{k}(\vartheta) \mathfrak{y}_0 \cos 2z\vartheta\, d\vartheta,$$

$$\int_0^{2\pi} \mathfrak{y}_1' \boldsymbol{k}(\vartheta) \mathfrak{y}_2\, d\vartheta = \int_0^{2\pi} \mathfrak{y}_0' \boldsymbol{k}(\vartheta) \mathfrak{y}_0 \cos z\vartheta \sin z\vartheta\, d\vartheta = \frac{1}{2} \mathfrak{y}_0' \int_0^{2\pi} \boldsymbol{k}(\vartheta) \sin 2z\vartheta\, d\vartheta\, \mathfrak{y}_0.$$

Die Ausrechnung ergibt schließlich den Wert:

$$\frac{\lambda^{(1)}}{\lambda^{(0)}} = \frac{\pm \sqrt{\left(\frac{1}{2} \mathfrak{y}_0' \int_0^{2\pi} \boldsymbol{k}(\vartheta) \cos 2z\vartheta\, d\vartheta\, \mathfrak{y}_0\right)^2 + \left(\frac{1}{2} \mathfrak{y}_0' \int_0^{2\pi} \boldsymbol{k}(\vartheta) \sin 2z\vartheta\, d\vartheta\, \mathfrak{y}_0\right)^2}}{\pi \mathfrak{y}_0' \boldsymbol{a}^{(0)} \mathfrak{y}_0}.$$

Hieraus ergeben sich zu jedem Näherungswerte $\lambda^{(0)}$ zwei mögliche Werte von $\lambda^{(1)}$, also eine *Aufspaltung des Wertes $\lambda^{(0)}$ in zwei benachbarte Werte*, d. h. eine *Verbreiterung des kritischen Bereiches*, die auf der Wirkung der hin- und hergehenden Massen beruht. Sollte die Genauigkeit nicht ausreichen, ist entsprechend eine Berücksichtigung der höheren Potenzen von ε möglich. Die Konvergenz der Entwicklung ist auf Grund bekannter allgemeiner Überlegungen gesichert.

SCHRIFTTUMSVERZEICHNIS

Einführung in die Determinantentheorie von *G. Kowalewski*, Leipzig 1909, Veit u. Co.
Einführung in die höhere Algebra von *M. Bocher*, deutsch von *H. Beck*, Leipzig und Berlin 1910, B. G. Teubner.
Theorie und Anwendung der Elementarteiler von *P. Muth*, Leipzig 1899, B. G. Teubner.
Determinanten und Matrizen von *F. Neiss*, Berlin 1941, Springer-Verlag.
Elementary Matrizes von *Frazer*, *Duncan* u. *Collar*, Cambridge 1941.
The Theory of Matrizes von *C. C. Mac Duffee*, Berlin 1933, Springer-Verlag.
Spektraltheorie der unendlichen Matrizen von *A. Wintner*, Leipzig 1929, S. Hirzel.
Operatorenrechnung von *I. R. Carson*, übersetzt von *F. Ollendorf* u. *H. Pohlhausen*, Berlin 1929, Springer-Verlag.
Die Dynamik der Systeme starrer Körper von *A. Routh*, übersetzt von *Schepp*, Leipzig und Berlin 1898, B. G. Teubner.
Technische Dynamik von *C. B. Biezeno-R. Grammel*, Berlin 1939, Springer-Verlag.
Regelung der Kraftmaschinen von *M. Tolle*, Berlin 1922, Springer-Verlag.
Differentialgleichungen, Lösungsmethoden und Lösungen von *E. Kamke*, Leipzig 1942, Akademische Verlagsgesellschaft.

H. Bilharz, Bemerkung zu einem Satze von Hurwitz, Z. angew. Math. Mech. 24 (1944), S. 77.
L. Collatz, Fehlerabschätzung für das Iterationsverfahren zur Auflösung linearer Gleichungssysteme, Z. angew. Math. Mech. 22 (1942), S. 357.
— Schrittweise Näherung bei Integralgleichungen und Eigenwertschranken, Math. Z. 46 (1940), S. 692.
D. Enskog, Über die Hauptfunktionen unsymmetrischer Kerne, Math. Z. 31 (1930), S. 601.
A. Erdelyi, Arch. Elektrotechn. 29 (1935), S. 485.
— Ann. Physik (5) 23 (1935), S. 26.
G. Frobenius, Über den Rang einer Matrix, S.-B. Berl. Akad. Wiss. (1911).
M. Fujiwara, Über die algebraischen Gleichungen, deren Wurzeln in einem Kreise oder in einer Halbebene liegen, Math. Z. 24 (1925), S. 161.
Ch. Hermite, Sur le nombre des racines d'une équation algébrique comprises entre deux limites données (1850), Œuvres I. S. 397.
K. Hessenberg, Auflösung linearer Eigenwertaufgaben mit Hilfe der Hamilton-Cayleyschen Gleichung, Dissertation Darmstadt 1941.
A. Hurwitz, Über die Bedingungen, unter welchen eine Gleichung nur Wurzeln mit negativ reellen Teilen besitzt, Math. Ann. 46 (1892), S. 273.
K. Klotter u. *G. Kotowski*, Über die Stabilität der Bewegungen des Pendels mit oszillierendem Aufhängepunkt, Z. angew. Math. Mech. 19 (1939), S. 289.
Liénard et *Chipart*, Sur le signe de la partie réelle des racines d'une équation algébrique, J. Math. pures appl. (6) 10 (1914), S. 291.
L. Mann, Über zyklische Symmetrie in der Statik mit Anwendungen auf das räumliche Fachwerk, Der Eisenbau, II. Jg. Nr. 1 (1911), S. 18.
R. Mises u. *H. Pollaczek-Geiringer*, Praktische Verfahren der Gleichungsauflösung, Z. angew. Math. Mech. 22 (1942), S. 357.
O. Perron, Zur Theorie der Matrizes, Math. Ann. 65 (1908).
L. A. Pipes, Matrix Theory of Oscillatory Networks, J. appl. Physics 10 (1939), S. 849.
E. Schmidt, Über die Auflösung linearer Gleichungen mit unendlich vielen Unbekannten, Rend. Circ. mat. Palermo 25 (1908), S. 53.
T. E. Schunck, Berechnung der kritischen Umlaufszahlen für die Welle eines Flugzeugmotors, Ing.-Arch. 2 (1932), S. 591.
I. Schur, Über die charakteristischen Wurzeln einer linearen Substitution mit einer Anwendung auf die Theorie der Integralgleichungen, Math. Ann. 66 (1909), S. 488.
— Über Potenzreihen, die im Einheitskreise beschränkt sind, J. reine angew. Math. 148 (1918), S. 122.
— Über algebraische Gleichungen, die nur Wurzeln mit negativen Realteilen besitzen, Z. angew. Math. Mech. 1 (1921), S. 307.
H. Winkelnkemper, Theoretische Untersuchungen über schwingungsfreie Frequenzregelung, Dissertation T. H. Berlin 1940.

Abb. 1. Entnommen aus Der Eisenbau II. Jg. Nr. 1 (1911), S. 18.

Abb. 2. Nach *L. A. Pipes* a. a. O.

Abb. 3. Entnommen aus Z. angew. Math. Mech. 19 (1939), S. 289.

NAMEN- UND SACHREGISTER

(Die Ziffern bedeuten die Seitenzahlen)

MIX
Papier | Fördert gute Waldnutzung
FSC® C083411

Zeitfracht Medien GmbH
Ferdinand-Jühlke-Straße 7
99095 Erfurt, Deutschland
produktsicherheit@kolibri360.de